Veronika Bellone | Thomas Matla

Praxisbuch Franchising

Veronika Bellone | Thomas Matla

Praxisbuch Franchising

Konzeptaufbau und Markenführung

Bibliografische Information der Deutschen Nationalbibliothek
Die Deutsche Nationalbibliothek verzeichnet diese Publikation in der Deutschen Nationalbibliografie.
Detaillierte bibliografische Daten sind im Internet über http://dnb.d-nb.de abrufbar.

Für Fragen und Anregungen:
bellone@mi-wirtschaftsbuch.de
matla@mi-wirtschaftsbuch.de

1. Auflage 2010

Nymphenburger Straße 86
D-80636 München
Tel.: 089_651285_0
Fax: 089_652096

Redaktion: Anke Wülpern, Berlin
Lektorat: Stephanie Walter, München
Grafiken: Matthias Hinkelmann, Bremen
Umschlaggestaltung: Jarzina Kommunikations-Design, Holzkirchen
Umschlagabbildung: www.istockphoto.com
Satz: JournalMedia GmbH, München
Druck: GGP Media GmbH, Pößneck
Printed in Germany

ISBN 978-3-86880-119-4

Inhalt

Geleitwort von Torben L. Brodersen: Franchising – der moderne Mittelstand

Die deutsche Franchise-Wirtschaft zeigt sich auch in wirtschaftlich turbulenten Zeiten als stabiler Wirtschaftsfaktor. Die Idee: Mittelständische Unternehmer öffnen als sogenannte Franchise-Geber die eigene erprobte Geschäftsidee für Partner, die als Franchise-Nehmer selbstständige Unternehmer werden und unter einem gemeinsamen Markendach auftreten. Ziel dieser Unternehmen ist, neue Wege des Wachstums, neue Märkte und neue Kundengruppen zu erreichen. Franchising ist für viele der optimale Weg. Besonders in schwierigen Zeiten erweisen sich Unternehmer-Kooperationen als nahezu krisenfest. Das belegen die Statistiken des Verbandes.

Der Deutsche Franchise-Verband führt seit vielen Jahren eine statistische Erhebung durch und die Ergebnisse verdeutlichen die rasante Entwicklung dieses noch jungen Wirtschaftszweiges. Die Zahl der Franchise-Geber stieg in Deutschland in den letzten zehn Jahren von 720 auf 980 im Jahr 2009, im gleichen Zeitraum verdoppelte sich die Zahl der Franchise-Nehmer nahezu von 34.000 auf 61.000 und die Umsätze stiegen von 20 auf 44 Milliarden Euro. Diese Erfolgsgeschichte basiert auch auf immer neuen, innovativen Geschäftsideen, die gezielt mit hoch motivierten Franchise-Nehmern erfolgreich multipliziert werden. Wir rechnen auch in der Zukunft mit einer weiteren Zunahme neuer Franchise-Ideen. Besonders viel Potenzial sehen wir in den Sektoren Gesundheit, Pflege und haushaltsnahe Dienstleistungen, aber auch umweltbewusste, nachhaltige Geschäftsideen dürften immer mehr Interessenten für sich gewinnen. Wir als Franchise-Verband stehen gerne mit Rat und Informationen zur Seite. Interessierte finden auf unserer Internetseite www.franchiseverband.com kostenlose Broschüren, Checklisten und Tipps zur Vorbereitung. Gründungsinteressierte finden dort ebenfalls Informationen zu unseren Mitgliedern und die entsprechenden Kontaktdaten.

Torben L. Brodersen
Geschäftsführer Deutscher Franchise-Verband, Berlin

Geleitwort von Christoph Wildhaber: Franchising – eine Erfolgsgeschichte auch in der Schweiz

Nicht nur in turbulenten Zeiten stehen Unternehmen vor der Frage, welcher Vertriebsweg der richtige für ihre Produkte und Dienstleistungen ist. Tausende von Unternehmen haben weltweit bewiesen: Franchising stellt eine attraktive Lösung dar. Auch in der Schweiz. Mehr und mehr Unternehmen in der Schweiz nutzen die Chance, mit Franchising zu wachsen. Der Schweizer Franchise-Verband geht davon aus, dass heute etwa 300 Franchise-Systeme direkt oder indirekt in der Schweiz vertreten sind; darunter so bekannte Namen wie McDonald's, Migros, Esprit oder RE/MAX. Franchise-Systeme sind wettbewerbsfähig und stellen ihre Profilierung am Markt kundenorientiert in den Vordergrund. Das für Franchising typische einheitliche Vorgehen führt dazu, dass sich professionelle Franchise-Systeme wirtschaftlich überdurchschnittlich entwickeln können. Auch in der Schweiz heben sich Franchise-Systeme oft aufgrund ihrer attraktiven Alleinstellungsmerkmale von nicht franchisierten Unternehmen ab. Die Standortvorteile der Schweiz (beispielsweise ein steuerfreundliches Umfeld, finanzielle Stärke, stabile Verhältnisse) im Herzen von Europa, kombiniert mit einem anspruchsvollen, qualitätsbewussten Verbraucherumfeld, machen die Schweiz zu einem idealen Testmarkt gerade auch für die internationale Entwicklung von Franchise-Systemen. So haben einige internationale Franchise-Ketten ihren Standort für ihre europäische Zentrale in der Schweiz gewählt. Der Schweizer Franchise-Verband fördert die Entwicklung von Franchising und unterstützt seine Mitglieder in deren Aktivitäten. Mit der Vermittlung der »Best Practices« in einem Franchise-System wird eine einheitlich hohe Qualität in der Franchisierung angestrebt. Der Verband bietet zu diesem Zweck unter anderem Mitgliedern und allgemein an einer Franchisierung interessierten Unternehmen einen entsprechenden Intensivkurs an (siehe www.franchiseverband.ch). Die Nachfrage und positive Resonanz der Teilnehmer zeigt, dass Franchising ungebrochen eine Erfolgsstrategie ist.

Dr. Christoph Wildhaber

Geschäftsführer Schweizer Franchise Verband, Zürich

Einleitung

Bücher zum Franchising gibt es viele. Bücher zum Thema Marken auch. Was motiviert uns also, Ihnen dieses – noch ein weiteres Buch zum Thema – anzubieten? Ganz einfach – wir fanden kein solches auf dem deutschsprachigen Markt. Und wir wollten es haben. Für Sie. Ein Buch, das beide Welten, »Franchising« und »Marke«, so verzahnt, dass das Marken-Denken das Franchise-Denken vollkommen durchdringt. Ein Buch für echte Franchise-Praktiker, ein Praxishandbuch eben. Aber auch für Marken-Praktiker zum Einstieg ins Franchising. Deshalb haben wir darauf geachtet, für Sie eine Auswahl zu treffen. Nur was wirklich relevant ist, fließt in die Texte ein. Wir haben beide in unserer jeweils über 20-jährigen Berufspraxis erlebt, welche Fragen immer wieder gestellt werden, welche Probleme zu welcher Zeit und an welcher Stelle auftauchen. Und welche Werkzeuge helfen können, diese zu lösen. Deshalb haben wir für Sie wirkungsvolle Denkwerkzeuge entwickelt, die ganz speziell für Franchise-Unternehmen konzipiert sind. Sie sind einfach zu verstehen und leicht anzuwenden. Wir haben sie in Deutschland und der Schweiz an Hochschulen, in Kursen und Workshops praxiserprobt. Jetzt stellen wir sie Ihnen erstmals vor. Sie finden sie gesammelt in unserer Franchise-Denkwerkzeug-Kiste im dritten Kapitel. Wir möchten Ihnen damit unbegründete Ängste vor der oft kompliziert erscheinenden Franchise- und Marken-Welt nehmen, Ihnen Wirkmechanismen offenlegen, die sonst hinter verklausulierten amerikanischen Begriffen versteckt werden, und Ihnen eine effektive und effiziente Hilfe zur Selbsthilfe anbieten. Wir hoffen, damit unseren kleinen Beitrag zur Qualitätssteigerung im Franchising leisten zu können, und wünschen Ihnen eine anregende und Nutzen stiftende Lektüre.

Veronika Bellone und Thomas Matla

Um Papier und damit Bäume einzusparen, verwenden wir nachfolgend überwiegend die männliche Anrede.

Zug und Berlin, im Oktober 2010

1 Franchising – was ist das?

Für die einen bedeutet Franchising die Schaffung neuer kleiner und mittlerer Geschäftseinheiten und die Integration bestehender Mittelständler. Für andere ist Franchising in erster Linie mit Uniformität von Stadtzentren verbunden, weil sich die immer gleichen Markenunternehmen ansiedeln – weltweit. Die einen sehen darin eine Sicherung von Qualität und Verfügbarkeit, die anderen vermissen Individualität.

Franchising ist weder gut noch schlecht! Franchising ist eine Wachstums- und Profilierungsstrategie. Eine spezielle Vorgehensweise, um erfolgreiche Geschäftskonzepte zu multiplizieren. Was so simpel klingt, braucht eine solide und vor allem umfassende Vorbereitung. Und den Rundumblick, um die fortwährenden Marktveränderungen im Hinblick auf Chancen und Risiken für das entstehende Franchise-System zu analysieren. Bevor wir uns dem praktischen Aufbau von Franchise-Systemen widmen, lohnt sich ein kurzer Blick auf die Entstehungsgeschichte.

Der Ursprung

Der Begriff »Franchise« stammt aus dem mittelalterlichen Frankreich. Dort wurde mit dem Begriff »Franchise« die Vergabe von Privilegien an Dritte bezeichnet, die gegen ein Entgelt im staatlichen Interesse produzieren oder Handel betreiben durften. Ins amerikanische Wirtschaftsvokabular übernommen, wurde Franchising in seinen Ausprägungen den Bedingungen der Märkte entsprechend weiterentwickelt.

Franchising hat sich zu einer enormen Erfolgsstory rund um den Globus entwickelt. Allein in den USA wird jeder dritte Dollar im Einzelhandel über Franchise-Systeme umgesetzt. Laut Statistik des Europäischen Franchise Verbandes zum internationalen Franchise-Aufkommen gibt es zum Beispiel in China um die 2.600, in den USA/Kanada zusammen über 4.200 und in Japan 1.250 Franchise-Systeme – insgesamt spricht man von gut 10.000 Franchise-Brands, die weltweit vertreten sind (Stand 2009)[1].

Franchise-Systeme sind in unserem wirtschaftlichen Umfeld fest verankert und prägen national wie international Innenstädte mit bekannten Marken wie zum Beispiel McDonald's, Marc O'Polo, Yves Rocher,

Swarovski, Fressnapf und vielen anderen. Allen gemeinsam ist die Multiplikation eines erfolgreichen Geschäftskonzeptes. Und genau hier hat sich seit den 40er-Jahren des letzten Jahrhunderts sehr viel verändert. Galt zuvor vor allem der reine Produktvertrieb nach einem einheitlichen Muster als »modernes« Franchising (Product-Distribution-Franchising), so entwickelte sich mit zunehmend serviceorientierten und komplexeren Geschäftsmodellen das umfassende Geschäftsführungs-Franchising (Business-Format-Franchising). Hier werden den Franchise-Partnern nicht nur Vertriebs- und Markenrechte gegen Entgelt übertragen, sondern auch das relevante Know-how um die Betriebsführung für die erfolgreiche Vermarktung des Leistungsangebotes. Als Wegbereiter für diese Form des Franchisings gelten vor allem amerikanische Fast-Food-Ketten, die es verstanden haben, produktivitätssteigernde Methoden im gleichen Maße anzuwenden wie in der Industrie. Mit der Systematisierung von Arbeitsprozessen zur Herstellung von Burgern und Milchshakes bis zur Beschreibung von Erfolgsfaktoren im Auftritt wurden nicht nur Produkte, sondern auch Services standardisiert, um sie zu multiplizieren. Damit wurde Franchising als Wachstumsstrategie mit neuen Werten aufgeladen, nämlich dem Serviceversprechen einer gleichbleibenden Qualität – egal an welchem Standort man die Leistung bezieht –, der schnellen Reproduzierbarkeit und der Wiedererkennung durch einen einheitlichen Auftritt der Geschäftsstellen. Werte, die den Erfordernissen der entstandenen Massenmärkte nach dem Zweiten Weltkrieg entsprachen.

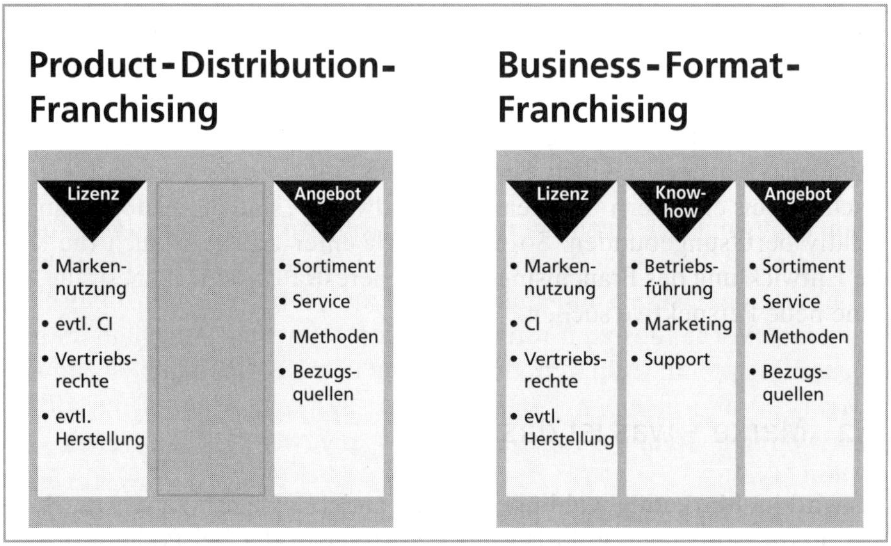

Abbildung 1: Product-Distribution-Franchising – Business-Format-Franchising

Franchise-Pioniere

Im Jahr 1935 war es Howard Johnson, der in den USA Franchisen für seine Eisdielen-Idee vergab. Nach vier Jahren waren es bereits mehr als 100 Eissalons. Auch die Fast-Food-Kette Dairy Queen, welche ihren Siegeszug 1940 startete, kann auf eine beeindruckende Geschichte zurückblicken. Es gibt heute an die 5.900 Restaurants in 22 Ländern. Damit ist sie eine der größten Fast-Food-Ketten der Welt. Es gibt jedoch eine Kette, welche diese Zahlen noch bei Weitem zu schlagen vermag: McDonald's. Vierzehn Jahre nach Dairy Queen machte sich Ray Kroc daran, das McDonald's-System zu entwickeln und zu verbreiten. Heutzutage gibt es um die 31.000 Restaurants in über 100 Ländern.

1.1 Business-Format-Franchising

Das Business-Format-Franchising steht seither im Mittelpunkt des Interesses und hat sich in vielen Branchen durchgesetzt. Ob im Aus- und Weiterbildungsbereich mit Sprach-, Nachhilfe- und Musikschulen, im Handwerk, in der Produktion, im Vertrieb und in der Dienstleistungsbranche mit Friseurketten, Vermittlungsdiensten, Personalberatungen und vielen anderen Konzepten – die Variationsbreite ist groß. Damit ist Franchising auch vermehrt Privatpersonen zugänglich geworden. Waren es beim Product-Distribution-Franchising vor allem Partnerfirmen, die das exklusive Vertriebsrecht für ein bestimmtes Produktsortiment hatten, wurden beim Business-Format-Franchising auch potenzielle Existenzgründer angesprochen.

Das Profil der Franchise-Nehmer reicht von bereits fachlich vorgebildeten Personen bis hin zu absolut branchenfremden. Das ist vor allem dank der diversen Unterstützungsleistungen zur Integration und Führung von Franchise-Partnern möglich. Bis auf solche Franchise-Konzepte, die einen Fachausweis erfordern – zumeist im Handwerk –, sind die Anforderungen relativ berufsungebunden. So erklärt sich unter anderem auch die starke Entwicklung des Franchisings als Karrierestrategie für Angestellte, die eine neue Perspektive suchen.

1.2 Marke – was ist das?

Es wird im Marketing wohl über keinen anderen Begriff so viel geschrieben und gesprochen, ob in Büchern, Vorträgen oder bei Podiumsdiskussionen, als über den der Marke. Und das seit dem letzten Jahrhundert.

Ob das zu einer Begriffsklärung beigetragen hat, vermögen wir nicht zu sagen. Sicher scheint, dass die Praxisrelevanz, speziell in Bezug auf die Situation von Franchise-Unternehmen, oft nur ungenügend thematisiert wird oder ganz auf der Strecke bleibt. Aber genau diesen Praxisbezug für Franchise-Geber wollen wir in hohem Maße herstellen. Das ist unser Anliegen mit diesem Praxishandbuch. So schauen wir von Beginn an mit dem Praxisblick auf die Marke und lassen all die ablenkende Theorie weg, die ohne konkreten Nutzen ist.

Was ist also eine Marke? »Markierungen« dienen seit jeher der Kennzeichnung von Produkten und Leistungen. Zu allererst wahrscheinlich zur Klärung der Eigentumsverhältnisse. Das Wildwest-Märchen vom Einbrennen der Brandzeichen auf amerikanischen Rindern wird noch immer gern als Ursprung des Brandings kolportiert. Markierungen, als Vorläufer der heutigen Marken, reichen aber historisch sehr viel weiter zurück. So könnte der Siegeleinsatz im Jahr 3.000 vor Christi Geburt oder die Nutzung von Wasserzeichen als Papiermarken im Jahr 1326 bereits als praktische Markierung bewertet werden. Im ägyptischen, griechischen und römischen Reich sowie über das Mittelalter hinaus gab es Markierungen als Qualitätsnachweise, als Garantie- und Gütezeichen sowie als Herkunfts- und Zunftzeichen von Künstlern, Herstellern, Werkstätten und Berufsständen. Spuren davon finden sich entsprechend im griechischen Sprachgebrauch (Marka), in der italienischen (Marca) und französischen Sprache (Marque) sowie im mittelhochdeutschen (Marc als Grenze und Grenzland).

Diese Markierungen wurden jedoch noch sehr zaghaft auf den Behältern, Kisten und Fässern der Rohstoffe von den Herstellern oder Zwischenhändlern vorgenommen. Nur einige wenige Ausnahmen, zum Beispiel im Lebensmittelbereich, auf Brot und auf bestimmten Backwaren, gab es als Produktmarkierungen.

Das sollte sich im Rahmen der industriellen Fertigung schlagartig ändern. Die schnelle Massenproduktion erlaubte fertig verpackte Einzelprodukte, die gestaltet und markiert werden konnten. Zum Schutz dieser industriellen Anstrengungen wurde 1875 das erste deutsche Markenschutzgesetz erlassen. Als älteste damals eingetragene Marke, die heute noch aktiv ist, gilt die Staatliche Porzellan-Manufaktur Meissen (Bildmarke Schwerter). Sie wurde am 20.05.1875 angemeldet und am 23.01.1895 registriert. Heute lassen sich Markenanmeldungen beim Deutschen Patent- und Markenamt in wesentlich kürzerer Zeit, auch online, realisieren. Eine weitere Marke, die 1879 angemeldet wurde und heute noch aktiv ist, ist Faber-Castell, A.W., Nürnberg (Bildmarke der zwei gekreuzten Hämmer). Viele der auch heute noch bekannten Marken wurden in dieser Zeit zum Markenschutz erstmalig angemeldet, so zum Beispiel Milka (1876), Coca-Cola (1886), Maggi (1887), Doornkaat und Underberg (beide 1894).

Das heute existierende Markengesetz (MarkenG) ist seit 1995 in Kraft. Es beschreibt, was eine Marke aus juristischer und schutzfähiger Sicht bedeutet.

»Als Marke können alle Zeichen, insbesondere Wörter einschließlich Personennamen, Abbildungen, Buchstaben, Zahlen, Hörzeichen, dreidimensionale Gestaltungen einschließlich der Form einer Ware oder ihrer Verpackung sowie sonstige Aufmachungen einschließlich Farben und Farbzusammenstellungen geschützt werden, die geeignet sind, Waren oder Dienstleistungen eines Unternehmens von denjenigen anderer Unternehmen zu unterscheiden.« (Markengesetz § 3 Abs. 1)

Juristisch schutzfähig sind entsprechend dieser technischen Definition Merkmalsgestaltungen, die zur Unterscheidung beitragen und technisch produziert werden können. Aktueller Ausnahmefall ist die olfaktorische Markierung, da Gerüche bisher nicht visualisiert beim Deutschen Patent- und Markenamt anerkannt werden. Wir gehen aber davon aus, dass auch dieses in absehbarer Zeit realisierbar sein wird.

Die Möglichkeiten zur Markierung eines Franchise-Systems, speziell in Zeiten einer zunehmenden Umweltdynamik, werden unseres Erachtens immer umfangreicher; umfangreicher, als es juristisch derzeit zu sichern ist. Dabei beziehen wir uns auf die Vorstellungsbilder, die in den Köpfen der Menschen durch die Marke erzeugt werden. Ihre Gesamtheit ergibt das Markenbild. Mehr dazu erfahren Sie in unserem Workbook in Kapitel 2.

Marken zählen heute zu den größten Vermögenswerten einer Firma. Sie können bilanziert werden. Dafür ist es nötig, den Markenwert zu ermitteln. Marktforschungsinstitute, Unternehmens-, Marken- und Kommunikationsberatungen veröffentlichen dazu jährlich regionale, nationale und globale Monitore und Rankings von erforschten Markenwerten. Die spannende Frage lautet dabei immer: Welche Marke ist in der Kategorie oder in dem Land die stärkste und wie viel ist sie wert? Eine andere Frage ist für die Praxis unserer Meinung nach aber viel spannender: Was wird gemessen und wie? Es werden nämlich jeweils unterschiedliche Messkriterien angelegt, die dann auch jeweils unterschiedliche Bewertungen hervorbringen. Praxisrelevant sind die Ergebnisse aber dennoch, geben sie doch Auskunft über die möglichen Marken-Erfolgsfaktoren.

Checkliste: Messkriterien für Markenstärke
- Markenbekanntheit
- Markenimage
- Markenvertrauen
- Markenrelevanz
- Markenklarheit und -konsistenz
- Kommunikationsintensität
- Markeninvestitionen
- Internationalität
- Entwicklungspotenzial
- Marktgröße und Marktwachstum versus Marktanteil und Marktanteilswachstum
- Umsatzprofitabilität und Ertrag
- Rechtliche Absicherung (Markeneinträge)

1.3 Brand-Franchising

Im Zuge der zunehmenden Globalisierung und damit des Zusammenwachsens von Märkten wird eine klare Profilierung von Unternehmen und deren Angeboten immer wichtiger. Um sich dem digitalen und physischen Überangebot von Produkten und Dienstleistungen zu stellen, verlangt es nach immer eindeutigeren Merkmalen, um Marken zu kreieren beziehungsweise zu identifizieren. Unverkennbare Präsenz ist damit ein Baustein, um wahrgenommen zu werden, aber auch die Bekanntheit und Verfügbarkeit sind wichtige Voraussetzungen für den Aufbau und den Erfolg einer Marke.

Effizientes Marketing

Partnerschaftlich organisierte Vertriebsformen wie das Franchising tragen ganz wesentlich zum Aufbau einer Marke und zu einer eindeutigen Positionierung am Markt bei. Die klare Fokussierung auf ein definiertes Angebot sowie die Standardisierung von Arbeitsabläufen und Erscheinungsbildern tragen nicht nur zur Wiedererkennung bei, sondern auch zu mehr Effizienz und gleichbleibender Qualität.

Franchising gilt als Multiplikator erfolgreicher Geschäftskonzepte und ist eine adäquate Basis zur Identifizierung von Wettbewerbsvorteilen, da das Geschäftskonzept im Zusammenspiel mit den Einflüssen des Marktes akribisch genau beschrieben wird.

Franchising kann dadurch neben seinen Qualitäten als Expansionsstrategie auch als Strategie für ein effizientes Marketing angesehen werden.

Wesentliche Merkmale des Franchisings unter Marketinggesichtspunkten sind

- überregionale Aktivitäten,
- einheitliches Auftreten auf dem Markt,
- Exklusivität,
- starkes Systemimage,
- unternehmerisches Engagement an der »Verkaufsfront«,
- transparente sowie systematisierte Ablaufprozesse,
- qualifizierter Service,
- marktweite Werbe- und Verkaufsförderungsaktionen,
- Trendinformationen
- sowie weitgehende Steuerung und Kontrolle des gesamten Vertriebskanals.

Die Leistungen von Franchise-Systemen bekommen dadurch Markenartikelcharakter, denn der Fokus liegt auf der standardisierten Qualität. Das heißt nicht, dass Franchise-Systeme durch den stark durchstrukturierten und standardisierten Charakter keinen Raum für die individuelle Note haben. Im Gegenteil, dadurch dass es eine optimierte Arbeitsteilung zwischen Franchise-Nehmer und der Systemzentrale des Franchise-Gebers gibt, ist der Franchise-Nehmer in vielen Dingen entlastet und kann an der »Verkaufsfront« den Mehrwert der persönlichen Beratung intensiver wahrnehmen. Das hat allerdings auch seine Tücken, nämlich dann, wenn das Verhalten allzu stark von der beabsichtigten Botschaft abweicht.

Franchise-Partner – Botschafter des Markenkerns

Eine ganz entscheidende und schwierige Aufgabe besteht für jedes Franchise-Unternehmen darin, den Markenkern zu erkennen. Entscheidend deshalb, weil der Markenkern die Identifizierung des Angebotes und der Differenzierung ausmacht – die Assoziation oder das innere Bild, das beim Zielkunden entstehen soll. Schwierig ist es deshalb, weil sich im Franchising die Marke nicht nur auf ein physisches Produkt bezieht, sondern auch die Angebotsform und -darbietung einschließt und durch jeden Franchise-Partner mitgeprägt wird.

Bei der Entwicklung eines Franchise-Systems ist somit die Frage nach der Positionierung am Markt eine ganz bedeutende. Wodurch zeichnet sich das Geschäftskonzept aus, welche Vorteile hat es, wodurch kann es sich von Mitbewerbern abheben? Welche von den Vorteilen beziehungsweise Stärken des Systems sind wahre, entscheidende Erfolgsfaktoren, und zwar aus Kundensicht? Und letztendlich: Wie können diese Erfolgsfaktoren, am effizientesten über das Design, die Kommunikation und das Auftreten von Partnern und Mitarbeitenden nach innen und außen transportiert werden? Denn das Ziel ist, dass bei den Kunden ein – für sie – sympathisches inneres Bild entsteht, wenn sie den Markennamen hören. Das soll folgerichtig dazu führen, dass sie sich auch an diese Marke binden.

Authentizität durch Markenführung

Authentizität ist ein Begriff, der derzeit Hochkonjunktur hat. Ob in Wirtschaft, Politik oder Show-Business, der Ruf nach Echtheit und Glaubwürdigkeit, auch hinter den Kulissen, wird immer stärker. Das hat selbstverständlich auch Auswirkungen auf die Franchise-Branche. Abgesehen vom Erfolg in der angestammten Branche, wird die Authentizität eines Franchise-Angebots immer wichtiger. Ist das Angebot in sich stimmig? Ist der Auftritt in Anbetracht der Geschäftsidee und des Kundennutzens glaubwürdig und eigenständig? Spiegelt sich das nachvollziehbar in der Wertekultur des Franchise-Systems wider? Gibt es Entwicklungspotenzial nicht nur für das Leistungsangebot, sondern auch für die Franchise-Partner und -Partnerinnen? Fragen, die nicht nur darauf abzielen, die Nachhaltigkeit auf ökonomischer Ebene zu beleuchten. Auch die soziale und ökologische Nachhaltigkeit wird zunehmend bedeutender. Die Perspektive, der eigene Stellenwert im System, aber auch der Einfluss auf die Umwelt und das Marktgeschehen als solches sind Themen, mit denen sich Franchise-Unternehmen befassen müssen.

In Zeiten großer Verunsicherung gewinnt die Suche nach Vertrauenswürdigem an Bedeutung. Und die Möglichkeiten, sich heute Hintergrundinformationen, Eindrücke und Urteile über ein Unternehmen und dessen Angebot sowie Wirken am Markt zu holen, sind gerade über die Online-Vernetzung immens.

Markenadäquate Zielkundenansprache

Das Franchise-System Pizza Hut bietet in den USA die Möglichkeit an, über das iPhone die Pizza günstiger zu bestellen, wenn man deren iPhone App nutzt. Dunkin' Donuts' Facebook-Fan-Seite erfreut sich über 980.000

Fans und das Twitter-Netzwerk zählt über 39.000 Anhänger.[2] Das US-Unternehmen Mars bietet mit der Marke Skittles nicht nur Bonbons, sondern verkörpert auch das Marketing der Zukunft. Über www.skittles.com kann man mit der Marke interagieren. Die Website enthält überwiegend nutzergenerierte Inhalte und ist verlinkt mit Facebook, YouTube, Flickr, Twitter sowie Wikipedia.[3]

Die Kontrolle über die Markenkommunikation wird hier den überwiegend jungen Kunden und Fans übertragen. Auf diese Zielgruppe wirkt das offen, transparent und authentisch. Das liegt daran, dass diese Zielkundschaft mit den digitalen Medien aufgewachsen ist und gewohnt ist, sich zeitnah auszutauschen, zu bewerten und Gegebenes, Vorgefertigtes nicht einfach zu akzeptieren. Ein Privileg der Jugend, das immer schon gegolten hat, nur entscheidet es hier über den Erfolg und Misserfolg von Marken.

Zur Zielgruppendefinition kommt zukünftig neben den demografischen und verhaltensspezifischen Merkmalen die Generationszugehörigkeit hinzu. Handelt es sich um »Digital Natives« oder »Digital Immigrants«? Zu den Digital Natives zählt die Generation, die nach 1980 geboren ist und seit der Jugend mit dem Internet, Mobiltelefonen und Online-Medien vertraut ist. Hingegen sind die Digital Immigrants vor allem mit den klassischen Medien wie Zeitungen und Fernsehen aufgewachsen. Siehe hierzu auch unser Denkwerkzeug »Generationen-Prägung« im Kapitel 3.

Für die Kommunikation – gerade in den global expandierenden Franchise-Unternehmen – sind das wichtige Indizien, sich nicht nur mit den aktuellen Eigenarten der Zielkunden auseinanderzusetzen, sondern auch deren Entwicklung einzuplanen.

Brand-Franchising ist damit nicht nur »nice to have«, sondern wird zukünftig einen noch größeren Stellenwert als bisher einnehmen. Vor allem wenn wir die neuen Strömungen im Franchising betrachten, wo traditionell besetzte Branchen mit alten Wertekulturen brechen und neue Gedanken und Einstellungen über den Aufbau von Franchise-Systemen transportieren.

1.4 Neue Herausforderungen im Franchising

Es gibt grundlegende Strömungen und Wandlungsprozesse, die sowohl auf die Marktangebote wie auch auf deren Vermarktung wirken. Franchising als Wachstumsstrategie hängt in seiner Dynamik wesentlich vom Erfolg des Geschäftskonzepts ab. Ein erfolgreiches Geschäftskonzept hat in der

Regel einen Kundennutzen optimal umgesetzt – und das besser als seine Mitbewerber. Damit der Kunde den optimalen Nutzen für sich identifizieren kann, ist eine starke Profilierung und Markierung des Anbieters nötig. Liegt dem markanten Angebot dann auch noch ein entsprechendes Wertesystem zugrunde, das von allen Beteiligten mit Enthusiasmus gelebt wird, dann ergibt sich eine Authentizität, die häufig auch eine Kundenloyalität zur Folge hat. Wir wollen Ihnen zunächst wichtige aktuelle Strömungen nennen, die für die Unternehmensführung und damit auch für die Expansionsplanung von Bedeutung sind, und im Kapitel 1.5 stellen wir Ihnen Bereiche vor, die wir als besonders zukunftsträchtig für das Franchising identifiziert haben.

Die neue technologische Welle

Gehen wir von dem Kondratieff-Modell aus – nach dem russischen Ökonomen Nikolas Kondratieff benannt –, so befinden wir uns an der Schwelle einer neuen technologischen Welle. Diese Schwelle wird mit dem Übergang vom 5. zum 6. Kondratieff bezeichnet und wird von der Biotechnologie und psychosozialer Gesundheit geprägt sein.[4] Solche Wellen, wie sie in der folgenden Abbildung dargestellt sind, verheißen immer einen Wachstums- und Produktivitätsschub, der durch einen Schlüsselrohstoff oder eine Schlüsseltechnologie ausgelöst wird. Die Informationstechnologie – prägend für den 5. Kondratieff – kann allein die Produktivität in einer sich stark verändernden Umwelt nicht mehr erhöhen. Aber Biotechnologien werden im Rahmen dieser Herausforderungen große Innovationen in Industrie, Medizin und Landwirtschaft hervorbringen und in der Gesellschaft die Themen Gesundheit und Nachhaltigkeit in den Vordergrund rücken.

Parallel zu den Techniken wird es auch um soziale Innovationen gehen. Der demografische und wirtschaftliche Wandel in den Industrieländern und die vielen aufblühenden Nationen werfen zum Beispiel Fragen zur Stärkung der Gesundheit in einer alternden Gesellschaft auf oder danach, wie man mit Humanressourcen umgeht. Die Globalisierung wird betreffend Innovation und Fortschritt zunehmend von Schwellenländern wie China, Indien, Südamerika und einzelnen afrikanischen Ländern aktiv beeinflusst. Das heißt für die westliche Welt, dass wir uns dynamischer und innovativer als bisher auf neue Bedingungen einlassen müssen, um Schritt halten zu können und Marktchancen zu erkennen (siehe dazu auch das Kapitel 2.7).

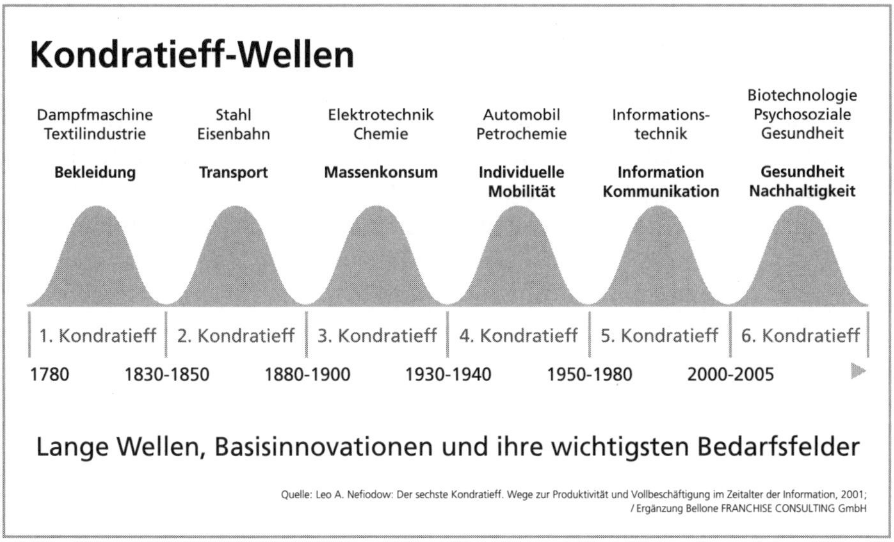

Abbildung 2: Kondratieff-Wellen

Flexible Netzwerke

Das Finden kreativer Lösungen wird viel mit den Rahmenbedingungen zu tun haben, die dafür geschaffen werden müssen. Unter welchen Bedingungen können Innovationen entstehen? Wie müssen Teams und Netzwerke zusammengesetzt werden, damit etwas Neues entstehen kann? Wie können globale Veränderungen und Probleme ganzheitlich betrachtet werden, um auch ganzheitliche Lösungen zu finden?

Laut Matthias Horx, Trendforscher, müssen zukünftige Unternehmen auf teure, schwerfällige Hierarchien verzichten und in produktive Netzwerke investieren.[5] Selbstständige vernetzte Einheiten, strategische Allianzen, partnerschaftliche Kooperationen fördern nicht nur die Eigenverantwortung, sondern auch das selbstständige Denken im Kontext eines gemeinsamen Ziels.

Bei aller Euphorie für die Wachstums- und Karrierestrategie Franchising stellt unsere Zeit auch Anforderungen an die Ausprägung eines Franchise-Systems. Sinn- und Verantwortungsfragen, sowohl bezüglich der Geschäftsinhalte als auch der Rahmenbedingungen des Systems, werden immer zentraler. Damit wird deutlich, dass diese »lebendige Organisation« eine stetige Herausforderung für die Initiatoren bedeutet, sich nicht nur den Systempartnern zu stellen, sondern auch der Gesellschaft hinsichtlich ethischer, moralischer, ökologischer und ökonomischer Verpflichtungen.

1.5 Wohin entwickelt sich Franchising?

Das Franchise-Business wird von den Megatrends Globalisierung, Healthstyle, Green Economy, Individualisierung und dem demografischen Wandel maßgeblich beeinflusst – sowohl bezüglich strategischer Belange und der Unternehmensführung als auch branchenbezogen.

Greenfranchising

Die Franchise-Struktur ist prädestiniert für die Integration des Drei-Säulen-Modells der Nachhaltigkeit – nämlich der ökonomischen, sozialen und ökologischen Nachhaltigkeit.

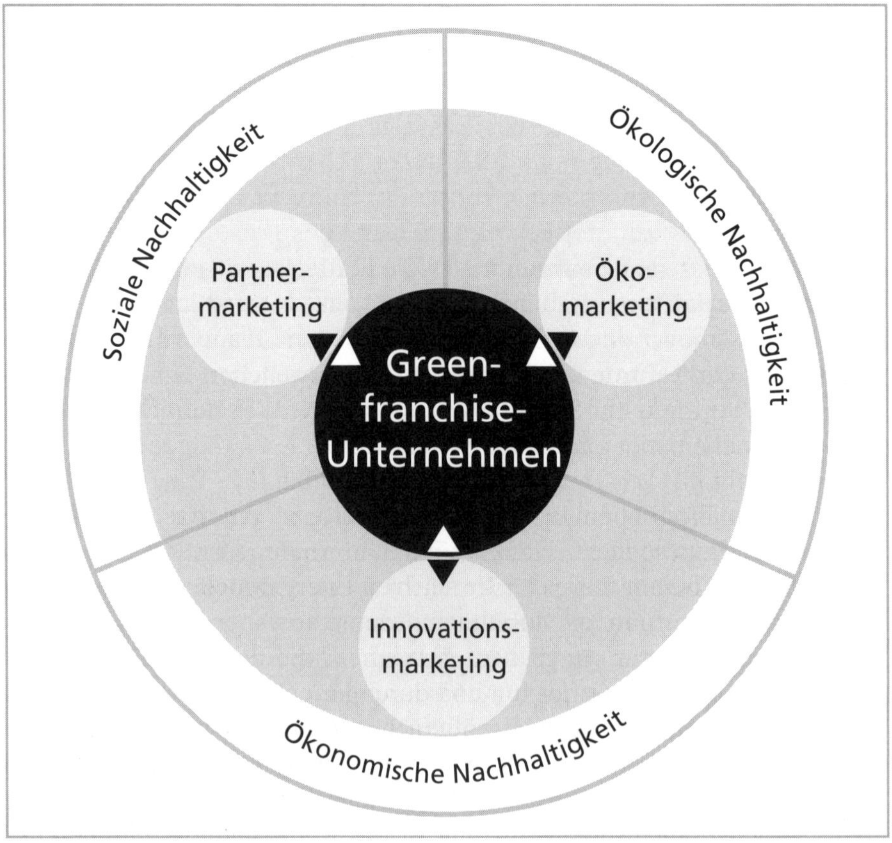

Abbildung 3: Franchise-Denkwerkzeug – Prinzip Greenfranchising

Allein der Franchise-Aufbau erfordert in der Regel die akribische Analyse des Geschäftskonzepts im Rahmen des marktwirtschaftlichen Umfelds, wie wir das im Workbook ab Kapitel 2 vorstellen. Es werden Prognosen erstellt über die Konsequenzen einer Zusammenarbeit mit selbstständigen Geschäftspartnern und deren Wirken im Markt. Im Rahmen der Wirtschaftlichkeitsberechnung werden Hochrechnungen zum Break-even des Systems aufgestellt, in welchem Verhältnis Gebühren und Leistungen stehen müssen, wie die langfristige Partnerbindung über verschiedene Tools vorgenommen wird und wie ausbaubar das Leistungsangebot ist. Neben dem Potenzial möglicher Partner in Wechselwirkung zum Potenzial möglicher Endabnehmer wird auch die grenzüberschreitende Expansion überprüft. So wird die nachhaltige ökonomische Dimension als Entscheidungsgrundlage für Franchising in den meisten Fällen sehr eingehend erarbeitet.

Es geht aber darum, in allen drei Bereichen ausgewogene Lösungen zu finden, die nicht nur die unmittelbaren Konsequenzen im Jetzt, sondern auch die langfristigen und für nachfolgende Generationen relevanten Konsequenzen miteinbeziehen. Und so lautet die Frage im Rahmen der sozialen Nachhaltigkeit: Wie kann ich das Franchise-System als solches nachhaltig aufbauen und für Partner aktuell und marktnah halten? Interaktives Partnermarketing ist gefragt; Think Tanks als Plattform zur Ideengenerierung zur stetigen Optimierung des Leistungsangebots; virtuelle und physische Communitys für die Förderung des Gruppengedankens und das Verfolgen gemeinsamer Projekte, die dem Gemeinwohl dienen und dabei positive Effekte auf das eigene Angebot haben. Zum Beispiel führt die Franchise-Kette Lush mit ihren Partnern und Mitarbeitenden Aktionen zur Sensibilisierung des ökologischen Bewusstseins durch und weist dabei überzeugend auf die eigenen handgemachten Bio-Seifenartikel hin.

Auf der ökologischen Ebene der nachhaltigen Ansätze gibt es noch großen Handlungsbedarf. Neue grüne Unternehmenskonzepte siedeln sich vorzugsweise im Bereich alternativer Energiequellen, ökologischer Textilien oder alternativer Mobilitätskonzepte an. Aber auch in Teilbereichen oder bisher eher »ungrünen« Branchen, wie der schnellen Systemgastronomie, lässt sich Gutes tun und durch Franchising wirkungsvoll vervielfältigen. So setzen die weltgrößten Gastronomie-Franchise-Systeme, wie Subway mit seinen »Eco-Stores« oder Dunkin' Donuts mit seinem »Green Store« in Florida, USA, deutlich nachhaltige Zeichen. Treiber dieser neuen Franchise-Entwicklung ist das Marktsegment der LOHAS (Lifestyle of Health and Sustainability). Ihr Kontingent wächst beachtlich. Und damit sowohl der Anteil an nachhaltig denkenden und handelnden

Verbrauchern und Verbraucherinnen wie auch an kritischen Franchise-Anwärtern. Die Forderung nach einem verantwortungsvollen Umgang mit den natürlichen Ressourcen und fair gehandelten Waren wird so zukünftig zu einer Messlatte, wenn es um die Attraktivität und vor allem um das Überleben von Franchise-Systemen geht. Allerdings ist dabei zu beachten, dass nachhaltiges Wirken zum Grundverständnis der Unternehmen passen muss, dass es nicht nur als »Green-Washing-Aktion« verfemt wird, sondern in einem nachvollziehbaren Zusammenhang steht.

»Es gilt für ein Unternehmen diejenigen Themenfelder herauszufiltern, die sowohl einen Wertschöpfungsbeitrag für das Unternehmen als auch für die Gesellschaft erbringen. Konkret heißt dies zum einen, dass jedes gesellschaftsorientierte Engagement als Element eines nachhaltigen Managementsystems in Einklang gebracht werden muss mit betriebswirtschaftlichen Zielen wie zum Beispiel dem Aufbau und der Pflege des Corporate Image, der Motivation der Mitarbeiter oder der Unterstützung einer Differenzierungsstrategie im Wettbewerb. Daran mangelt es noch vielfach, wie aktuelle Ergebnisse einer Untersuchung des Meinungsforschungsinstituts forsa bei mittelständischen Unternehmen zeigen«. (Prof. Dr. Claus-Heinrich Daub[6])

Franchise-Denkwerkzeug: Greenfranchising-Prinzip

Intercultural Franchising

Intercultural Franchising bezeichnet den Ansatz, sich kreativ mit der Globalisierung auseinanderzusetzen und Diversity, in diesem Fall die kulturelle Verschiedenheit, als Chance zu sehen. Hier gibt es Möglichkeiten im Aus- und Weiterbildungssektor, wo neben dem Erlernen von Sprachen begleitende Kurse zum Kennenlernen kultureller Gepflogenheiten angeboten werden. Da bieten sich Co-Brandings geradezu an, bei denen Franchise-Unternehmen aus der Reisebranche mit Sprachschulen, Übersetzungsbüros und Anbietern von »Social-and-Business-Etiquette-Seminaren« zusammenarbeiten.

Im Bereich der Förderung von Kleinkindern in Spiel- und Lerngruppen gibt es bereits sehr interessante Anbieter für Intercultural Franchising. Das amerikanische Franchise-System Gymboree bietet zum Beispiel zweisprachige Spielgruppen namens »Global Kids« an, in denen die Kinder spielerisch und natürlich fast eine zweite Muttersprache mitbekommen. Einen Eindruck vom System bekommen Sie auf den Farbseiten in diesem Kapitel.

Der interkulturelle Ansatz wird auch in Restaurant-Themenwelten Einzug halten und interessante Kombinationen verschiedener Einflüsse in der Küche, im Design und in der Darbietung hervorbringen. Ebenso werden im Sportbereich neue Konzepte entstehen, die nicht nur asiatische Kampfkunst und andere internationale Sportarten mit herkömmlichen Fitnesskursen verbinden, sondern darüber hinaus Ernährungsberatung, abgestimmt auf verschiedenste Kulturen, anbieten. Franchisierte Kochschulen, die Global Cooking in Verbindung mit Sprach- und Integrationskursen offerieren, sind bereits im Entstehen.

Auch der Kosmetik- und Wellnessbereich wird zunehmend interkulturelle Konzepte hervorbringen. So gibt es in Berlin zum Beispiel das »Fußbadcafé«, ein asiatisch inspiriertes Studio, das sympathisch Pflege mit Kaffeehauskultur verbindet. Labo-Spa in Zürich verwöhnt mit Programmen, die der chinesischen Medizin und hawaiianischer wie thailändischer Tradition entnommen wurden und mit hochwertigen Schweizer Kosmetikprodukten ergänzt werden. Day-Spa-Konzepte großer Marken wie Dove und Nivea machen Pflege-Angebote per Walk-in-Service konsumierbar, wie wir es aus Großstädten in Asien, den USA und Australien kennen. Mehr dazu siehe im Kapitel »Zur rechten Zeit am rechten Ort«.

Co-Branding

Es gibt viele Möglichkeiten, ein Unternehmen oder ein Leistungsangebot durch Kooperationen zu stärken; und zwar nicht nur durch solche innerhalb der Franchise-Gemeinschaft, sondern Kooperationen können auch mit Externen eingegangen werden, die eine andere Stärke einbringen, sodass beide Partner profitieren.

Die wichtigste Voraussetzung dafür ist allerdings die eingehende Prüfung, ob tatsächlich ein Synergie-Effekt für beide Kooperationspartner besteht, ob der Zusammenschluss markenkompatibel ist und Mehrwerte für die Zielkunden schafft und wie der gesamte Marketing-Mix und letztendlich das Franchise-Angebot entsprechend ausgestaltet werden müssen.

Co-Branding, also die Kooperation verschiedener, in der Regel komplementärer Marken, ist ein strategischer Ansatz, der Zukunft haben wird, weil er hilft, Kosten zu sparen, und die Durchsetzung auf dem Markt stärkt. Für Franchise-Systeme doppelt interessant, weil einerseits Co-Branding-

Konzepte multipliziert werden können, wie wir es auf den Farbseiten mit Wash & Coffee vorstellen. Hier haben sich zwei Unternehmen, Bosch und Henkel, zusammengefunden, um ein neuartiges Konzept zu lancieren. Andererseits gibt es auch die Möglichkeit, dass bestehende Franchise-Brands kooperieren, wie zum Beispiel McDonald's mit Wal-Mart, Baskin Robbins mit Dunkin' Donuts oder diverse Tankstellen-Franchise-Systeme mit Convenience-Shops. Diese Kooperationen gestalten damit nicht nur die Standorte attraktiver und steigern die Frequenz, sondern können Kosten reduzieren, indem laufende Fixkosten aufgeteilt werden.

Eine weitere Co-Branding-Form ist das Ingredient-Branding. Hier handelt es sich um einen Inhaltsstoff, eine Ingredienz, die bereits sehr bekannt ist und in die eigene Produktpalette integriert wird, wie beispielsweise Intel Inside bei Prozessoren und Chipsätze in Computern verschiedener Hersteller, NutraSweet und Canderel, ein Markenname für den Süßstoff Aspartam in der Lebensmittelindustrie (zum Beispiel Coca-Cola light) oder die Membran Gore Tex, die für die Herstellung von Funktionsbekleidung verwendet wird, die wiederum im Sortiment vieler Outdoor-Franchise-Systeme wie zum Beispiel Timberland und Mammut gelistet wird. Der Vorteil von Ingredient-Branding ist, dass man einen bereits bekannten und bewährten Inhaltsstoff verwendet, dessen Wirkung wenig Erklärungsbedarf hat, der aber positiv auf das eigene Leistungsangebot ausstrahlt und dieses aufwerten kann.

Wir stellen fest, dass das Gebiet der externen Kooperationsmöglichkeiten für Franchise-Systeme noch weitgehend ungenutzt ist, aber vermehrt nachgefragt wird.

Cultural Franchising

Kulturfranchising als Möglichkeit, aus künstlerisch inspirierten oder gar sozialpolitischen Projekten mögliche »Exportgüter« zu kreieren, zeigt derzeit bereits interessante Erscheinungsformen und wird zukünftig noch weitaus mehr überlegenswerte Modelle hervorbringen. Das Museum quasi als multipliziertes Prestigeobjekt.

Bekannte Modelle, die mit solchen Elementen strategischer Allianzen und Lizenzierung arbeiten, stellen unter anderem das Guggenheim-Museum mit diversen »Ablegern« im Ausland dar und das Centré Pompidou in Paris, Metz und bald in China. Synergieeffekte können hier durch die Roadshow-artigen, also mobilen Ausstellungen erfolgen, welche die zum Teil großen Lagerbestände an Exponaten zugänglich und damit wirtschaftlich machen. Hinzu kommt, dass das Nutzungsrecht des Namens für den Kooperationspartner imagefördernde Qualitäten haben kann – wie im Falle des Guggenheim-Museums, dessen Berliner Partner die Deutsche Bank ist. So war in einem damaligen Artikel von Matthias Frehner im NZZ Folio[7] zu lesen, dass sich die Guggenheim-Dependance für die Deutsche Bank als Sprungbrett für den Kontakt mit Vertretern neuer Märkte nutzen lässt. Sei es die Prestigewirkung, die optimierte Ressourcenplanung durch die Verteilung der Kunstwerke auf mehrere Standorte oder die Markierung von Kult(ur-)stätten im internationalen Markt – die Identifikation, Standardisierung und Multiplikation von Erfolgsfaktoren, begleitet von einer entsprechenden Arbeits- und Kostenteilung, bergen Vorteile, wie sie dem »reinrassigen Franchising« inne sind.

Beim »Kulturfranchising« rekrutieren sich die Partner in der Regel aus Branchenspezialisten, Unternehmen, Investoren – weniger aus Existenzgründerkreisen. Die Wirkung ist jedoch eine ähnliche, nämlich dass die Partner im Verbund einen wesentlichen Vorteil erkennen und sehen, dass der eigenständige Aufbau eines ähnlich gelagerten Konzepts mit einer vergleichsweise langen Aufbauzeit verbunden ist und man sich zudem typische Blessuren durch »Versuch und Irrtum« zuzieht. Sehen Sie hierzu das Beispiel Asisi Visual Culture auf den Farbseiten.

Social Franchising

Kulturfranchising der ganz anderen Art bietet auch die StreetUniverCity in Berlin-Kreuzberg. Die StreetUniverCity, eine Initiative für außerschulische Jugendbildung im sozialen, sportlichen und kulturellen Bereich, die berufsorientierende und -vorbereitende Angebote für Jugendliche in sozialen Brennpunkten bietet, hat bereits über die Landesgrenzen hinaus eine Nachfrage erzeugt – denn vernachlässigte Jugendliche sind kein singuläres Problem der Hauptstadt Berlin. Das Projekt wurde von Gründern aus der Szene mit großem Engagement entwickelt und wird nun per Franchising für zukünftige Partner viele Vorteile bringen, denn nicht nur die Inhalte des Lernangebots, auch die Strategie zur Eruierung von Sponsoren und anderen Förderern wird in dem Franchise-Paket enthalten sein. Mit der anteiligen Rückfinanzierung durch die Franchise-Partner kann sich das System stetig weiterentwickeln, können internationale Förderer gefunden werden und damit wiederum Inspiration und einen echten Nutzen für die ganze Gruppe bringen.

Damit lehnt sich das Konzept an das Mikrofranchising-Modell an, das vor allem durch die Arbeit des Nobelpreisträgers Muhammad Yunus bekannt wurde. Mikrofranchising bietet leicht reproduzierbare Geschäftsmöglichkeiten für sogenannte Mikrounternehmer in Entwicklungsländern an. Ein Statement von Naoko Felder-Kuzu, Autorin des Buches *Kleiner Einsatz, große Wirkung – Mikrofinanzierung und Mikrofranchising*, lesen Sie nachfolgend. Naoko Felder-Kuzu[8] gilt in der Schweiz als die Mikrofinanzexpertin schlechthin. Wir freuen uns, ihr Statement an dieser Stelle veröffentlichen zu dürfen.

Mikrofranchise: einfach und wirkungsvoll«

»Mikrofranchising bietet leicht replizierbare Geschäftsmöglichkeiten im Rahmen von 100 bis 3000 US-Dollar für Mikrounternehmer in Entwicklungsländern unter Anwendung bewährter Methoden des herkömmlichen Franchising-Modells. In Verbindung mit Mikrofinanz ist es ein leistungsfähiges Entwicklungsinstrument mit dem Potenzial, die Armut der Menschen am Fuß der Wohlstandspyramide schneller zu lindern. Eines der erfolgreichsten Beispiele ist das Village Phone Program von Grameenphone in Bangladesh, welches mittlerweile 360.000 Kreditnehmern Geld zum Kauf von Mobiltelefonen geliehen hat, womit in rund der Hälfte der Dörfer Bangladeshs Telekommunikationsdienste angeboten werden. Dieses Modell wurde in der Zwischenzeit erfolgreich in anderen Ländern wie Uganda, Ruanda oder Indonesien eingeführt.«

So kann der Franchise-Gedanke bis in den Non-Profit-Bereich getragen werden und aufzeigen, dass es sich dabei um ein strategisches Vorgehen handelt, dessen Instrumente und Maßnahmen die genannte Standardisierung und Multiplikation von Ablaufprozessen und Geschäfts-Know-how bedeuten.

Weitere Social-Franchise-Beispiele sind das Projekt Youth-to-Youth (www.youth-to-youth.org), eine Initiative der Deutschen Stiftung Weltbevölkerung, die zum Ziel hat, Jugendliche in Entwicklungsländern über Sexualität, Verhütung, HIV/AIDS et cetera aufzuklären. Das sehr erfolgreiche Projekt läuft mittlerweile in Äthiopien, Kenia, Tansania und Uganda.

Mit dem Projekt Aflatoun (www.aflatoun.org) richtet man sich an Kinder zwischen 6 und 14, denen man Kenntnisse und Fertigkeiten vermittelt, die sie im Umgang mit Geld benötigen. So soll der Teufelskreis von Armut in strukturschwachen Ländern unterbrochen werden. Aflatoun arbeitet mittlerweile mit Partnerorganisationen in 11 Ländern, die entsprechend einem vorgegebenen Konzept das Programm auf nationaler Ebene durchführen.[9]

Best-Age- und Golden-Age-Franchising

Die demografische Entwicklung, die anzeigt, dass sich weltweit die Zahl der Senioren in den nächsten Jahren mehr als verdoppeln wird, eröffnet diverse Geschäftsmöglichkeiten. Die über 50-Jährigen werden in einigen Jahren in Europa die Mehrheit bilden.[10] Das hat nicht nur Auswirkungen auf die Gesundheitsversorgung, sondern auch auf die gesamte Angebotsstruktur von Waren und Dienstleistungen bis hin zu deren Distribution und Präsentation. Aber auch Lebensformen, Kommunikations- und Rollenmuster werden überdacht werden müssen. Zudem rekrutieren sich aktive und passive Franchise-Partner (Investoren) und auch die Zielkundschaft zunehmend aus dem gehobenen Alterssegment. Längst spricht man von Best und Golden Agers und weiß nicht nur um deren Kaufkraft, sondern auch ihre Agilität und Veränderungswünsche.

Leider gehen manche Konzepte mit einer Stigmatisierung des Alters einher und gehen weniger auf die tatsächlichen Wünsche der Kunden und Partner ein. Nicht das Kaufhaus für 50plus ist erfolgversprechend, sondern der Nutzen des Produktangebots und die Lösungen, die dort geboten werden. Denn jahrelang ging es im Marketing um »jung halten« sei es durch Nahrungsergänzung, Kosmetik oder Mode; daher ist das gefühlte Alter der heutigen 50plus-Generation weitaus jünger und differenzierter als vormals in der Kriegsgeneration (vor 1940 geboren) – siehe dazu auch das Franchise-Denkwerkzeug Generationen-Prägung in Kapitel 3.
In den USA hat sich daraus eine Reihe von Golden-Age-Franchise-Systemen herausgebildet. Unter den 500 Top-Franchise-Angeboten sind heute schon vier im Bereich Senior-Care-Business zu finden. Eines davon – Home Instead – das sich unter anderem auch sehr erfolgreich in der Schweiz etabliert hat, stellen wir Ihnen auf den Farbseiten in diesem Kapitel vor.

Mit Familycare & Company (www.familycarecompany.com) und ASL (Alles Saubere Leistung) (www.asl-leipzig.de) sind interessante Pendants im deutschen Markt entstanden, die für Alt und Jung Unterstützung im Haushalt bieten und Existenzgründern einen guten Background, um schneller auf Erfolgskurs zu kommen.

Aber nicht nur Hilfe und Unterstützung für daheim, genauso Dicnstleistungen, die das aktive Leben bereichern wie Partnervermittlungsagenturen, Reise- und Eventagenturen oder Fitnessstudios, die sich allesamt speziell auf die älteren Zielgruppen konzentrieren, sind im Kommen.

Das Bedürfnis, »länger jung zu bleiben«, das schon die amerikanische Trendforscherin Faith Popcorn in den 90er-Jahren des letzten Jahrhunderts diagnostiziert hat, erlebt in den kommenden Jahren überhaupt erst seine Blütezeit. Das Alter wird heute nicht passiv geduldet, sondern aktiv angegangen. Das erhöht den Bedarf an vital und gesund erhaltenden Produkten und Behandlungen enorm.

Gesundheit bietet sich als Mehrwert in verschiedenen Produktkategorien an, besonders im Lebensmittel- und Kosmetikmarkt. Zentral für diese Art von Produkten ist die Frage, wie der Mehrwert Gesundheit vermittelt wird. Dem Innovationsgrad und der Problemlösung beim Kunden kommt dabei eine große Bedeutung zu, aber auch der Differenzierung vom Herkömmlichen und der Kreation von »eigenen Erlebniswelten«.

Es gilt also, ständig Balance zu halten zwischen gesund erhaltenden und krank machenden Einflüssen. Das erklärt auch das Phänomen, dass der deutsche Begriff »Gesundheit« bei Google 59 Millionen Einträge liefert – der englische Begriff »health« bringt es sogar auf 1,16 Milliarden Einträge.

Conversion-Franchising

Conversion-Franchising steht für zwei Vorgehensweisen. Einerseits handelt es sich um alle anzuwendenden Maßnahmen und Prozesse, welche zur Umwandlung eines filialbetriebenen Unternehmens in ein Franchise-Unternehmen notwendig sind. Also eine Umstrukturierung oder Konvertierung. Andererseits bedeutet es auch die Eingliederung bereits bestehender eigenständiger Betriebe in das eigene Franchise-System.

Die zunehmende Attraktivität des Conversion-Franchising liegt damit auf der Hand. Bei der Umstrukturierung wird unternehmerische Verantwortung über motivierte Franchise-Partner gelebt. Standortprobleme können besser erkannt, analysiert und durch entsprechende Gegenmaßnahmen effektiver abgebaut und verhindert werden. Kosteneinsparungen, Risikoteilung und die Verbesserung der Liquidität wirken ergänzend bei dieser Umstellung.

Die Integration bestehender Betriebe, wie es in der Immobilienbranche, Hotellerie und im Handwerk häufig der Fall ist, wird in Zukunft noch weit mehr Branchen erfassen. Hier gibt es verschiedene Spielarten, es gibt seitens der Partnerbetriebe die totale Umstellung auf eine neue Franchise-Marke bis hin zu einem Kooperationsverhältnis, bei dem der bestehende Betrieb und der neue Brand sichtbar und inhaltlich gemeinsam auftreten. Die Entscheidung des Ausmaßes hängt von den entstehenden Synergieeffekten, vom Image und der Markenstärke des jeweiligen Kooperationspartners ab. Das Beziehungsnetzwerk des aktiven Unternehmers vor Ort und der Standort sind für den Franchise-Geber beim Conversion-Franchising die großen Treiber. Wir werden ver-

Co-Branding: Wash & Coffee

»Wash & Coffee ist eine Marketing-Kooperation zwischen Bosch und Henkel. Ein Waschsalon mit integriertem Café. Die Kunden, in der Regel viele Studenten, Berufseinsteiger, Projektmitarbeiter aber auch internationale Globetrotter, wünschen sich eine kompetente Beratung in einem hygienischen aber trotzdem gemütlichen Umfeld. Darüber hinaus wird positiv bewertet, dass man unkompliziert Kontakte knüpfen, oder einfach nur im Internet surfen und dabei einen guten Kaffee trinken kann. Kundennähe, beziehungsweise das Lernen vom Konsumenten, steht bei Wash & Coffee an erster Stelle. Aus diesem Grund wurde bei der Konzeption sehr viel Wert auf die Interaktion mit dem Kunden sowie auf eine angenehme Atmosphäre gelegt.
Bosch Hausgeräte und Henkel mit der Marke Persil verfügen über jahrzehntelange Erfahrung und Kompetenz im Bereich Wäschepflege. Diese Kompetenz wird bei Wash & Coffee gebündelt und an den Kunden weitergegeben. Auf diese Weise erfährt der Kunde ein einmaliges Wascherlebnis. Das Kundenfeedback wird systematisch ausgewertet. Bisher war die Resonanz durchweg sehr positiv, sodass darüber nachgedacht wird, dieses konsequente und innovative Konzept auch in anderen Städten umzusetzen. Hierfür würde sich ein Franchisemodell anbieten.«
Sabine Schmitz, Leitung Launchmanagment Produktbereich Wäschepflege

Sabine Schmitz

Washs & Coffee: Waschen, Kaffee und Kommunikation

CLP-Plakate

18/1-Plakat

Conversion-Franchising: »all seasons« von Accor

Walter Zuëck

»Der Trend in der Hotellerie geht zu individuellen Häusern, die mit Persönlichkeit, Charme und Service überzeugen. Die Marke ›all seasons‹ wurde aufgrund der Kundenbedürfnisse und mit den Erfahrungen aller Experten von Accor im Jahr 2007 neu geschaffen. ›All seasons‹ wurde als einzige Marke von Accor von vornherein als Franchise-Lösung konzipiert. ›All seasons‹ eignet sich bestens als Conversion-Franchising-Marke und kommt einer Revolution im Economy-Segment gleich. Das Ziel ist, gemeinsam mit Eigentümern von bestehenden Hotels eine neue Hotelgeneration heranzuziehen. Für die zukünftigen Franchise-Partner bedeutet das ›All seasons‹-Konzept die Möglichkeit, ihrer Kreativität freien Lauf zu lassen. In der Schweiz möchten wir in den nächsten drei Jahren zehn ›All seasons‹-Hotels in das Accor-Netzwerk aufnehmen. Die Eigentümer profitieren von der Struktur von Accor-Schweiz-Experten in jeder Schlüsselkompetenz für den Erfolg.«

Walter Zuëck, Direktor Franchise-Entwicklung Schweiz

All-Seasons-Showrooms auf Rädern

All-Seasons-Musterräume

Cultural-Franchising: Asisi Visual Culture

asisi VISUAL CULTURE

»Für die Zukunft sehen wir im Franchising für die Vervielfältigung unser Ausstellungsprojekte spannende Perspektiven.«

Yadegar Asisi, Geschäftsführer

Yadegar Asisi

Die Asisi Visual Culture ist ein privates Kulturunternehmen, das das Sehen als wichtige kulturelle Fähigkeit des Menschen fördert und weiterentwickelt. Dies gelingt vor allem mit der Ausstellung der weltgrößten 360°-Panoramen in den Asisi Panometern in Leipzig und Dresden. In den letzten fünf Jahren konnten diese unter den zehn wichtigsten Sehenswürdigkeiten der beiden Städte mit regionaler Bekanntheit platziert werden.

Ausstellung 1756 im Asisi Panometer Dresden

Amazonien im Asisi Panometer Leipzig

Asisi Panometer Leipzig

Greenfranchising: Hamm Reno Group

Dr. Matthias Händle

»Nachhaltigkeit und die Übernahme von sozialer und ökologischer Verantwortung ist für die HR Group ein wichtiger strategischer Pfeiler unserer Unternehmenspolitik. (...) So haben wir als erstes Unternehmen in der Schuhbranche nach erfolgreicher Zertifizierung (...) das Prüfsiegel ›Systematische Qualitätssicherung‹ erhalten. Auch sind wir das erste Unternehmen, das sich so konsequent dem Verwerten von alten Schuhen widmet. Die Idee ist einfach: Die Kunden packen getragene Schuhe in den Reno-Filialen über den von I:CO bereitgestellten I:Counter und erhalten dafür Einkaufsgutscheine für neue Schuhe. Die gesammelten Schuhe werden dann einem Recycling zugeführt. Damit ermöglichen wir jedem Kunden eine deutliche Reduktion des persönlichen ökologischen Fußabdrucks, den jeder Mensch auf unserem Planeten hinterlässt. Das Deutsche Patent- und Markenamt (hat) unsere Anstrengungen rund um das gesunde Wachstum von Kinderfüßen mit dem Patenterteilungsbeschluss honoriert. (...) Das 3E Kinderschuh-System (ist) das einzige, welches patentiert ist. (...) So macht das Patent (...) den Unterschied. Denn nicht der teuerste Schuh ist der beste, sondern der optimal passende. Unser gesellschaftliches Engagement spiegelt sich in einer Vielzahl von weiteren Aktivitäten wider – von kleinen Initiativen, die dem Einzelnen helfen, bis hin zu grundlegenden Veränderungen, die die Umwelt- und Lebensbedingungen einer ganzen Region verbessern. Im Mittelpunkt aller unserer Projekte stehen immer das Wohl und die Gesundheit von Kindern und Familien.«

Dr. Matthias Händle, Geschäftsführender Gesellschafter, Hamm Reno Group

I:Counter, Echtform-Schuhe, Fußscanner

Industrial Franchising: Global Water Franchise Agency

»Das Franchise-Konzept der GWFA leistet einen entscheidenden Beitrag, um dringend erforderliche Wasserprojekte, unter Einhaltung ökonomischer und ökologischer Standards, voranzutreiben und umzusetzen. Franchising wurde gewählt, weil es eine effektive Implementierung leistungsfähiger Strukturen in den Zielregionen ermöglicht. Örtliche Unternehmen, die Franchise-Nehmer, bekommen von uns alles, was notwendig ist, um Leistungen erfolgreich anbieten zu können.«

Michael Harbach, Project Management Global Water Franchise Agency

GWFA
GLOBAL WATER FRANCHISE AGENCY

Michael Harbach

Projektgebiet in Südafrika 1

Projektgebiet in Südafrika 2

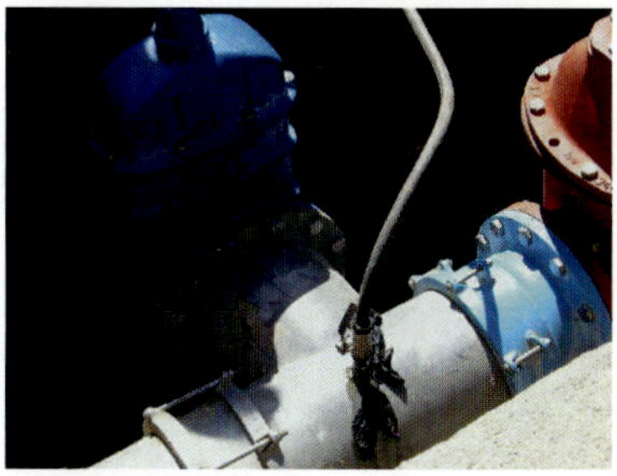

Illegaler Anschluss an Wasserleitung

Trinkwasseraufbereitung in Südafrika

Intercultural Franchising: Gymboree

Daniel Oberbeck

»Das amerikanische Franchise-System Gymboree ist der weltweite Marktführer im Bereich der interaktiven Eltern-Kind-Programme mit den Themenschwerpunkten Kunst, Musik, Sport und allgemeinen Kursen zur frühkindlichen Förderung. Das System gibt es seit gut 30 Jahren. Im deutschsprachigen Raum ist die Förderung von Kleinkindern noch ein Novum. Deswegen betrachten wir uns auch als Pioniere in einem wachsenden Geschäftsfeld.«

Daniel Oberbeck, Franchise-Nehmer, Gymboree Basel

Durch Musik erleben

Beobachten und begreifen

Nähe und Gemeinschaft

Bewegung und Gleichgewicht

Golden Age Franchising: Home Instead Senior Care

»Die meisten betagten Menschen wünschen sich, daheim alt werden zu dürfen. Wir von Home Instead übernehmen gesellschaftliche Verantwortung, indem wir Senioren und Seniorinnen ein erfülltes Leben zuhause ermöglichen und pflegende Angehörige entlasten. Unser Anspruch ist, individuelle und qualitativ hochwertige Dienstleistungen zu bieten. Die Marke Home Instead steht für Professionalität, Zuverlässigkeit und Vertrauen, was essenziell ist für den sensiblen Markt, in dem wir tätig sind. Sorgfältig gewählte und geschulte Mitarbeitende sowie umgehendes Reagieren auf Kundenbedürfnisse sind Werte, auf denen unser Erfolg basiert.«

Paul Fritz, Geschäftsführer der Home Instead Schweiz AG

Home Instead Seniorenbetreuung

Paul Fritz

Vertrauen erzeugt Geborgenheit

Wertschätzung ist Glück

Schönheit fördert Lebensfreude

Einfühlsame Hilfe erleichtert

Social Franchising: StreetUniverCity

»Als kleiner Junge war ich ein klassischer ›scugnizzo‹, das sind diese Straßenjungen, die das Bild von Neapel und Umgebung prägen ... Mich hat immer eine positive Kraft und Hoffnung auf ein besseres Leben angetrieben und ich wusste, ich möchte etwas Großes schaffen, ich wusste nur nicht was. Mein Motto ist: Den Kopf im Himmel und die Füße auf dem Boden. Durch die langjährige Erfahrung und Kenntnis urbaner Jugendkulturen und einen angeborenen Sinn für praktische Lösungen kam mir schon früh die Idee, eine ›Universität der Straße‹ zu gründen. Ich glaube an den Austausch der Generationen und Kulturen und an die gegenseitige Bereicherung. Mit der Bezeichnung ›StreetUniverCity‹ wird die gesamte Gesellschaft mit einbezogen, das heißt die Hochkultur, die Soziokultur und die Subkultur. Ein Begriff, der alle anspricht und der natürlich auch der multinationalen Straßenkultur und ihrem gesellschaftlichen Aspekt eine Plattform bietet. Somit entsteht durch das Verschmelzen der jeweiligen Kulturen und individueller Kreativität eine neue Kraft; so eine Art dritter Weg, der neue Perspektiven schafft. Nach der dreijährigen Pilotphase, der öffentlichen Anerkennung und des positiven Feedbacks von der Basis, beziehungsweise unserer Zielgruppe, folgere ich, dass unser Konzept funktioniert. Über Kiezgrenzen und auch nationale Grenzen hinaus häufen sich Anfragen nach Unterstützung beziehungsweise Briefing, um Ähnliches an anderen Orten zu realisieren. Unsere langjährige Erfahrung und unsere gesamte Kompetenz sind gefragt. Unabhängig von meiner privaten Vision sehen wir uns bestätigt: Unser Konzept ist schlüssig. Ich glaube daran, dass gemeinschaftliche Arbeit und Anstrengungen und das Teilen von Visionen Hoffnung schaffen für sozial Benachteiligte, junge Leute aus sozialen Brennpunkten weltweit. Wir unterstützen sie dabei, an sich selbst zu glauben, die eigenen Fähigkeiten zu entdecken, neue Energien zu entwickeln. Meine Biografie ist der Beweis:
Es funktioniert.« *Gió Di Sera*

Gió Di Sera

Absolventen mit Abschluss

schiedene Beispiele aus diesem Bereich aufzeigen, so finden Sie auf den ersten Farbseiten in diesem Buch mit »all seasons« eine Hotelkette von Accor. In Kapitel 2 stellen wir Ihnen Franchise-Geber wie Rüegg Cheminée und Little John Bikes vor, die beide umstrukturiert haben, und Sie erfahren aus erster Hand von einem Franchise-Nehmer, der sich mit seinem Hotel in die Mercure-Kette eingekauft hat, welche Effekte er durch die Konvertierung erzielt.

Industrial Franchising

Das Industrial Franchising zählt eigentlich zu den Franchise-Formen der ersten Stunde. Meist eher im Bereich der Lizenzierung und im Product-Distribution-Franchising angesiedelt, ging es vor allem darum, Produktionspartner zu finden, die das Recht für ein Herstellungsverfahren bekamen. Als Paradebeispiel in der Getränkeindustrie gilt die Coca-Cola-Organisation, die vor mehr als einem Jahrhundert mit dem Franchising begann. Die Kette von Coca-Cola-Konzessionären, die über Abfüllanlagen, Produktionsstätten und den dazugehörigen Fuhrpark verfügen, zieht sich um die ganze Welt.

Heute gibt es interessante neue Formen des Industrial Franchising, die eher einen komplementären Ansatz verfolgen. Das heißt, dass das Franchise-Angebot oft modular aufgebaut ist, um sich den Möglichkeiten und Bedürfnissen des Franchise-Partners optimal anpassen zu können. Denn Industrie-Franchisen sind in der Regel mit hohen Investitionen verbunden. Komplementär wirken solche neuen Franchise-Angebote, in dem sie das Know-how und die Beziehungen der Franchise-Nehmer als Bindeglied nutzen, um so zum Beispiel in Ländern Fuß fassen zu können, in denen es ohne diese Verbindung nur schwer machbar ist. Ein Beispiel zum Industrial Franchising stellen wir Ihnen ebenfalls auf den Farbseiten vor. Es ist die Global Water Franchise Agency.

Insgesamt präsentieren wir Ihnen auf den eingefügten ersten acht Farbseiten dieses Buches in Wort und Bild konkrete Unternehmen, die wir für beispielhafte Vertreter der neuen Trends halten. Jeweils einen Verantwortlichen des Unternehmens haben wir um ein Statement zur Franchise-Situation oder Einschätzung der Entwicklung gebeten.[11]
Auf den zweiten acht Farbseiten im nachfolgenden Kapitel stellen wir Ihnen aktuelle Beispiele der Markengestaltung von Franchise-Unternehmen aus den D-A-C-H-Ländern vor. Auch dazu erhalten Sie jeweils wieder ein Statement eines Unternehmensvertreters zur Markensituation oder Markenperspektive.

Manche dieser Franchise-Unternehmen sind weltweit tätig, wie Esprit oder McDonald's, andere in mehreren Ländern, wie Samina oder The Phone House, eines nur in einem Land, Natura Güggeli aus der Schweiz, und wieder andere sind nur bei ganz bestimmten Kundengruppen bekannt, wie Wax in the City. Letzteres Franchise-System beeindruckt durch seinen konsequenten multisensorischen Ansatz, auf den wir im Kapitel 2.4 näher eingehen werden. Und auch ein ganz neues System dürfen wir Ihnen hier präsentieren. Es ist das erste Franchise-System aus dem Fahrradeinzelhandel in Deutschland, das 2010 konvertierte, die Little John Bikes AG aus Sachsen.

All diese farbigen Beispiele sollen Ihren Markenblick und Ihr Markenverständnis für Ihr individuelles Franchise-System weiter schulen. Das Workbook im zweiten Kapitel kann quasi als Hintergrundwissen für diese Beispiele angesehen werden. Überprüfen Sie am besten anhand der vorgestellten Markengestaltungsebenen – von der Markenpersönlichkeit, über das Markendesign und die Markenkommunikation bis zum gesellschaftsrelevanten Markenverhalten –, mit welch unterschiedlichen Positionierungen, Schwerpunkten und Gestaltungselementen diese Unternehmen am Markt agieren.

2 Die acht Wahrheiten im Franchising

Nachdem wir Ihnen einige Beispiele aktiver Franchise-Systeme und solcher, die in Gründung sind, vorgestellt haben, wollen wir Ihnen jetzt, unter Zuhilfenahme der acht Wahrheiten im Franchising, den Konzeptaufbau eines Franchise-Systems schrittweise erläutern.

Der Franchise-Aufbau dient, wie gesagt, der Standardisierung und Multiplikation eines erfolgreichen Geschäftskonzepts. Es bringt gleichzeitig Transparenz und Effizienz in ein Unternehmen. Die Überprüfung, ob sich ein Unternehmen für die Franchisierung eignet, ist entsprechend umfangreich. Sie lohnt sich allerdings auch zur generellen Situationsanalyse vor einem Expansionsvorhaben. Wir haben für Sie, zur besseren Übersichtlichkeit und Verständlichkeit, das Franchise-Oktogramm entwickelt. Die acht Wahrheiten darin loten die Chancen und Risiken eines potenziellen Franchise-Unternehmens aus.

Das Franchise-Oktogramm

1. **Wahrheit:** Franchising eignet sich für gesunde Unternehmen
2. **Wahrheit:** Franchising ist eine strategische Entscheidung
3. **Wahrheit:** Franchising braucht Vorsprungsmerkmale
4. **Wahrheit:** Franchising braucht Persönlichkeit
5. **Wahrheit:** Franchising heißt Interaktion, Innovation und Reflexion
6. **Wahrheit:** Franchising erfordert Denken in Konsequenzen
7. **Wahrheit:** Franchising ist eine Kulturleistung
8. **Wahrheit:** Franchising bedeutet kontinuierliche Effizienzverbesserung

Im Folgenden werden wir Ihnen die acht Wahrheiten praxisgerecht nacheinander näher erläutern. Wir haben uns dabei für die teils direkte Ansprache entschieden, um Ihnen den Eindruck eines Workshops zu vermitteln, im Rahmen dessen wir mit Ihnen den Franchise- wie Markenaufbau besprechen. Zudem haben wir für Sie Franchise-Denkwerkzeuge entwickelt, Werkzeuge, mit denen Sie einfach, schnell und wirksam Lösungen für Ihr Franchise-System realisieren können und die Sie gesammelt im nächsten

Kapitel finden. Am Schluss eines jeden Unterkapitels weisen wir auf die dazugehörigen Denkwerkzeuge hin.

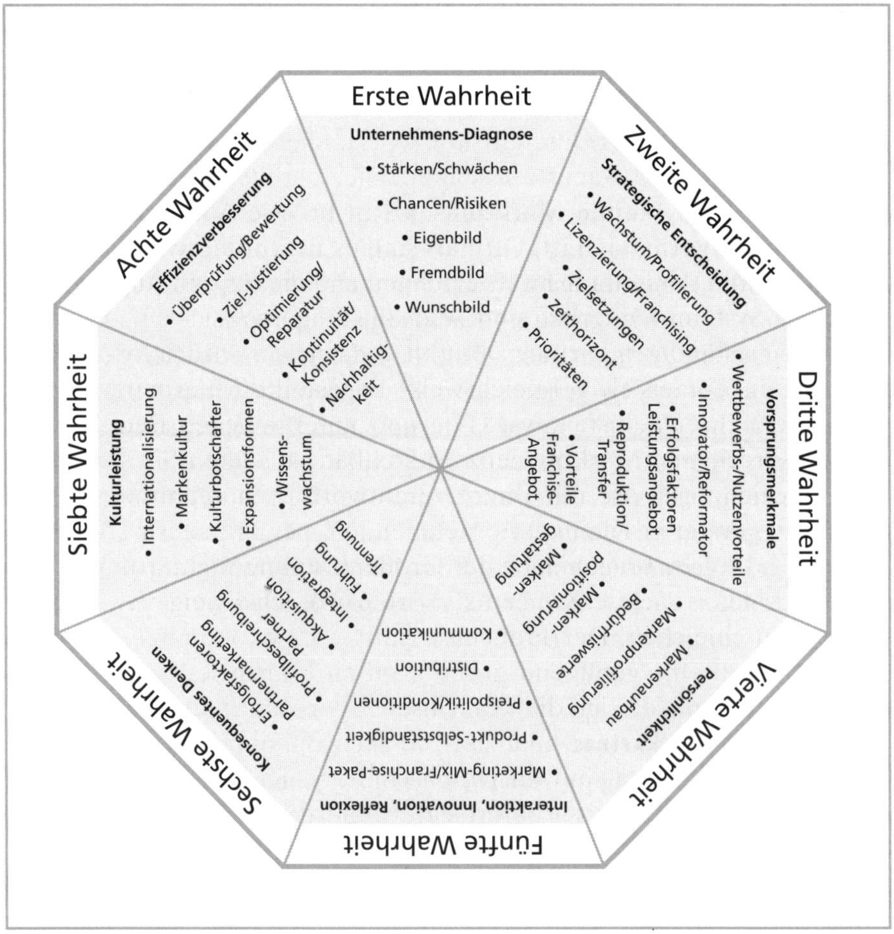

Abbildung 4: Franchise-Denkwerkzeuge – Franchise-Oktogramm

2.1 Franchising eignet sich für gesunde Unternehmen

Franchising ist in erster Linie eine Wachstumsstrategie für Unternehmen. Das heißt, dass grundlegende Voraussetzungen gegeben sein müssen: wirtschaftlicher Erfolg mit dem Geschäftskonzept, welches für die Expansion infrage kommt, Standardisierbarkeit des Angebots und der Leistungen sowie der Wille zum Wachstum seitens der Unternehmensverantwortlichen.

Die eigenen Begrenzungen beim Franchise-Aufbau

Wachstum wird vielfach nur quantitativ gemessen. Im Franchising geht es aber gleichermaßen um qualitatives Wachstum. Letzteres beinhaltet neben der stetigen inhaltlichen Optimierung des Geschäftskonzepts vor allem auch die Vorstellung, ob und wie Sie als Unternehmensverantwortliche(r) die Multiplikation Ihres Geschäftskonzepts und den Aufbau einer Marke visualisieren können. Wachstum schränkt sich bereits da ein, wo die Vorstellungskraft zur breiten Marktpräsenz im In- wie Ausland nur diffus oder gar nicht vorhanden ist. Oftmals sind es Erfahrungswerte, gelernte Muster, die die Vorstellungskraft einengen und die für den Aufbau eines Franchise-Systems hinderlich sind. Auch die Frage, wie sich eine Expansion mit selbstständigen Partnern anfühlt, die eine wesentlich forderndere Haltung einnehmen als vergleichsweise angestellte Mitarbeiter, gehört in das Feld Ihrer Selbstanalyse. Wie und unter welchen Bedingungen eine entsprechende Marktpräsenz vorstellbar ist, sollten Sie sich selbst fragen beziehungsweise mit Ihrem verantwortlichen Team besprechen. Auch und gerade in Kleinstunternehmen, die per Franchising wachsen wollen, sind solche Fragen nach der Größenordnung wichtig, um bei der Erstellung des Franchise-Konzepts zu orten, wo sich die eigenen Begrenzungen einschleichen. Der Franchise-Aufbau ist ökonomisch nur dann sinnvoll, wenn eine genügend große Zahl an Franchise-Partnern realisiert werden kann, da sich die Franchise-Geber-Zentrale vor allem über die Gebühren der Partner finanziert. Je nach Bandbreite und Intensität der Supportleistungen sind im Durchschnitt 50 Partner notwendig, um die Entwicklungskosten zu amortisieren und die laufenden Kosten zu decken. Für eine inhaltliche und finanzielle Weiterentwicklung des Systems muss sich die Dimension quantitativ erhöhen. Es gibt immer Ausnahmen, insbesondere in Mischsystemen, die zum Beispiel aus eigenen Filialen und Franchise-Betrieben bestehen. Hier werden die Ressourcen vielfach für beide Vertriebskanäle genutzt und Unterstützungsleistungen quersubventioniert. Für die Ermittlung der Wirtschaftlichkeit eines Franchise-Aufbaus ist es allerdings sinnvoll, das Projekt eigenständig zu betrachten. Wir werden uns der Berechnung im Rahmen der Preispolitik im Kapitel 2.5 annehmen.

Grigor Nussbaumer

Die Mental Power International GmbH (ehemals Institut Mental Power) in Zürich wurde im Jahr 2002 von Grigor Nussbaumer gegründet. Die Unternehmung hat sich auf den Bereich »Mentale Power für Unternehmen« spezialisiert und begleitet Einzelpersonen, Teams und Unternehmen zu ihrem Erfolg. Zudem hat die Firma über 250 diplomierte Mental Coachs ausgebildet, von denen viele aktiv tätig sind. Sie beraten viele Personen in Führungspositionen.

Welche mentalen Denkmuster sind gerade in Wandlungs- und Umstrukturierungsprozessen von Unternehmen sehr hinderlich?

Die Kraft der Vorstellung spielt bei dieser Frage eine entscheidende Rolle. Oft klaffen die Vorstellungen der oberen Etagen und der Mitarbeitenden auseinander. Sind diese »Ziel-Bilder« zu unterschiedlich, entstehen Konflikte und der erfolgreiche Wandel ist in Gefahr. Grundsätzlich kann man davon ausgehen, dass Mitarbeitende ihre aktuelle Komfortzone nicht verlassen möchten. Für das Weiterkommen des Unternehmens sind jedoch neue Ziele und Visionen überlebenswichtig. Veränderung beginnt deshalb im Kopf und muss mental begleitet werden! Wie es so schön heißt: »Gewonnen und verloren wird im Kopf«! Bieten Sie deshalb den Mitarbeitenden in Workshops die Möglichkeit, diese Veränderung im Kopf und später im Herzen mitzumachen. Der »Return on Investment« ist somit garantiert und einem erfolgreichen Veränderungsprozess steht nichts mehr im Wege.

Haben Sie einen Tipp für uns, wie man eine mentale Blockade in diesem Zusammenhang angehen kann?

Solche Blockaden sind oft im Unterbewusstsein gespeichert und müssen auch dort mithilfe von mentalem Training »neu programmiert« werden. Diese Methoden können leicht in ein bis zwei Tagen erlernt werden. Eine weitere Möglichkeit sind intelligente Fragen wie zum Beispiel: »Was ist die positive Seite meiner Blockade?« Mit dieser Frage finden Sie den Grund dafür, warum Sie die Blockade vielleicht noch nicht losgelassen haben. Denn jede Blockade bleibt nur so lange, wie Sie einen Nutzen finden, diese zu behalten! Eine weitere Frage könnte sein: »Wer wären Sie, wenn Sie diese Blockade nicht mehr hätten?« Diese Frage bringt Sie in eine lösungsorientierte Situation und hilft Ihnen, mentale Blockaden sofort zu überwinden.

www.mentalpower.ch

Die Unternehmensdiagnose

Franchising ist für gesunde Unternehmen geeignet. Um im Vokabular der Medizin zu bleiben, braucht es für den Franchise-Aufbau zunächst eine Unternehmensdiagnose. Da sich Franchising als Multiplikation eines erfolgreichen, weitestgehend standardisierten Geschäftskonzepts darstellt, ist nachvollziehbar, dass auch alle Schwächen und Risiken multipliziert würden, wenn man diesen nicht frühzeitig begegnet. Für Ihre Unternehmensdiagnose sind zwei Ansätze sinnvoll. Zum einen die SWOT-Analyse, das heißt die Ermittlung der unternehmensinternen wie konzeptbezogenen Stärken und Schwächen, zum anderen die Analyse der Chancen und Risiken. Für die qualitative Einschätzung der Unternehmensstärken und -schwächen bietet sich eine Wahrnehmungsanalyse auf Basis einer Eigen-, Fremd- und Wunschbildanalyse an.

Die Franchise-SWOT-Analyse

Das Wort SWOT stammt aus dem Englischen und steht für Strengths (Stärken), Weaknesses (Schwächen), Opportunities (Chancen) und Threaths (Bedrohungen, Risiken). Diese Analyse ist ein prozessuales Vorgehen und ein nützliches Denkwerkzeug zugleich. Sie strukturiert die aktive Suche und Sichtung unternehmensrelevanter Informationen. Gleichzeitig sorgt sie für eine bewusste Wahrnehmung, eine diagnostische Analyse sowie eine klare Bewertung. Damit strukturiert sie das Denken und fördert das zielgerichtete und konsequente Vorgehen. Sie zwingt zu Rationalität und Ehrlichkeit, zur Auflistung von wahren Unternehmenstatsachen. Und zum Nachdenken über die wirkliche Unternehmenssituation. Wer bei dieser Analyse mogelt, wird später vom Markt, seinen zukünftigen Partnern und Kunden bestraft. Also seien Sie ehrlich. Hierdurch können Sie viel Geld einsparen!

An dieser Stelle ein kleiner Hinweis. Die SWOT-Analyse bezieht sich allgemein, nach klassischer Marketinglehre von Philip Kotler, in der Stärken-Schwächen-Analyse einzig auf die unternehmensinternen Faktoren. In der Chancen-Risiken-Analyse werden in gleicher Weise nur die externen Marketingfaktoren betrachtet, also in diesem Fall alle relevanten Risiken, die sich außerhalb Ihres Unternehmens befinden.

Wir halten das für nicht mehr ausreichend und zeitgemäß. Schon gar nicht für anspruchsvolle Franchise-Systeme. Externe Faktoren, wie die Markenbekanntheit oder das Markenimage Ihres Unternehmens, können für Ihr Unternehmen wirkliche Stärken sein und sollten unbedingt

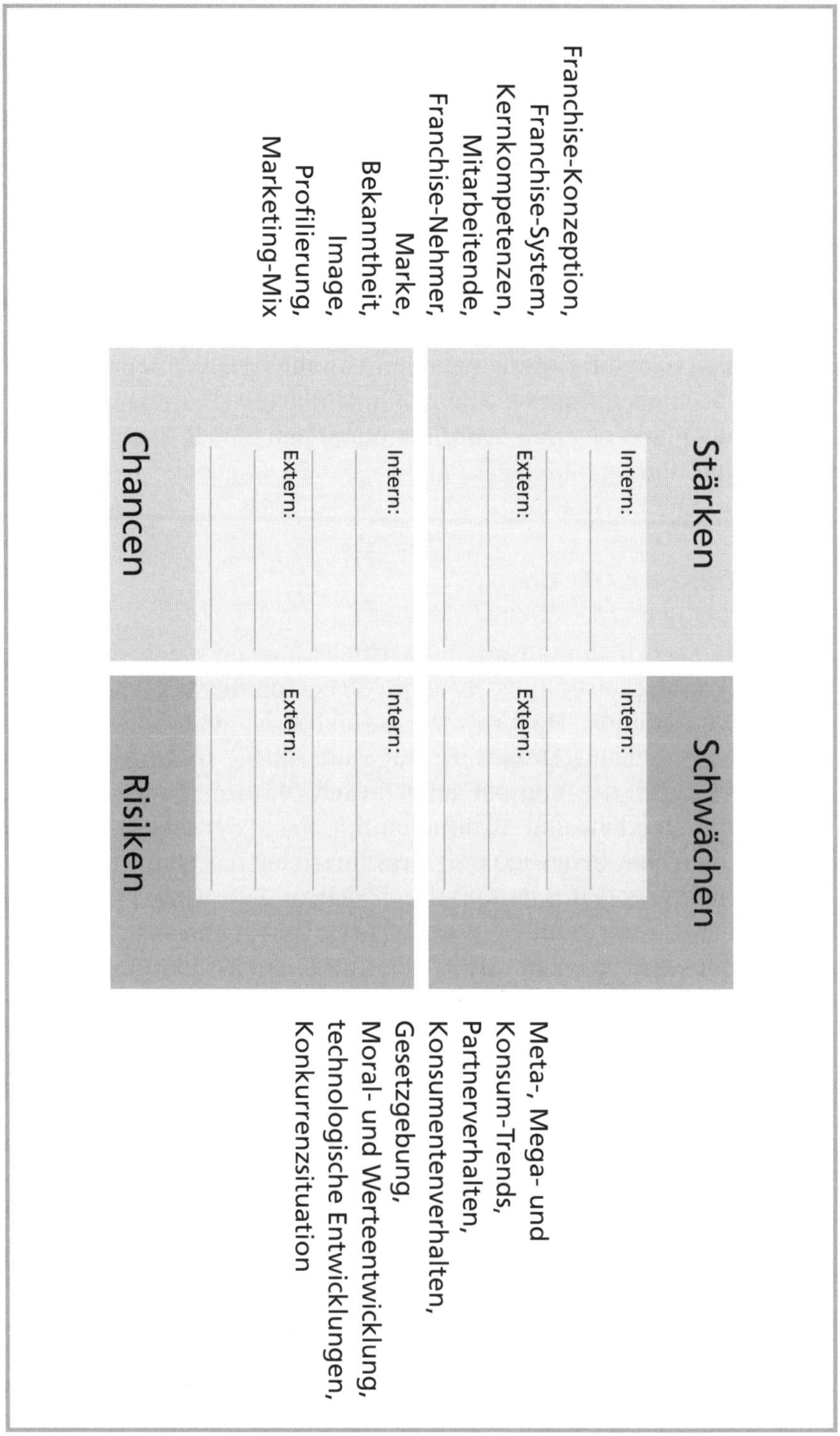

Abbildung 5: Franchise-Denkwerkzeug – SWOT-Analyse

berücksichtigt werden. Ebenso dürfen interne, nicht erkannte oder unterschätzte Bedrohungen nicht missachtet werden. Sie tragen ein erhebliches Risikopotenzial für Ihr Unternehmen und können unvorhersehbar plötzliche und drastisch negative Veränderungen in Ihrem Unternehmen herrufen. Als kleines Beispiel sei hier ein bisher loyaler Mitarbeiter mit Führungsverantwortung genannt, der just in dem Moment, in dem Ihr Franchise-System rasant zu wachsen beginnt, seinen Job kündigt und sich in die Krankheit zurückzieht. Das kann für ein kleines System in der Startphase eine mittlere Katastrophe sein. Wir sehen deshalb die unbedingte Notwendigkeit, dieses wichtige Analysewerkzeug auf das realistische Gesamtbild anzuwenden. Ähnlich betrachten übrigens die Autoren Roman Lombriser, Peter A. Abplanalb und Klaus Wernigk in ihrem Buch *Strategien für KMU* die klassische SWOT-Analyse. Deshalb nennen wir unsere auf die Franchise-Praxis angepasste Analyse auch Franchise-SWOT-Analyse.

Vorbereitung Franchise-SWOT-Analyse

Zur konkreten Erarbeitung und Visualisierung Ihrer Franchise-SWOT-Analyse stehen Ihnen mindestens zwei Möglichkeiten zur Verfügung, die Sie nacheinander nutzen sollten. Nur was sichtbar fixiert ist, können Sie auch mit Ihren Gründungspartnern, Geschäftskollegen und Mitarbeitenden klar besprechen und abstimmen. Dadurch schafft dieses Werkzeug gleichzeitig eine kurzfristige wie auch langfristige Orientierung und sorgt für Nachhaltigkeit Ihres wirtschaftlichen Erfolgs. Sie werden darauf auch später wieder zurückgreifen. Die Analyse bildet dann eine Messlatte, an der Sie ablesen können, ob wichtige Erfolgsfaktoren Ihres Unternehmens in der fortschreitenden Zeit gleich bleiben oder sich zu Ihren Gunsten oder Ungunsten verändern.

Der erste Schritt zur Entwicklung Ihrer Franchise-SWOT-Analyse ist textorientiert. Sie listen nach und nach alle relevanten Faktoren der vier Bereiche in der gegebenen Reihenfolge auf, beginnend mit den Stärken, dann folgen Schwächen, Chancen und Risiken/Bedrohungen.

Der zweite Schritt ist eher visuell orientiert. Sie erstellen sich dafür ein kleines Schaubild mit den vier Feldern Stärken, Schwächen, Chancen, Risiken. In jedes Feld notieren Sie schlagwortartig die relevanten Faktoren als Schlüsselworte.

Wichtig ist die allgemeine Verständlichkeit, Wahrhaftigkeit, Nachvollziehbarkeit und Kommunikationsfähigkeit. Diese Art der Analyse sollte für Sie erheblich zur Klarheit und zum besseren Verständnis Ihrer eigenen

Unternehmenssituation beitragen. Sie sollten über die Inhalte der Franchise-SWOT-Analyse problemlos, konzentriert und prägnant mit anderen sprechen können.

Welche Stärken weist Ihr Unternehmen auf?

Beginnen wir jetzt mit der konkreten Analyse. Welche Stärken weist Ihr Unternehmen heute auf? Können Sie sich damit als angehender Franchise-Geber für potenzielle Partner und Kunden attraktiv machen? Es geht hierbei nicht um eine Aufzählung aller Eigenschaften Ihres Unternehmens, sondern vielmehr um die wirklichen Stärken, die Ihren bisherigen Erfolg ausmachen. Also um die charakteristischen Erfolgsfaktoren. Weisen Ihre Produkte und Leistungen eine besondere Stärke in der Kundenorientierung auf? Ist Ihr Unternehmen besonders serviceorientiert? Verfügen Sie über besonders ausgebildete Fachkräfte? Achten Sie bei der Evaluation von Stärken auf Fakten, die diese Aussagen untermauern.

Welche Schwächen weist Ihr Unternehmen auf?

Auch und gerade bei der Definition Ihrer Unternehmensschwächen ist Ehrlichkeit angesagt. Schönfärberei ist hier fehl am Platz. Verfügt Ihr Unternehmen über eine klare Organisationsstruktur? Sind Verantwortlichkeiten und Abläufe klar und eindeutig definiert? Ist Ihr Unternehmen personell auf allen Ebenen gut versorgt? Wie ist es um das Engagement und die Loyalität Ihrer Mitarbeitenden bestellt? Hatten Sie bisher eher langfristige Arbeitsverträge oder eine hohe Fluktuation? Besteht in Ihrem Unternehmen eine gewachsene, positive Unternehmenskultur, die von allen Mitarbeitenden auf allen Ebenen gelebt wird? Falls ja, gehört diese Information in den Bereich Stärken. Fehlt diese, notieren Sie das im Bereich Schwächen. Wie sieht Ihre unternehmensrelevante Wissens- und Informationslage aus? Verfügen Sie und Ihre Mitarbeiter über aktuelle Markt-Informationen? Fühlen Sie sich über Ihre aktuellen und potenziellen Kunden und Kundinnen, mögliche Partner/innen und Mitarbeitende, Ihre Finanz- und Medienumwelt sowie Ihre Konkurrenten gut informiert? Ist Ihr Wissens- und Informationsstand also eher eine Stärke? Oder haben Sie hier Defizite, also eine Schwäche? Wie sieht Ihre Marken-Situation aus? Verfügen Sie bereits über eine starke Marke? Sie wissen, daran sind Ihre zukünftigen Partner besonders interessiert. Oder ergeben sich im Markenbereich Schwächen? Falls ja, sollten Sie diese im

Bereich Schwächen notieren. Haben Sie Ihren Markennamen national und eventuell auch international geschützt? Dann ist es eine Stärke; fehlt die Eintragung, kann es eine Schwäche sein. Haben Sie Markenschutz über den Markennamen hinaus beantragt? Zum Beispiel für Ihr Logo/Signet, Ihren Unternehmensslogan/Claim, für eine Farbe oder für wieder erkennbare Töne (Jingles)? Je nach Ihren bisherigen Markenaktivitäten und deren Erfolg notieren Sie bitte Ihre Stärken oder Schwächen im Bereich Marke.

Gleiches gilt für Ihren Marketing-Mix. Sichten, analysieren und bewerten Sie Ihr gesamtes Produkt- und Leistungsangebot. Danach Ihren Distributions-Mix, also die Art, Auswahl und Qualität Ihrer Absatzkanäle. Interessant ist dabei sowohl der Ort, an dem sich ein jeweiliger Absatzkanal befindet, als auch dessen Ausgestaltung. Wo genau befinden sich Ihre Geschäfte, in der Innenstadt oder auf dem Land (Erreichbarkeit/Parkplätze)? Ist das eher eine Stärke oder eine Schwäche? Haben Ihre Geschäfte eine gute Zugänglichkeit (Barrierefreiheit)? Sind Beleuchtung und Warenpräsentation für Ihre Zielgruppe ansprechend und adäquat? Wie beurteilen Sie die Öffnungszeiten? Für Ihre Franchise-SWOT-Analyse zählen wieder die Essenzen, nämlich Ihre Interpretationen und Bewertungen des jeweils Vorgefundenen. Ist das Ergebnis für den Geschäftserfolg eher ein Pluspunkt, ein Erfolgsfaktor, also eine Stärke? Oder handelt es sich um eine Schwäche? Oder stellt das Ergebnis eine mögliche Schwächung in der Zukunft, also ein Risiko, dar? Vergessen Sie nicht, das zu notieren. Nun sichten Sie Ihre Beschaffungs- und Bezugsmärkte. Wie viele Zulieferer haben Sie? Und wie stark sind Sie von diesen abhängig? Ein oder wenige Zulieferer bringen Sie in Abhängigkeit. Das kann sich zwar exklusiv anfühlen, in Wirklichkeit werden Sie aber störanfällig. Wie wollen Sie in solch einem Geschäftsverhältnis und in multiplizierter Franchise-Form Abnahmemengen, Qualitäten, Lieferzeiten und Preise auf Dauer sichern? Also könnte es eine Schwäche, mindestens aber ein Risiko sein. Jetzt sichten Sie Ihren Kontrahierungs-Mix, also die Art und Zusammensetzung Ihrer Preise, Rabatte, Rückvergütungen und Kredit- oder Leasingangebote. Wo gibt es in diesen Bereichen echte Schwächen? Vielleicht tauchen diese auch nur saisonal auf?

Zu guter Letzt sehen Sie sich Ihren Kommunikations-Mix an. Wo, wie und wie stark werben Sie, mit welchem Erfolg? Wie hoch ist Ihre Bekanntheit und wie klar Ihr Unternehmensprofil? Wie stark funktionieren Ihre Kundendialog- und Ihre Kundenbindungsmaßnahmen? Die Essenz Ihrer Ergebnisse tragen Sie wieder in Ihr Analyse-Formblatt ein. Vielleicht kommt Ihr besonders tiefes oder besonders breites Produktangebot zu Ihren Stärken. Während Ihre Markenkommunikation, also die Werbung, Direct Mailings, Public Relations, Ihre Promotions und die Nutzung des Internets, vielleicht (noch) zu Ihren Schwächen zählt. Gehen Sie alle Bereiche Ihres Marketing-Mix sorgsam durch und schauen Sie bitte genau, wo Ihre Stärken und wo Ihre Schwächen liegen. Nach einer ersten allgemeinen Beurteilung, in der naturgemäß die Qualität und der Markterfolg im Vordergrund stehen, nehmen Sie im zweiten Durchlauf Ihre Markenperspektive ein. Passt die Art der Präsentation Ihrer Produkte und Leistungen zur Positionierung Ihrer Marke? Stärken sie das Markenprofil, stören oder schwächen sie es gar? Wenn es Produkte und Leistungen in Ihrem Sortiment gibt, die nicht oder nur schlecht zu Ihrer Marke passen, notieren Sie diese Information im Feld Schwächen. Wie passt Ihr Kontrahierungs-Mix zu Ihrer Marke? Verfügen Sie über eine klare Preispositionierung? Können Ihre Kunden eindeutig wiedergeben, in welcher Preiskategorie Ihr Angebot angesiedelt ist? Falls nein, kommt diese Information ebenfalls in das Schwäche-Feld. Passt Ihre Preispositionierung zu Ihrer Markenstrategie? Oder gibt es Konflikte zwischen Ihrer Angebots-, Kommunikations- und Ihrer Preispositionierung? Das passiert beispielsweise, wenn hochwertige Produkte mit einem anspruchsvollen Image über eine Preis-Promotion schnell und preisgünstig verkauft werden sollen. Dann existiert eine Disharmonie, die auf Kunden irritierend wirkt. Zwar machen Sie dann kurzfristig Umsatz, schwächen oder ruinieren aber möglicherweise gleichzeitig Ihre Marke. Notieren Sie das deshalb im Feld Schwächen. Nun kommen wir zu den Chancen für Ihr Unternehmen.

Welche Chancen sehen Sie für Ihr Unternehmen?

Chancen, die Sie mit Ihrem Unternehmen am Markt wahrnehmen können und wollen? Hier sollte sich Ihr Blick stark auf die Märkte und deren Entwicklungen und Trends richten. Meta-, Mega- und Konsumtrends können branchenunabhängig vielfältige neue Chancen eröffnen. Betrachten Sie das sich verändernde Verbraucherverhalten. Wo ergeben sich für Sie daraus neue Möglichkeiten und Chancen? Oder die Verschiebung der Alterspyramide. Können Sie den zunehmend aktiv bleibenden Menschen über 50 Jahre spezielle Produkte oder Leistungen anbieten? (Siehe dazu auch Kapitel 1.5).

Die rasante Akzeptanz von batteriegetriebenen Fahrrädern (Elektro-Bikes) in dieser Altersgruppe zeigt beispielhaft, welche Bedürfnisse nach Mobilität, Aktivität und Gesundheit in dieser Zielgruppe vorhanden sind. Chancen eröffnen aber auch der Wertewandel sowie die Entwicklung neuer Technologien. Damit einher geht die Entwicklung neuer sozialer Interaktions- und Kommunikationsplattformen (wie beispielsweise Twitter und YouTube), die gesellschaftliche Rahmenbedingungen fundamental und schnell zu ändern scheinen. Mit einer guten Informationsbasis aufgrund gekaufter Marktforschungsstudien oder Eigenrecherche werden Sie leicht erkennen können, welche Entwicklungen für Ihr Unternehmen Chancen darstellen und zukünftig nutzbar sind.

Welche Risiken könnten Ihren Markterfolg gefährden?

Wie bereits im Kapitel »Die Franchise-SWOT-Analyse« dargestellt, können sich Risiken intern, aus Ihrem Unternehmen heraus, entwickeln. Hier können es beispielsweise kritische Positionen von Mitarbeitenden sein, die zu schwach und störanfällig besetzt sind. Oder Mitarbeitende, die nicht über eine starke Unternehmensloyalität verfügen. Wenn Sie wichtige Mitarbeitende in fordernden Phasen des Unternehmenswachstums verlassen, sind diese oft nur schwer zu ersetzen. Einerseits aufgrund des umfassenden Wissens. Andererseits aufgrund der spezifischen Erfahrungen. Machen Sie sich im Rahmen der Analyse bewusst, ob es in Ihrem Unternehmen solch kritische Risikopositionen gibt.

Andererseits kann der IT-Bereich Ihres Unternehmens störanfällig und nicht mehr zeitgemäß sein. Vielleicht haben Sie auch auf eine Struktur aus unterschiedlichen Bausteinen von verschiedenen Herstellern gesetzt. Die Frage, die sich stellt, ist die, ob Ihre IT-Struktur in der heutigen Form mit Ihrem Franchise-System, der zunehmenden Anzahl an Franchise-Partnern und der zunehmenden Komplexität wachsen kann. Das gilt sowohl für die Hardware wie auch für die Software. Vielleicht ist Ihre IT heute eine Stärke. Kann sie morgen zum Risiko werden?

Als externen Risikofaktor sollten Sie Ihre Zulieferer durchleuchten. Wie stark ist Ihre Abhängigkeit von einigen wenigen Lieferanten? Können diese Ihre zukünftige Expansion mittragen? Wie sind die vertraglichen Regelungen? Besteht ein Risiko oder sind Sie auf der sicheren Seite?

Da jede Chance immer auch ein Risiko beinhaltet, sollten Sie einen kritischen Blick auf Ihre zukünftigen Partner richten. Werden Sie die gesetzten Partnerzahlen erreichen? Was passiert, wenn Sie weit weniger Partner anziehen und vertraglich binden können? Ist die mögliche Partnerzahl ein Risiko? Wie sieht es mit den Werten und der Loyalität Ihrer potenziellen Partner aus? Wie beugen Sie nicht loyalem oder gar kriminellem Handeln vor? Besteht hier ein Risiko? Falls ja, wie hoch ist es zu bewerten?

Konkurrenten können zu einem nicht einschätzbaren Risiko werden, und zwar dann, wenn sie unverhofft und in großer Stärke auftreten. Invasive Herausforderer nennt man diese Unternehmen dann. Sie können aus bereichsfremden Märkten kommen und über das Potenzial, die finanziellen Voraussetzungen, das notwendige Wissen und über Erfahrungen verfügen, um innerhalb kürzester Zeit eine Führungsposition auf Ihrem Markt einzunehmen. Dabei setzen invasive Unternehmen auf einen Verdrängungswettbewerb, der heimischen Unternehmen den Platz zum Wachstum nimmt oder sie ganz zur Geschäftsaufgabe zwingt. In einer globalisierten Welt können diese Unternehmen aus dem außereuropäischen Ausland, aus der eigenen Branche oder aber, als Investoren, aus ganz anderen Branchen kommen. Vorbeugend hilft nur der Aufbau von Informationsstrukturen und Frühwarnsystemen. Gibt es invasive Unternehmen, die Ihr Geschäftsfeld bedrohen?

Als Risikofaktor sollten Sie auf jeden Fall den Bereich der Kriminalität betrachten. Was haben Einbrüche in Ihre Software oder Ihre Firma oder in zukünftige Partnerbetriebe und Überfälle auf Partnerniederlassungen für Auswirkungen auf Ihre Partner, Mitarbeitenden und die Geschäftsentwicklung? Haben Sie an präventive sowie reaktive Maßnahmen gedacht?

Zu guter Letzt kann eine restriktive nationale und europäische Gesetzgebung und Rechtsprechung Ihre Geschäftsentwicklung beeinflussen und gefährden. Beispiele sind Verbote oder Einschränkungen in den Bereichen Tabak und Alkohol, Energieverbrauch und Ökologieverträglichkeit sowie Haftungsfragen.

Die Franchise-Wahrnehmungsanalyse

Diese Form der qualitativen Analyse schließt sich direkt an die Franchise-SWOT-Analyse an. Teilweise überlagert sie sich mit ihr und übernimmt deren Ergebnisse. Sie geht aber weiter und zielt in eine andere Richtung. Sie basiert auf einer Eigen-Fremd-Wunschbild-Analyse, die ursprünglich in der Persönlichkeitspsychologie angewandt wurde. Der Psychologe Alfred Adler nutzte sie in der Auseinandersetzung mit der menschlichen Persönlichkeit.[12] Wir haben in unserer Beraterpraxis festgestellt, dass sie sich sehr gut zur praxisrelevanten Analyse von Franchise-Unternehmen und -Marken sowie zur Entwicklung von starken Markenpersönlichkeiten einsetzen lässt. So haben wir die persönlichkeitspsychologische Perspektive, mit speziellen Modifikationen, auf die Markenbildung für Franchise-Systeme übertragen und für Sie dieses neue Denkwerkzeug daraus entwickelt. Unsere umfangreichen Erfahrungen im Bereich kleiner und mittelständischer Unternehmen bestätigen den Nutzen und die Sinnhaftigkeit dieses Werkzeugs in der Praxis.

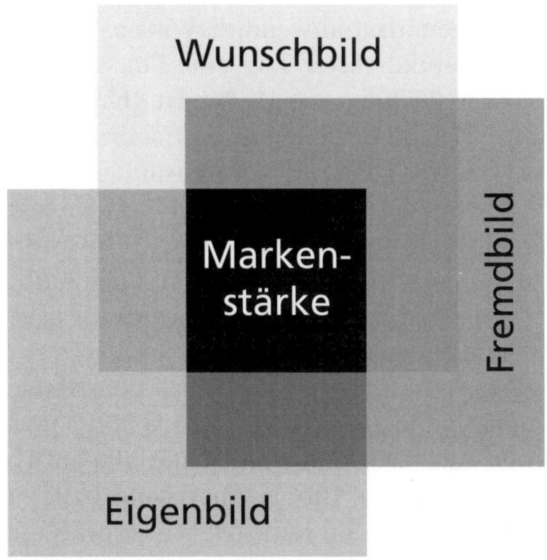

Abbildung 6: Markenstärke

Der Grundansatz der Franchise-Wahrnehmungsanalyse besteht darin, dass ein Unternehmen nur dann als stark erlebt wird, wenn das Eigenbild, also das Selbstverständnis und Selbstbild, mit dem Fremdbild, das andere vom Unternehmen haben, und dem Wunschbild – wie das Unternehmen sich selbst gern sehen und erleben würde, wie es sein möchte – weitestgehend übereinstimmt. Ist das nicht der Fall, wird das Unternehmen als deutlich schwächer erlebt. Grund dafür sind die Inkonsistenzen, die Ungereimtheiten, die verschiedenartigen, voneinander abweichenden Informationen und Signale, die das Unternehmen aussendet. Die immer wieder in verschiedenen Bereichen, zu unterschiedlichen Zeiten und in andersartiger Intensität als Irritationen auftreten, wahrgenommen werden und verunsichern. Diese Schwächung betrifft alle inkonsistenten Unternehmen, unabhängig von der absoluten Unternehmensgröße. Das heißt, diese Wahrheit trifft sowohl auf Kleinstunternehmen und Einzelunternehmerpersönlichkeiten als auch auf global agierende Konzerne zu. Wann immer Realität und Wunschvorstellung, das Eigen- und das Fremdbild, zu weit auseinanderdriften, stellen sich Probleme ein. Folglich sollte das Ziel jedes Unternehmens sein, diese drei Bildperspektiven zu sichten, zu analysieren, zu bewerten und sie in den relevanten Bereichen in große Übereinstimmung zu bringen. Ist das einmal der Fall, besteht dennoch keine Garantie für die Ewigkeit, dass diese Teilbilder in Übereinstimmung bleiben. In einer Art ständigem Regelkreis ist weiterhin auf Abweichungen zu achten und immer wieder nachzukorrigieren.

Beginnen Sie jetzt mit dem ersten Schritt Ihrer Franchise-Wahrnehmungsanalyse, mit der Untersuchung Ihres Unternehmens-Eigenbilds.

Welches Eigenbild weist Ihr Unternehmen auf?

Versuchen Sie, ein möglichst wahrhaftiges, präzises und detailreiches Bild Ihres Unternehmens zu ergründen. Sammeln Sie dafür sowohl rationale und bewusste als auch emotionale, intuitive und unbewusste Informationen. Rational sind eher Textinformationen, also zum Beispiel Antworten auf Befragungen. Emotionale und unbewusste Informationen spiegeln sich zum Beispiel in Bildmaterialien oder Zeichnungen. Wichtiger als die Form ist dabei der authentische Inhalt. Sie wollen ein wirkliches, reales, unverzerrtes Eigenbild. Das ist wichtig für Ihre Unternehmensanalyse. Starten Sie deshalb die Eigenbild-Beschreibung bei sich selbst, in aller Ruhe und nach bestem Wissen und Gewissen. In Kleinstunternehmen ist das auf der Ebene der Gründer. Dann wenden Sie sich an mögliche Gründungspartner, Führungskräfte und Angestellte. Wie sehen diese das Unternehmen? Welches Unternehmensbild herrscht vor? Persönliche Befragungen sind gut geeignet, um rationale Informationen zu generieren. Besser noch und der Wichtigkeit angemessen sind Tagesworkshops zum Thema Unternehmens-Eigenbild. Dabei wird die Möglichkeit, die eigene Meinung in Form aus Zeitschriften ausgeschnittener Fotografien oder durch Skizzen und Zeichnungen spielerisch auszudrücken, oft von Mitarbeitern begrüßt. Es fällt vielen so leichter, auch Kritik oder Schwachpunkte schnell und deutlich mitzuteilen. Das Anfertigen von persönlichen Skizzen und Zeichnungen ist zudem eine stark intuitiv ausgerichtete Mitteilungsart, die beide Gehirnhälften fordert. Zudem wird durch die Arbeit mit den Händen beim Menschen bis zu 80 Prozent seines Gehirns aktiviert. Doch nicht nur die Geschäftsleitung und die Führungsebenen tragen ein Eigenbild in sich, das für das Gesamtunternehmen wirkrelevant ist, sondern auch alle sonstigen Mitarbeitenden des Unternehmens. Alle Unternehmens-Touchpoints, also alle Positionen, die Außenkontakte haben, sollten berücksichtigt werden. Denn an all diesen Punkten gelangt das Unternehmensbild nach außen. In Kleinstunternehmen bestehen häufig weniger als zehn solcher Touchpoints. Mit zunehmendem Wachstum ändert sich das rasant. Je nach Größe Ihres Unternehmens können Sie ein bis zwei Tagesworkshops für alle Mitarbeitenden zum Thema Eigenbild-Erarbeitung organisieren. Aus eigener Erfahrung wissen wir, dass diese Gesamtunternehmensworkshops, mit 4 bis 80 Teilnehmern einerseits sehr anspruchsvoll und fordernd sein können, andererseits vielfältige positive Wirkungen zeigen. Sie können alternativ oder zusätzlich eine schriftliche Befragung aller Mitarbeiter durchführen. Wichtig ist es, das Eigenbild in seiner Gesamtheit wahrhaftig herauszudestillieren.

Hier einige Fragen, die im Rahmen der Eigenbild-Erarbeitung interessant sein können: Wie sieht sich das Unternehmen als Persönlichkeit? Wo liegen die Kompetenzen? Welche Werthaltungen nimmt es ein? Welche Kultur herrscht im Unternehmen vor? Ist es rein auf ökonomische Ziele ausgerichtet? Oder spielen auch soziale, ökologische, kulturelle und religiöse Werte als Entscheidungs- und Handlungshintergrund eine Rolle? Gibt es Werteunterschiede auf verschiedenen Unternehmensebenen? Und wirken sich diese auf das Unternehmensbild und -verhalten aus? Ist der Unternehmensauftritt noch zeitgemäß? Ist das Unternehmensverhalten adäquat zu seinen Werten? Wie wird die Unternehmenskommunikation gesehen, erlebt und bewertet? Stimmt diese mit den Unternehmenswerten und dem Verhalten überein? Wie wird das Unternehmen insgesamt bewertet (Kompetenz, Erfolg, Image, Sympathie, Identifikation, Wahrhaftigkeit)?

Mit all diesen Informationen sollten Sie ein klares Eigenbild Ihres Unternehmens zeichnen können.

Welches Fremdbild weist Ihr Unternehmen auf?

Um Ihr Gesamtbild in der Franchise-Wahrnehmungsanalyse fassen zu können, kommt es im zweiten Schritt auf die genaue Beschreibung Ihres Unternehmens aus Sicht der Außenwelt an. Hier gilt es, zwischen den nahen und fernen Fremdbildern zu differenzieren.

Nah sind Fremdbilder immer dann, wenn die Kontakte direkt sind, also die direkte Interaktion zwischen Ihrem Unternehmen und dem Beurteiler gegeben ist. Das Fremdbild wird dann auch im direkten Umgang geprägt. Ihre Bank beispielsweise, die Ihnen einen Kredit gewährt, wird Sie nicht nur medial erleben, sondern Sie auch direkt anhand Ihrer Geldeingänge beurteilen. Ebenso Ihr Zulieferer anhand der von Ihnen geleisteten Zahlungen. Und Ihr Kunde beurteilt Sie anhand der konkret erlebten Produktqualität, der Preise, des Einkaufserlebnisses und so fort.

Erleben Ihre Kooperationspartner, Zulieferer, möglichen Geldgeber und Kunden Ihr Unternehmen genauso wie Sie und Ihre Mitarbeiter?

Oder ganz anders? Sie alle kennen Ihr Unternehmen aus direkter Interaktion. Sie können demnach am besten reflektieren, wie Sie tatsächlich extern wahrgenommen werden. Wie sehen und beurteilen diese externen Direktkontakte Ihren Gesamtauftritt? Wie Ihre Kompetenzen, Ihre gelebten Werte und Ihre Unternehmenskultur? Was halten Sie von Ihren Mitarbeitern, was von Ihrem Führungsteam? Wie beurteilen Sie Ihr Leistungsangebot, wie Ihre Preispositionierung, Distribution und Kommunikation? Wie beurteilen Sie Ihre Zukunftschancen und Entwicklungen?

Ferne Fremdbilder entstehen überwiegend medial oder durch „Kennen vom Hören-Sagen“ durch Peer-Groups. Sie entstehen in den Köpfen von Nicht- oder Noch-nicht-Kunden, von Nicht- oder Noch-nicht-Zulieferern und -Kooperationspartnern, von Konkurrenten und Journalisten. Man kennt Ihr Unternehmen hier nur aus der Distanz. Falls man es kennt, dann aus den Medien oder durch gesellschaftliche Bezugsgruppen, ohne mit dem Unternehmen bisher direkt in Kontakt gekommen zu sein oder Leistungen wahrgenommen zu haben. Dennoch beeinflussen auch diese fernen Bezugsgruppen in ihrem jeweiligen Umfeld Ihre Wahrnehmung und Ihr Unternehmensbild. Deshalb sollten auch diese externen Indirektkontakte gesichtet und das Fremdbild analysiert werden. Wie sieht diese gesellschaftliche Umwelt Ihr Unternehmen? Wie bekannt ist Ihr Unternehmen? Wofür steht es? Wie beurteilt sie Ihr Führungsteam, wie Ihre Mitarbeiter? Wie werden Ihre Kernkompetenzen sowie Ihre konkreten Leistungen erlebt? Wie Ihre Schwächen und zukünftigen Entwicklungschancen gesehen?

Das Fremdbild dieser nahen Direktkontakte wie auch fernen Indirektkontakte zeigt Ihnen sehr direkt, wie Ihr Unternehmen bisher von außen gesehen und erlebt wird. Es reflektiert Ihre bisherigen Anstrengungen, ein klares, starkes und ganzheitliches Unternehmensbild zu schaffen.

Nun stellt sich die Frage, auf welche Weise Sie an ein solch realistisches Fremdbild Ihres Unternehmens kommen. Zwei Vorgehensweisen, die Primärerhebung und die Sekundärmaterialanalyse, bieten sich an.

In der Primärerhebung befragen Sie Ihre Kontakte direkt. Hierfür sollten Sie einen strukturierten Fragebogen entwickeln. Key-Accounts, Hauptfirmen oder umsatzstarke Privatkunden, ebenso sensible Kontakte wie Banken oder Hauptzulieferer sollten persönlich vom Geschäftsführer befragt werden. Ansonsten bieten sich Kundenberater oder der Außendienst Ihres Unternehmens zur Generierung dieser Informationen an. Verfügen Sie über einen großen Stamm von Privatkunden, können Sie diese Befragungen auch mit einem Fragebogen per Post oder, falls die Einwilligungen vorhanden sind, per E-Mail realisieren.

Um das Fremdbild Ihrer Indirektkontakte, also derer, die keinen Kontakt zu Ihnen pflegen, zu erfassen, sollten Sie nach Informationen suchen, die über Ihr Unternehmen veröffentlicht werden, und diese Informationen analysieren (Sekundärmaterialanalyse). Die klassischen Medien (Zeitungen, Zeitschriften, Radio- und TV-Berichte) sind dabei Pflicht, aber auch die neuen Internetmedien (Blogs, Fach- und Testportale). Die nach 1980 geborene Generation der Digital Natives veröffentlicht gern Testberichte und Empfehlungen über ihre persönlichen Produkt- und Leistungserfahrungen in diesen Netzwerken. Aber auch die Digital Immigrants der vor 1980 mit den klassischen Medien Sozialisierten beteiligen sich rege am Austausch im Netz. Artikel in Fachportalen und Netzwerken wie Xing zeugen davon. Dadurch lassen sich viele potenzielle Nutzergruppen in ihrer Meinungsbildung beeinflussen. Die Gesamtheit dieser Informationen der nahen und fernen externen Kontakte ergibt Ihr aktuelles Fremdbild.

Welches Wunschbild weist Ihr Unternehmen auf?

Der dritte Schritt der Franchise-Wahrnehmungsanalyse konzentriert sich auf Ihr Unternehmens-Wunschbild. Wie ist das latente, wie das bewusste Wunschbild Ihres Unternehmens? Wie sehen die Geschäftsleitung, die Führungsebenen und die Mitarbeiter das Unternehmen zukünftig? Wie sollte das Unternehmen geführt werden? Von wem? Wohin? Wie sollten die Unternehmenskultur und Unternehmenskommunikation sein? Wie die Produkte und Leistungen? Wie der Umgang mit den Kunden, Kooperationspartnern und der gesellschaftlichen Umwelt?

Das Ergebnis der Franchise-Wahrnehmungsanalyse

Ihr Unternehmensbild besteht aus den drei erarbeiteten einzelnen Sichtweisen, den drei fraktalen Bildern (dem Eigenbild, Fremdbild und Wunschbild). An dieser Stelle sollten Sie ein sehr detailreiches Bild Ihres Gesamtunternehmens vorliegen haben. Stimmen diese drei Einzelbilder in wesentlichen Bereichen überein? Sind sie fast deckungsgleich? Gratulation. Dann verfügen Sie bereits über ein in sich stimmiges Gesamtbild. Eine gute Voraussetzung für den späteren Markenaufbau. Oder gibt es Abweichungen, die Ihre Gesamtwahrnehmung schwächen? Hier beginnt die spannendste Phase der Eigen-Fremd-Wunschbild-Analyse, nämlich die Deutung und Bewertung der vorgefundenen Ergebnisse. Wo gibt es Unterschiede, wo Gemeinsamkeiten? Wie stark sind diese? Und welches können die Ursachen dafür sein? Wenn sich zeigt, dass beispielsweise Ihre Kunden mit Ihren Produkten und Leistungen sehr zufrieden sind, während die Nichtkunden diese ablehnen, kann das an Ihrer Kommunikation liegen. Vielleicht ist Ihre Bekanntheit außerhalb Ihres Kundenkreises zu gering. Oder Ihre Werbemaßnahmen irritieren und werden nicht verstanden. Oder sie erzeugen keine Sympathie und kein Vertrauen. In einigen Fällen müssen Produkte einfach persönlich erlebt werden. Hier sind Testkampagnen und Warenproben ein zielführender Weg. Wichtig ist, festzuhalten, dass alle Unklarheiten im Unternehmensbild, alle sich widersprechenden Sichtweisen die Wahrnehmung und Stärke Ihres Unternehmens schwächen. Deshalb sollten Sie Ihr Unternehmen von innen heraus klar und konsistent positionieren, aufbauen und gestalten. Franchise-Unternehmen können wie Persönlichkeiten gesehen, positioniert und behandelt werden. Warum das so ist und wie Sie vorgehen sollten, um eine möglichst starke Marke aufbauen zu können, erfahren Sie im Kapitel zur vierten Wahrheit: »Franchising braucht Persönlichkeit«.

Fallstudie: Analyse eines fiktiven Bio-Supermarkts

Anhand eines erfundenen Bio-Supermarkts, der allerdings wesentliche Aspekte der von uns in unserer Beraterpraxis vorgefundenen Faktoren trägt, lässt sich die Vorgehensweise einer Franchise-SWOT-Analyse und einer Franchise-Wahrnehmungsanalyse beispielhaft illustrieren. Wir beginnen zuerst mit der Franchise-SWOT-Analyse in Textform, dann erfolgt eine Zusammenfassung mit Schlüsselworten in der Übersicht sowie daran anschließend die Franchise-Wahrnehmungsanalyse. Zur Evaluation interner und externer Einflussfaktoren sehen Sie ein gleichnamiges Franchise-Denkwerkzeug.

Franchise SWOT-Analyse Bio-Supermarkt

Stärken

In der Unternehmensanalyse wurden folgende Stärken herausgearbeitet:

- Exklusive Bezugsquellen regionaler Anbieter
- Kontrollierte Qualität der angebotenen Produkte (entsprechende Bio-Zertifizierungen)
- Zusammenarbeit mit wichtigen Organisationen zum Erhalt der Biodiversität
- Erfahrungen mit dem Aufbau einer zweiten Filiale
- Hohe Identifikation der Mitarbeitenden mit dem Unternehmen
- Erfolgreiche Integration einer (Bio-)Kochschule

Abbildung 7: Franchise-Denkwerkzeug Einflussfaktoren

Schwächen

Demgegenüber wurden folgende Schwächen ermittelt:

- Geringer Bekanntheitsgrad am Markt
- Das Sortiment ist zu breit, es gibt zu viele verkaufsschwache Produkte, die den Gewinn schmälern.
- Die Präsentation der Waren entspricht noch keiner den Verkauf fördernden Logik.
- Der Name des Bio-Supermarkts ist zu generisch und wird überdies von den einzelnen Produktmarken überlagert.
- Diskrepanz zwischen den Auffassungen der Unternehmensgründer – Profitorientierung versus Gesellschaftsauftrag
- Zur Vervollständigung und Einschätzung der Stärken und Schwächen im avisierten Marktumfeld müssen die Entwicklungen, Trends, Normen und wirtschaftlichen Prognosen sowie deren Einflüsse angeschaut und analysiert werden.

Chancen

Für das Praxisbeispiel lassen sich folgende Chancen identifizieren:

Markttrends: Stark zunehmende Anspruchsgruppe der LOHAS (Lifestyle of

Health and Sustainability), die sich mit Gesundheit und Nachhaltigkeit auseinandersetzt. Es heißt, dass allein in Deutschland etwa 30 bis 35 Prozent der Bevölkerung LOHAS sind. Ganzheitliche Angebote wie der Bio-Supermarkt mit integrierter Kochschule liegen im Trend, weil sie helfen, die Einstellungen und Werte der Kundschaft in praktisches Handeln umzusetzen.

Demografische Veränderungen: Die zumeist kaufkräftige Gruppe der Best und Golden Ager wächst. Sie sind wählerisch, qualitätsbewusst und gönnen sich gerne etwas. So kann ein Sortiment, das durch nachhaltige Qualität auffällt und überdies noch Produkte berücksichtigt, die kulturelle, traditionelle Werte vermitteln, eine entsprechende Akzeptanz hervorrufen. Insbesondere wenn das Dienstleistungsangebot auch soziale Kontakte ermöglicht und Einkaufserleichterungen wie Bestell- und Zulieferdienste berücksichtigt.

Wirtschaftliches Umfeld: Seit der Jahrtausendwende ist in den Industrieländern eine starke Veränderung des Kaufverhaltens zu beobachten. Einerseits wird in Produktkategorien des täglichen Bedarfs wie zum Beispiel bei Waschmitteln und Haushaltsreinigern gespart; andererseits wird für Produkte, die einen kleinen Genuss versprechen, wie Kosmetik, Körperpflege, Gourmet-Nahrungsmitteln verhältnismäßig viel Geld ausgegeben. Dieses Phänomen nennt man Trading-down und Trading-up. Es bezeichnet ein Sparprinzip zugunsten »kleiner Genüsse«. Für Hersteller und Händler kann ein erfolgreiches Trading-up bedeuten, dass eine höhere Preiskategorie akzeptiert wird, beispielsweise durch kundenrelevante Qualitätsmerkmale, einzigartige Spezifikationen, einen individuellen Nutzen und/oder eine Sinnorientierung. Der Bio-Supermarkt könnte diese Merkmale auf sich vereinen.

Rechtliche Einflüsse: Zertifizierungen im Bio-Bereich sind nicht mehr nur eine symbolische Geste, sondern sind rechtsverbindlich. Der Einkauf von Produkten mit anerkannten Bio-Labels sowie zusätzliche Qualitätskontrollen bieten zudem eine Orientierungshilfe für die Konsumenten.

Risiken

Den genannten Chancen stehen Risiken gegenüber:

Heterogene Konkurrenz: Der stetig wachsende Markt an Bio-Produkten lässt die unterschiedlichsten Geschäftskonzepte und Vertriebskanäle entstehen. Von der Direktvermarktung ab Bauernhof über den Versandhandel bis hin zu traditionellen Handelsketten mit parallel laufendem Bio-Sortiment wird nicht nur das Angebot dichter. Auch die Frage, was Bio ist, wird in unterschiedlichen Image- und Themenwelten ganz unterschiedlich beantwortet, was der Glaubwürdigkeit nicht zwingend zuträglich ist.

Anspruchsvolle Verbraucher: Die Anspruchsgruppe der LOHAS umfasst unterschiedlichste soziodemografische Segmente. Ein übergeordnetes gemeinsames Merkmal dieser heterogenen Zielkunden bildet jedoch die kritische Haltung. Das bedingt, dass man sich Vertrauen und Loyalität als Anbieter von Bio-Produkten umfassend erarbeiten muss. Dazu zählt nicht nur die vorgenannte Produktqualität, sondern auch die überzeugende Grundhaltung der Unternehmung und das nachhaltige Gedankengut – auch auf der sozialen und ökonomischen Ebene.

Gratwanderung Marketingdenken: Die Bio-Anbieter von heute unterscheiden sich stark von den Ökoläden aus der »Gründerzeit«. Im Wissen, dass ein Großteil der Zielkunden keine Einbußen in Qualität und Nutzen beim Einkauf von Bio-Ware akzeptieren, nimmt auch die Darbietung des Angebots einen immer größeren Stellenwert ein. So wird es eine zunehmende Gratwanderung zwischen verkaufsfördernden Elementen in der Vermarktung und der nachhaltig formulierten Präsentation geben.

Konklusion

Die Gewichtung der Chancen und Risiken hängt von den Stärken und Schwächen der Unternehmung ab. Chancen sind besonders gehaltvoll, wenn sie einer Stärke des Unternehmens entgegenkommen. Im dargestellten Fall kann der LOHAS-Trend das Marktpotenzial für den Bio-Supermarkt nicht nur seitens der Kundschaft vergrößern, es kann auch die Zahl potenzieller Franchise-Partner erhöhen. Hingegen gehören die unterschiedlichen Sichtweisen der Unternehmensgründer zu den Risiken, die das ganze Konzept gefährden können, da sie sowohl das kontinuierliche Wachstum der Gruppe verhindern als auch die Authentizität aus Sicht der Konsumenten schwächen. Chancen am Markt können aber auch Optimierungsmöglichkeiten für das Konzept darstellen. So kann die Konzentration des Sortiments nicht nur zu einer besseren Umsatzrendite führen. Sie ermöglicht auch eine verbesserte Präsentation und Bewerbung der Waren und schafft damit Orientierung für die Kunden. Die Entwicklung einer einheitlichen Markenkultur und Markenkommunikation würde den Bio-Supermarkt sowohl nach innen wie nach außen stärken. Er würde differenzierbar sein und sein Angebot wäre geschlossener wahrnehmbar.

Stärken	Schwächen
• Bezugsquellen • Produktqualität • Anerkannte Kooperationen • Erfahrungen • Mitarbeiteridentifikation • Zusatzleistungen	• Bekanntheit • Sortiment • Warenpräsentation • Name • Gründer-Auffassungen
Chancen	**Risiken**
• Zunahme LOHAS • Nachfrage nach ganzheitlichen Angeboten • Zunahme Zielgruppe 50+ • Kaufverhalten »kleine Genüsse« • Bio-Zertifizierungen und Qualitätskontrollen	• Konkurrenz-Konzepte und -Vertriebskanäle • Glaubwürdigkeit Bio • Kritische Einstellungen der LOHAS • Vermarktung und Nachhaltigkeit

Abbildung 8: Franchise-SWOT-Analyse Bio-Supermarkt

Franchise-Wahrnehmungsanalyse Bio-Supermarkt

Eigenbild

Folgendes aktuelles Eigenbild wurde in einem Ganztags-Workshop mit den Gründern und allen Mitarbeitenden herauskristallisiert:

- Das Unternehmen sieht sich als Herausforderer am Markt.
- Es möchte einen gesellschaftlichen Auftrag zur Verbesserung der gesunden Nahrungsmittelversorgung leisten, zugleich aber auch wirtschaftlich erfolgreich sein.
- Alle Unternehmensmitarbeitenden stehen zu diesem Auftrag und sind loyal zum Unternehmen.
- Viele von ihnen studieren und arbeiten in Teilzeit für den Supermarkt.
- Sowohl die Produktqualität als auch die enge Zusammenarbeit mit den auf Nachhaltigkeit spezialisierten anerkannten Organisationen unterstreicht den hohen Anspruch und das intensive Engagement aller Mitarbeitenden.

Fremdbild

Das Fremdbild wurde durch einen Befragungsbogen im Rahmen eines Gewinnspiels (Wochenendreise auf einen auf seltene Arten spezialisierten Bauernhof) erhoben:

- Der Bio-Supermarkt ist eher unbekannt. Bei Nennung seines Namens wird auf die Konkurrenz verwiesen.
- Es ist nicht klar, wofür er steht, was er anbietet und wodurch er sich von anderen unterscheidet.
- Sein gesamtes Erscheinungsbild, vom Namen über die Shop-Gestaltung bis zur Warenpräsentation, wirkt unbeholfen und erzeugt einen amateurhaften, unverbindlichen Eindruck.
- Familien mit Kindern fühlen sich eher nicht willkommen und haben Probleme, ihre Produkte zu finden.
- Auch Bio-Convenience-Produkte für das schnelle und trotzdem gesunde Essen finden sich nicht.
- Ältere Menschen bemängeln die Beleuchtung, die schlechte Lesbarkeit der kleinen Produkt- und Preisauszeichnungen sowie die meist schnelle und leicht arrogant wirkende Umgangsart der jungen Verkäufer.

Wunschbild

Das Wunschbild des Bio-Supermarkts wurde in Befragungen der Gründer und Mitarbeiter erhoben:

- Man möchte auf wirtschaftlich gesunden Füßen stehen und wachsen.
- Man möchte ein national anerkanntes Franchise-System werden.
- Man avisiert 50 Partner bundesweit und möchte in allen großen deutschen Städten vertreten sein.

- Man möchte aber nicht nur als Wirtschaftsunternehmen gesehen werden, sondern als Institution für gesunde Ernährung.
- Die Kunden sollen nicht nur die Produkte kaufen, sondern auch den Anspruch dahinter, den Sinn gesunder Ernährung, verstehen und wertschätzen.
- Man möchte eine gute, langjährige Kundenbindung erzeugen und die Kunden immer wieder sowohl für die Produkte als auch für die Kochschule begeistern.

Bewertung und Rückschluss

Die Betrachtung und Bewertung der drei Bilder der Wahrnehmungsanalyse ergibt Abweichungen, Unschärfen und Ungereimtheiten, die zur Schwächung des Unternehmens führen. Wie schon in der Franchise-SWOT-Analyse tritt auch in der Franchise-Wahrnehmungsanalyse der Zwiespalt der Gründer zwischen gesellschaftlichem Anspruch und den Zielen eines Wirtschaftsunternehmens zutage. Dieser sollte unbedingt gelöst werden, bevor eine weitere Expansion angestrebt wird. Der Bio-Supermarkt ist so noch nicht gesund. Er besitzt noch keine Franchise-Reife und sollte nicht als Franchise-System multipliziert werden.

Ein weiterer wichtiger Hemmfaktor wird deutlich. Während sich das Unternehmen selbst und alle seine Mitarbeiter sehr stark mit den eigenen Ansprüchen sowie den gesellschaftlichen und wirtschaftlichen Zielen zu beschäftigen scheinen, werden die wahren kundenbezogenen Erfolgstreiber vernachlässigt. Die wirklichen Bedürfnisse und Wünsche der chancenreichen Zielgruppen der LOHAS, auch der mit Familie, sowie der anspruchsvollen Generation 50plus werden nicht erkannt und nicht berücksichtigt. Weder im Unternehmensnamen noch im Corporate Design, in der Werbung, der Verkaufsförderung, der Produktauswahl, der Produktpräsentation oder der Schulung des Verkaufspersonals. Besonders an diesen wichtigen Touchpoints, den Mitarbeitenden, treten Wachstumsblockierungen zutage. Das Fremdbild zeigt auf, dass die in der Franchise-SWOT-Analyse ermittelten Chancen so vom Bio-Supermarkt nicht wahrgenommen werden können. Aktuell werden hier eher Risiken herausgefordert, nämlich die kritische Haltung der LOHAS-Kunden und die der Generation 50plus. Diese verhalten sich entsprechend ablehnend und äußern sich in ihrem sozialen Umfeld über den Supermarkt negativ. Nur eine wirkliche Beschäftigung einerseits mit den Kernkompetenzen im Bereich der gesunden Nahrungsmittel, andererseits mit den avisierten Zielgruppen, ihren Bedürfnissen, Motiven und Wünschen kann zum Erfolg des Gesamtkonzepts führen. Die Konsumenten bestimmen, ob Unternehmenskonzepte erfolgreich werden. Consumer-Insights, das qualitative Wissen aus Konsumentenbefragungen, sollten deshalb obligatorisch in die Unternehmenskonzepte einfließen. Weitere vertiefende Informationen zur Bedürfnisorientierung und zum Markenaufbau finden Sie in Kapitel 2.4.

Die Ergebnisse der Unternehmensdiagnose aus der Franchise-SWOT-Analyse, der Franchise-Wahrnehmungsanalyse sowie der ergänzenden Gewinn- und Verlustrechnung müssen eine grundlegende »Gesundheit attestieren«. Denn Franchising ist keine Sanierungslösung und kann auch keine Vertriebsschwäche kitten. Optimierungen in der Ausgestaltung des Konzepts hingegen sind Teil der Franchise-Entwicklung, auf die wir auch bezüglich der dritten Wahrheit, »Franchising braucht Vorsprungsmerkmale«, eingehen werden.

PREMISSIMO®

»Die Welt, die mir gefällt.®«

Antina Prinz

Premissimo steht für Wertschätzung, Qualität und Zuverlässigkeit und beendet das Gießkannen-Prinzip in der Kundenansprache und -betreuung. Die Premissimo AG wurde im Herbst 2006 in Zürich gegründet und hat 2008 den Markteintritt aufgenommen. Aktuell verfügt Premissimo über sieben Franchise-Nehmer. Premissimo ist eine Handelsmarketing- und Beziehungsagentur, die kundenbewusste und servicestarke Handels- und Dienstleistungsunternehmen auswählt und in regionalen Qualitätszirkeln mit den attraktivsten Konsumenten einer Region verbindet. Premissimo akquiriert für seine Partnerunternehmen neue, umsatzstarke Kunden und ermöglicht eine einfache, aber wirkungsvolle Kundenbindungsarbeit. Premissimo entlastet seine Partnerunternehmen und bietet ihnen im Vertrieb eine professionelle Unterstützung an, die ansonsten nur größere Unternehmen zur Verfügung haben.

Wo sehen Sie die größten Herausforderungen für einen Franchise-Geber?

Die richtigen Partner zu finden! Beim Markteintritt fehlen dem Franchise-Geber Referenzen, die den Erfolg seines Systems belegen. Die Attraktivität des Systems für leistungsfähige Franchise-Nehmer, die bereit sind, sich ausschließlich auf das Franchise-System und dessen Aufbau zu konzentrieren, ist noch nicht sehr ausgeprägt. Es müssen zwangsläufig Kompromisse bei der Franchise-Nehmer-Auswahl gemacht werden, die – sofern sie zu weit gehen – den Markteintrittserfolg belasten und zu einem Negativkreislauf führen können: Fehlende Markterfolge reduzieren die Chancen weiter, leistungsfähige Franchise-Nehmer zu gewinnen. Einen solchen Kreislauf zu verhindern heißt gegebenenfalls auch, zu einem Bewerber, der der Aufgabe voraussichtlich nicht gewachsen sein wird, »Nein« sagen zu müssen und zu können. Eine Phase der Konsolidierung einzulegen kann hilfreicher sein, als permanent und zwanghaft auf Expansion zu setzen.

www.premissimo.com

Franchise-Oktogramm; Franchise-SWOT-Analyse; Franchise-Wahrnehmungsanalyse; Einflussfaktoren

2.2 Franchising ist eine strategische Entscheidung

Franchising ist eine strategische Entscheidung von großer Tragweite und mit langfristigen Auswirkungen. Für Sie wie für Ihre zukünftigen Partner und Kunden. Auch wenn der Franchise-Aufbau, je nach Größe und Aufstellung Ihres Unternehmens, ganz unterschiedliche Dimensionen haben kann. Ihre Franchise-Partner sind in der Regel Existenzgründer oder Firmen, die in ein zusätzliches Standbein investieren wollen. Damit muss für sie ein Rahmen mit echten Perspektiven geschaffen werden, der ihnen nicht nur die Amortisation ihrer Einlagen ermöglicht, sondern überdies eine finanzielle wie persönliche Entwicklungsmöglichkeit bietet.

Ihre Marke ist für Ihre zukünftigen Franchise-Partner, ob Existenzgründer oder Firma mit zweitem Standbein, »Erfolgsversicherung« und »Entwicklungsgarant« zugleich. Sie fasziniert und zieht Ihre zukünftigen Partner an. Gleichzeitig ist sie Ausdruck Ihres langfristig gemeinten Engagements. Sie signalisiert, dass Sie sich wirklich ernsthaft und professionell über lange Zeit am Markt profilieren wollen. Sie verdeutlicht Ihren Anspruch, Ihre Kompetenz, Ihren Qualitätswillen, Ihre langfristigen Werte und Ihre grundsätzliche Haltung.

Aus strategischer Sicht entwickeln Sie für Ihre Marke deshalb zu allererst, im Rahmen der inneren Markenprofilierung, Ihre Markenvision. Hierzu sind folgende Fragen nützlich: Wo wollen Sie Ihre Marke in fünf bis zehn Jahren sehen? Wofür soll sie in Zukunft stehen? Welche Bedeutung soll sie im täglichen Leben Ihrer zukünftigen Partner und Kunden haben? Welche Rolle soll sie spielen? Wie groß soll sie werden und in wie vielen Ländern vertreten sein?

Beispiele für verkürzte Markenvisionen

- Wir wollen auf dem europäischen Kontinent die größte Handelsmarke für Elektromobilität werden.
- Wir wollen Deutschlands verlässlichster Reparaturbetrieb rund um das private Eigenheim werden.
- Wir streben als IT-Dienstleister im deutschsprachigen Raum (Deutschland, Österreich, Schweiz) die innovative Marktführerschaft an.

Das visionäre Markendenken und Ausloten Ihrer Wunschvorstellung bildet die Grundlage für die Entwicklung Ihrer konkreten Markenmission. Dabei geht es darum, zu definieren, wie Sie Ihre Markenvision konkret erreichen und verwirklichen wollen. Welche Wege sind einzuschlagen, welche Maßnahmen konkret zu planen und einzuleiten? In welcher Zeit sind Teilziele zu erreichen?

Zurück zum genannten Beispiel: Um größte europäische Handelsmarke für Elektromobilität zu werden, müssen Sie sich beispielsweise Marktdaten und Marktforschungsunterlagen über Partner und Konsumenten, die so genannten Consumer-Insights, besorgen, sich mit den spezifischen kulturellen Unterschieden der europäischen Länder vertraut machen und länderübergreifend Franchise-Nehmer sichten und akquirieren. Hierbei können Sie eine Masterfranchise pro Land an einen Haupt-Franchise-Nehmer vergeben, der dann jeweils weitere regionale Franchise-Nehmer akquiriert. Oder Sie koordinieren die gesamte Franchise-Akquisition und -Betreuung über Ihre Franchise-Zentrale. Gleichzeitig müssen Sie Markenschutz in allen europäischen Ländern beantragen und sich vielfältige Bezugsquellen für Elektrofahrzeuge (PKW, Motorräder, Fahrräder) langfristig und wirtschaftlich sichern und noch vieles andere mehr.

Beispiele für eine Markenmission

- Kunden aus ganz Europa zählen zu unserer Zielgruppe. Durch intensive Marktforschung werden wir Kaufverhalten und Motive verstehen lernen und ihnen für ihre vielfältigen Bedürfnisse immer das richtige E-Mobilitätskonzept anbieten können.
- Unsere Partner sind unsere Markenbotschafter. Durch anspruchsvolle Schulungen und Weiterbildungskurse in unserer Akademie machen wir sie fit für den Markt.
- Wir sind nur so leistungsstark wie unsere Zulieferer. Deshalb schließen wir mit wachstumsbereiten Zulieferern langfristige Verträge.

Haben Sie Ihre Ziel- und Wunschvorstellung in einer Markenvision formuliert und den Weg zu deren Verwirklichung in einer Markenmission definiert? Dann steht jetzt das Markenleitbild an. Es besteht aus Regeln, Wertvorstellungen und Normen, die nach innen und außen Orientierung geben sollen. Es schreibt die Führungsprinzipien der Marke fest und erläutert, in welchem Rahmen die Umsetzung stattfinden soll. Es beschreibt und listet auf, welche Grundhaltung und Kompetenzen, welcher Anspruch, welche kulturrelevanten, umweltbezogenen und gesellschaftlichen Werte und Umgangsformen für Ihre Marke wichtig sind. Das Markenleitbild legt sozusagen die Grundstruktur für die Entwicklung Ihrer Markenkultur fest.

Beispiele für ein Markenleitbild

- **Kunden:** Wir widmen alle Kraft der Zufriedenheit unserer Kunden. Wir nehmen uns Zeit für Ihre Wünsche und Kritik.
- **Mitarbeiter:** Die Ausbildung unserer Mitarbeiter ist uns wichtig. Wir wollen, dass sie mit einem Höchstmaß an Selbstständigkeit und Eigenverantwortung tätig sind.
- **Franchise-Nehmer:** Unsere Partner sichern unser Wachstum. Deshalb widmen wir ihnen unsere ungeteilte Aufmerksamkeit. Unser Umgang ist offen, ehrlich und von Wertschätzung und Respekt geprägt.
- **Rohstoffe:** Wir bemühen uns, nur fair gehandelte und ökologisch vertretbare Rohstoffe mit kurzen Lieferwegen zu verwenden.
- **Verarbeitung:** Wir verarbeiten unsere Rohstoffe selbst, um allerhöchste Qualität zu gewährleisten und individuelle Produkte zu ermöglichen.
- **Produkte:** Unsere Produkte sollen nicht nur eine hohe Qualität haben, sondern auch begeistern. Dafür engagieren wir die besten verfügbaren Designer.
- **Wirtschaftliche Nachhaltigkeit:** Wir wollen langfristig wachsen, jedoch nicht auf Kosten der Umwelt. Deshalb sind wir offen und halten aktiv Ausschau nach Chancen in ökologischen Nischen.

Franchising als Wachstums- und Profilierungsstrategie

In kleinen und mittelständischen Unternehmen bildet Franchising die wichtigste Wachstumsstrategie, um im Heimmarkt zu expandieren und nach Möglichkeit auch andere, geografisch entferntere Märkte zu erobern. Neben dieser zumeist in quantitativen Größen bestimmten Marktdurchdringung verfolgen die Unternehmen mit dem Franchising auch eine Profilierungsstrategie. Durch den Aufbau einer starken Marke. Dies zeigt eine 2008 durchgeführte Befragung von Franchise-Gebern im deutschsprachigen Raum, die unter der Federführung der Hochschule Liechtenstein in Kooperation mit der Fachhochschule Nordwestschweiz und der Steinbeis Hochschule Berlin durchgeführt wurde (Details zur Studie siehe Kapitel 2.7 unter »Area-Development-Agreements«). Danach sind die drei wichtigsten Motive für die Entscheidung, mittels Franchising zu wachsen: das »unternehmerische Engagement der Partner«, »starke Marktdurchdringung« und »Aufbau einer Marke«.

Gerade für kleine und mittelständische Franchise-Unternehmen bietet sich der Aufbau einer Marke geradezu an. Einerseits halten sich die Gebühren für markenrechtliche Registrierungen beim Deutschen Patent- und Markenamt in finanziell erträglichen Grenzen. Damit ist der Schutz vor zukünftigen Markeninvestitionen und die Ansammlung von Markenkapital rechtlich erst einmal schnell herstellbar. Andererseits gewährleistet das Franchise-System an sich die schnelle Multiplizierung der Marke. Damit wird die Marktdurchdringung und ein schnelles Markenwachstum sichergestellt. Insofern ist das Modell der Marke ein demokratisches, ist es doch allen Unternehmen, ob groß oder klein, gleichermaßen zugänglich.

Für Großunternehmen, die häufig eine strategische Geschäftseinheit, also einen definierten Unternehmensbereich, eine Produkt- oder Servicelinie ins Franchising überführen wollen, sind Ressourcenvorteile und das Ausnutzen von Unternehmensstärken zusätzliche Motivationen. Ein Gefahrenpunkt liegt hier oftmals in der »Artificial Respiration«, der künstlichen Beatmung von Franchise-Konzepten. Dabei fehlt der »Unternehmer-Spirit«, der zum Beispiel in gründergeführten kleinen und mittelständischen Unternehmen vorhanden ist und zur Benchmark für die Franchise-Partner wird. Zudem besteht die Gefahr, dass Managementwechsel auch zu einem Strategiewechsel führen. Es ist zu überlegen, ob zum Beispiel ein Spin-off infrage käme, um das franchisierte Geschäftsfeld zu verselbstständigen und den genannten Gefahren zu begegnen. Das bedingt allerdings die mittelfristige Tragfähigkeit des Franchise-Projekts. Ressourcenvorteile über die Muttergesellschaft können über einen entsprechenden Einkauf von Supportleistungen weiterhin genutzt werden. Die Gründung einer zusätzlichen Gesellschaft für den Franchise-Aufbau kann nicht nur für Konzerne vorteilhaft sein. Die Trennung vom Stammgeschäft mittels einer Vertriebsgesellschaft, die als Systemzentrale fungiert und für die Akquisition, Selektion und Integration der Partner zuständig ist, bietet sich vor allem für Hersteller-, Forschungs- und Technologiefirmen an, da die Kompetenzen unterschiedlichen Zielsetzungen, Ansprüchen und Einflüssen unterliegen.

Interessant ist hierbei die Frage, inwieweit die Marke des Mutterkonzerns für das Franchise-System eine Stärkung oder Schwächung darstellt. Im Falle einer Stärkung sollte die Konzernmarke als Zusatz zur Franchise-Marke integriert und kommuniziert werden. Als Beispiel sei hier die Reinigungsmarke Fred Butler genannt. Ihr verstärkender Markenabsender lautet: »Member of the Linde Group«.

Folgendes Beispiel macht deutlich, wie die Trennung von Stammgeschäft und Vertriebsgesellschaft aussehen kann: Eine schweizerische Kosmetikfirma hat ihren ehemaligen Stammsitz in zwei Aktiengesellschaften aufgeteilt. In ein Institut und eine Vertriebsgesellschaft. In dem Institut sind produktorientierte Verantwortungsbereiche versammelt. Dort werden neue Rezepturen entwickelt, Verhandlungen mit internationalen Zulieferanten über die Ingredienzen bis hin zum Verpackungsmaterial geführt und die Produktion in den Herstellbetrieben koordiniert und überwacht. Die Vertriebsgesellschaft ist für die Entwicklung und den Verkauf der Lizenzangebote an Kosmetik- und Therapieinstitute, Hotels oder Apotheken zuständig, schult die Lizenz-Partner und betreut sie in der Folge. Zudem werden Produkt-Know-how für die Grundausbildung der Partner sowie weiterführende Schulungen eingekauft.

Lizenzierung oder Franchising

Im genannten Beispiel haben wir die Möglichkeit der Lizenzierung erwähnt, einer »abgespeckten Form« des Franchising. An dieser Stelle möchten wir Ihnen zeigen, wie Sie einem Lizenz-Partner Nutzungsrechte an Ihrem Herstellungsverfahren, Ihrem Produkt- und/oder Dienstleistungskonzept befristet zur Verfügung stellen.

Der Unterschied zum Franchising ist, dass Sie sich in der Regel an bereits bestehende Firmen oder Selbstständige richten, die Ihr Lizenz-Paket als zusätzliches Standbein erwerben. Das Know-how um die Gründung einer Unternehmung ist somit nicht im Lizenz-Paket enthalten. Ebenso kommt es seitens des Lizenz-Partners nicht zu einer totalen Umgestaltung seiner Firma, sondern die Markierung wird lediglich in Teilbereichen vorgenommen. Das stellt auch gleich die Kehrseite der Medaille dar. Da Lizenz-Partner meist mehrere Lizenzen in ihrem Portfolio haben, konkurrieren diese miteinander unter dem eigenen Markendach des Lizenz-Nehmers. Sie als Lizenz-Geber haben also gleich an mehreren Fronten Überzeugungsarbeit zu leisten. Einerseits müssen Sie in die Vertriebskanäle hinein verkaufen (Push-Marketing). Sie müssen ständig darauf einwirken, dass der Lizenz-Partner Ihre Lizenz-Marke genügend würdigt, sie besonders im Schaufenster und im Verkaufsraum platziert, sie gut beleuchtet und pflegt sowie durch das Verkaufspersonal anbieten und verkaufen lässt. Dafür sind natürlich verschiedenste Maßnahmen notwendig, die Ihrem jeweiligen Budget, den Umsatzerwartungen und der Größe des Absatzkanals adäquat sein müssen. Zu nennen wären verkaufsunterstützende Maßnahmen wie Displays, Vitrinen, Kleinplakate, Werbe- und Promotionmaterialien, aber auch Verkaufstrainings und das regelmäßige Umdekorieren der präsentierten Ware durch Ihre Fachkräfte. Ergänzend können Sie bei Ihren abverkaufsstärksten Lizenz-Partnern Verkaufspromotions, die Sie auf Ihre Kosten durchführen lassen, realisieren. Andererseits haben Sie die Aufgabe, für genügend Aufmerksamkeit, ein klares Markenprofil und eine starke Nachfrage aufseiten der Konsumenten zu sorgen (Pull-Marketing). Dafür müssen Sie Ihre Marke immer aktuell, faszinierend und anziehend positionieren und kommunizieren.

Als Berater überprüfen wir bei Unternehmen, die sich an Branchenspezialisten wenden, als Erstes die Möglichkeit der Lizenzierung. Zum einen, weil es sich häufig um innovative Produkte oder Dienstleistungen handelt, mit denen die Unternehmen schnell in den Markt gehen müssen, um den Vorsprung zu halten. Zum anderen lassen sich zusätzliche Marktkenntnisse erlangen, die für den späteren Aufbau eines Franchise-Systems wertvoll sein können. Denn wenn es das Marktpotenzial und die Branchenstruktur zulassen, dann kann eine Lizenzierung durchaus eine Markteintrittsstrategie darstellen, zu der in Ergänzung eine Franchise-Linie aufgebaut wird, die sich an Existenzgründer der Branche richtet. Außerdem können Sie mit einer Lizenzierung der Schwierigkeit des Spezialistentums begegnen. Hier besteht häufig die Gefahr, dass gerade in standesbewussten Branchen die Anbindung an ein Franchise-System einem Gesichtsverlust gleichkommt. Potenzielle Partner haben damit zu kämpfen, dass sie nicht mehr als eigenständige Einheit wahrgenommen werden, und – noch schlimmer – nach außen könnte der Eindruck entstehen, dass sie es »nicht geschafft« haben. Es gilt also, einerseits zu ermitteln, ob diese nachvollziehbaren Gedanken und Gefühle in Ihrem Metier vorhanden sind, und andererseits, wie stark der „Leidensdruck“ ist. Wirken sich Marktveränderungen zum Nachteil Ihrer avisierten Branchenpartner aus und können Sie als Lizenzgeber mit neuen Lösungen Abhilfe schaffen, dann wird die Offenheit der Partner größer sein.

3D-RÖNTGEN PROFIS
MESANTIS®

Prof. Dr. Axel Bumann

Mesantis ist ein Verbund von zahnärztlichen 3D-Röntgeninstituten mit Dentaler Volumentomografie, die das gesamte Spektrum zahnmedizinischer Indikationen abdecken. In Deutschland besteht das Mesantis-Konzept erfolgreich seit dem Jahr 2006, die Zentrale befindet sich in Berlin. Seit 2009 entsteht ein Netzwerk von ertragsstarken Lizenz-Instituten im deutschsprachigen Raum, die hauptsächlich bei Kieferorthopäden angesiedelt sind und einen profitablen Überweiserbetrieb aufbauen.

Welche Beweggründe hatten Sie, sich für die Lizenzierung des Mesantis-Konzepts zu entscheiden?

Wir haben uns für eine Partnerschaft auf Lizenz-Basis entschieden, weil wir vom Netzwerkgedanken mit Gleichgesinnten überzeugt sind. Innovationskraft und Markenprofil können mit dynamischen, engagierten Partnerinnen und Partnern sehr gut am Markt platziert werden. Dies führt zu einer starken Position für das gesamte Partnersystem und bedeutet für alle »den wichtigen Schritt voraus«.

Wie wird das Konzept von den Branchenspezialisten, die als Partner infrage kommen, aufgenommen?

Kieferorthopäden, die bei Mesantis als Netzwerkpartner infrage kommen, sind von Haus aus »Alleinkämpfer« und zunächst der Meinung, sie könnten auch alleine in ihrer Praxis einen wirtschaftlich rentablen Überweiserbetrieb in ihrer Region aufbauen. Wird ihnen das Mesantis-Konzept vorgestellt, sehen sie, dass es entscheidende Vorteile gibt, Partner zu sein: Transparenz bei Investitions- und Folgekosten, Sonderedition eines DVT-Scanners mit hoher Betriebswirtschaftlichkeit, kompletter Know-how-Transfer durch die Ausbildung einer Zahnarzthelferin zur DVT-Spezialistin in der Mesantis-Zentrale sowie die Langzeitarchivierung von revisionssicheren und jederzeit lesbaren Daten unter Berücksichtigung sämtlicher Datenschutzbestimmungen, die nur im Verbund finanziell zu bewerkstelligen sind. Durch das Netzwerk an nationalen Kooperationspartnern werden zusätzlich Patienten für jeden Standort generiert, die eine betriebswirtschaftliche Auslastung des 3D-Röntgenscanners unterstützen. Die Kieferorthopäden, die Partner bei Mesantis werden, schätzen neben den Vorteilen eines Netzwerks zudem sehr, dass sie sich und ihre kieferorthopädische Praxis in Zeiten umfangreicher Veränderungen im Gesundheitssystem zukunftsorientiert positionieren können.

www.mesantis.com

Zu den Voraussetzungen für eine solche Lizenzierung gehört, dass sich Ihr Leistungsprogramm auch in bestehende Betriebe integrieren lässt und die Branchenvertreter, die Sie als Partner ansprechen, es als relevant und attraktiv ansehen. Auch ist zu klären, wie sich die Integration so vollziehen lässt, dass sie beiden Seiten gerecht wird. Sie als Lizenz-Geber müssen sicherstellen können, dass Ihr Markenname sichtbar und in der richtigen Form verwendet wird und für die Ausübung der Leistung auch entsprechend Personal geschult und bereitgestellt wird.

Die Entscheidung, brancheninterne Individualisten als Partner zu gewinnen und sie per Lizenz auf einen Teilbereich oder per Franchising auf eine komplette Transformation einzuschwören, hängt, wie erwähnt, vom »Leidensdruck« in Ihrer Branche, vom Standesdünkel, von der Leistungs- und Entwicklungsfähigkeit Ihres Leistungsprogramms und der Finanzierbarkeit des Projekts ab. Ist Ihre Branche stark angeschlagen, dann ergibt sich die Frage, ob die möglichen Partner auch die finanziellen Mittel zur Übernahme Ihres Angebots bereitstellen können.

Das Hotel-Unternehmen Accor, das Franchise-Partnerschaften unter verschiedenen eigenen Hotel-Marken anbietet, setzt stark auf Conversion-Franchising. Wir stellten diese Besonderheit von Accor bereits im ersten Farbteil vor. Das heißt, Accor versucht, Hoteliers, die bisher unter eigenem Namen firmierten, als Franchise-Nehmer zu gewinnen. Um die möglichen Partner zu überzeugen, dass sie durch eine »Konvertierung« gewinnen können, bietet Accor ihnen ein Franchise-Paket an, das sich an deren Bedürfnissen und Schmerzpunkten orientiert. Von der Standortbeurteilung über das Reservierungssystem, den aktiven Verkaufsdienst (Bettenauslastung, Wareneinkauf) über Partnermeetings bis hin zu diversen strategischen Partnerschaften gibt es effektive Hilfen, die für die Franchise-Partner Lösungen anbieten. Im Folgenden lesen Sie das Statement eines Hoteliers, der mit seinem Hotel in Zürich konvertierte und Mercure-Partner geworden ist – einer Hotelkette von Accor.

Mercure

Werner Stoller

Mit der Idee, das Speiseeis der breiten Bevölkerung zugänglich zu machen, legte Walter Stoller 1938 den Grundstein für unser Unternehmen. Noch heute werden die gesetzlich geschützten Eismarken wie »Frauentraum« oder »Gletscherkuss« tausendfach auf der »Terrasse«, dem Boulevard-Erlebnis von Zürich, verkauft. Nach einem Management-Buy-out 1989 und 1993 wurden die Weichen neu gestellt. Es zeichnete sich ab, dass sich der Betrieb auf eine Marke mit hohem Wiedererkennungswert zubewegen muss, um sich längerfristig auf dem Markt behaupten zu können.

Was hat Sie bewogen, Franchise-Partner von Accor beziehungsweise von der Hotelkette Mercure zu werden?

2003 wurde dieser Schritt innerhalb sechs Monaten umgesetzt. Sehr behilflich waren die festgelegten Standards in allen Belangen (Infrastruktur, Dienstleistungen, Angebot, Reservationssystem, Qualitätssicherung et cetera). Kurz, eine äußerst effiziente Vorgehensweise mit einer klaren, wirtschaftlich ausgerichteten Zielsetzung. Durch innovative, professionelle Experten und Systeme agierte der Franchisegeber Accor, bevor die sich ändernden Rahmenbedingungen des Marktes einen Einfluss auf GOI und GOP (Gross Operating Income, Gross Operating Profit) haben konnten.

Die Fachkompetenz von Accor steht nicht nur im Verkauf/Revenuemanagement zur Verfügung, sondern ist auch im Bereich Investitionen für Erneuerungen, Einkauf, Businessplan etc. immer unterstützend zur Stelle. Auch die Zusammenarbeit auf dem Platz mit mehreren Hotels verschiedener Marken ist hervorragend und fordernd.

Wie beurteilen Sie heute diesen Schritt?
Zusammengefasst ist Mercure die Marke, in welcher der individuelle Hotelier sich, wirtschaftlich unabhängig, größtmöglich und erfolgreich im Wettbewerb entfalten kann. Das Mercure Hotel Stoller Zürich wird mit bis zu 60 Mitarbeitern geführt und hat sich von 34 Prozent auf heute 81 Prozent Jahresauslastung seit dem Beitritt zu Accor gesteigert. Ich werde auch in Zukunft weitere Hotelbetriebe mit diesem einzigartigen Package führen.

www.stoller.ch

Weitere strategische Zielsetzungen

Welche Motive haben Sie als Franchise-Geber für den Aufbau eines Franchise-Systems? Gut fundierte Motive machen die angestrebte Partnerschaft in jedem Fall aussichtsreicher und langfristig ergiebiger. Denn der Tatbestand der zügigeren Marktdurchdringung durch die Einbindung unternehmerisch denkender und handelnder Partner, die überdies in das Franchise-Paket investieren, ist nur das Ergebnis eines von Ihnen entwickelten attraktiven Angebotes, das auf einer gut motivierten Grundlage basieren sollte. Was ist für Sie also noch ausschlaggebend, um mit eingeschworenen Partnern zu kooperieren? Möchten Sie das Know-how Ihrer Partner ergänzend einbinden, um sich gemeinsam am Markt besser zu behaupten? Sind Gruppenvorteile, wie zum Beispiel bessere Einkaufskonditionen, entscheidend? In jedem Fall wird es auch die geringere Kapitalbindung für die Expansion sein, die Sie veranlasst, Franchising zu wählen.

Konzentration auf die Leistungsstärke

Welche quantitativen und qualitativen Ziele wollen Sie mit Franchising erreichen? Die Beantwortung hängt wesentlich von Ihrer Ausgangslage ab. Denn ob Sie Hersteller sind, der bislang über verschiedene Absatzkanäle Waren distribuiert hat, oder ob Sie Filialist sind und an eine Umstrukturierung Ihrer Filialkette denken, macht einen großen Unterschied, weil Sie jeweils ganz unterschiedliche Ziele im Fokus hätten.

Der Hersteller verbindet mit Franchising »gesicherte Vertriebskanäle«. Sein Ziel ist es, mit Franchise-Partnern zu wachsen, die sich auf sein Leistungsprogramm konzentrieren und die Marke leben.

Sehen Sie in den Franchise-Nehmern vor allem Vertriebspartner, mit denen Sie Ihre hergestellten oder eingekauften Waren anbieten? Da Franchise-Nehmer in einem definierten Gebiet tätig sind, das sie in der Regel gut kennen, wissen sie aus erster Hand, welche Anliegen und Wünsche ihre Kunden haben. Durch diese Kundennähe ist ein Franchise-System auch in der Lage, flexibler und schneller auf die Bedürfnisse der Endkundschaft zu reagieren, als das bei einem zentral gesteuerten Großunternehmen der Fall ist. Durch die Informationen der Zentrale über Marktveränderungen entsteht ein immer dichter werdendes Netz aus Informationen über den regionalen und damit nationalen wie später auch internationalen Markt. Wenn eine Franchise-Organisation diese Informationen nutzt, kann sie sich sehr flexibel den neuen Marktgegebenheiten anpassen.

Das Franchise-System PC-Spezialist ist bereits einen für die Franchise-Branche revolutionären Weg gegangen und hat mit der Open-Source-Software von Wikipedia, die kostenlos und zudem leicht zu installieren ist, ein eigenes Wissensmanagement online aufgebaut und kann damit Partner und Mitarbeiter interaktiv beteiligen. Zudem kann jeder Partner Ideen im Wiki präsentieren und diese als Franchise-Geber anderen Partnern anbieten, die Franchise-Zentrale bezahlt ihn sogar dafür (mehr dazu können Sie in Kapitel 2.6 »Die Integration – Teilbereich des Partnermarketings« lesen).

Synergieeffekte ermöglichen

Wollen Sie mit Ihren Franchise-Nehmern einen Pool aufbauen, um durch eine Netzwerkbildung Synergieeffekte und Transferleistungen zu erwirken, wie es beispielsweise bei Autovermietungen und Hotelketten der Fall ist? Suchen Sie Franchise-Partner, die eher komplementär wirken und eigenes Know-how zur ständigen Weiterentwicklung Ihres Grundkonzepts einbringen, wie es bei Technologie-Unternehmen sinnvoll sein kann? Global Water Franchise als Technologie- und Service-Anbieter bietet den Franchise-Nehmern, bestehend aus kleinen und mittelständischen lokalen Unternehmen (vor allem in den Schwellenländern) ein breites Leistungsspektrum an. Dadurch sind diese in der Lage, für Gebietskörperschaften, Verbände und Industrieunternehmen Großprojekte wahrzunehmen, die von Beginn an effizient arbeiten. Denn selten verfügt ein lokales Unternehmen über die nötigen Ressourcen, ein Projekt allein umzusetzen. Mit einem starken Partner im Rücken können die Franchise-Partner eine erhebliche Zeit- und Kostenersparnis realisieren und haben durch die nach systemspezifischen Standards umgesetzten Projekte nicht nur eine konventionelle »Maschinengarantie«, sondern auch eine Leistungsgarantie für die gesamte Anlage (siehe auch die Farbseiten im ersten Kapitel).

Dienstleistungen einheitlich reproduzieren

In vielen Systemen, die sich vor allem auf Verkaufs- und Kundendienstleistungen beziehen, sind nicht nur der Auftritt, die Geschäftseinrichtung und die Gestaltung des Werbeauftritts einheitlich, sondern auch das Verhaltensmuster der Franchise-Partner (Corporate Behaviour). Dadurch wird es möglich, den Endkunden eine standardisierte Qualität zu bieten. Diese Eigenschaften erlauben es dem Franchise-Geber, sein Geschäftskonzept länderübergreifend in ähnlicher Aufmachung anzubieten.

Wollen Sie über die Franchise-Partner eigene Erfahrungen, Best Practices und Tools im Rahmen eines Dienstleistungsangebots verkaufen, um aus immaterieller Leistung eine »reproduzierbare Ware« zu kreieren? Eine Ware, die in gleicher Qualität an verschiedenen Standorten angeboten wird? Mit der Ihr Bekanntheitsgrad und der Markenwert gesteigert wird? Wollen sie Zeichen in der Branche setzen? Ist es für Sie die Chance, eine Marke aufzubauen in einem Bereich, der bislang nicht prädestiniert für eine Standardisierung schien, wie zum Beispiel im kulturellen oder sozialen Bereich? Das Museumsprojekt Asisi Panometer oder StreetUniverCity Berlin (siehe Farbseiten im ersten Kapitel) sind beispielhaft für diese Art des Franchising.

Je nachdem, welche strategischen Zielsetzungen Sie verfolgen, wird es Konsequenzen für die Partnerprofile, die Anzahl der Standorte, die Zeitdauer der Implementierung des Systems und die Ausgestaltung Ihres Angebots haben.

rüegg® SWITZERLAND

Matthias Rüegg

Als führender Hersteller von Heizkaminen setzt Rüegg seit 30 Jahren auf eine ausgewogene Partnerschaft mit seinen Kunden, den Ofenbaumeistern. Im Verlauf der letzten zehn Jahre haben sich die Ansprüche und Erwartungen der Konsumentinnen und Konsumenten an moderne Holzfeuerstätten laufend verändert. Industrie und Handwerk unterlagen einer stetigen Weiterentwicklung.

Was hat Sie dazu bewogen, Ihr Vertriebsnetz in Deutschland umzustrukturieren?

Um die Herausforderungen der Zukunft erfolgreich zu meistern, hat Rüegg mit dem Franchise-Konzept einen großen, entscheidenden Schritt gesetzt. Global denken, lokal handeln, lautet dabei die Devise. Die Rüegg Studios sollen die zukünftigen Kompetenz-Zentren und grenzüberschreitenden Aushängeschilder der Marke Rüegg und Repräsentanten exklusiver Produkte sein.

Mit der Eröffnung eines Rüegg Studios wird die Partnerschaft mit dem Handwerk neu definiert und für beide Parteien vorteilhaft gestaltet. Das neue Franchise-Konzept von Rüegg schafft eine klare Win-Win-Situation: Für die Franchise-Partner werden die Konditionen verbessert und die Rahmenbedingungen in der Geschäftsbeziehung vereinfacht. Für den Endkunden birgt das Konzept eine höhere Zufriedenheit auf allen Ebenen des Kaufs. Das Angebot, das Rüegg zusammen mit seinen Partnern bietet, umfasst ganze Wärmesysteme; Systeme der besonderen Art, die mit einem Rüegg Studio Switzerland fortan in einer einzigartigen und besonderen Atmosphäre ihre Präsentationsfläche finden.
Das Konzept sieht zudem Veränderungen vor, die zu mehr Einfachheit und Transparenz führen. Diese betreffen zum Beispiel einheitliche Rabattsätze, klare Privilegierung von Franchise-Partnern, internationale Harmonisierung, enge beziehungsweise ausschließliche Bindung an das Rüegg Produktsortiment, professionellen Verkauf und After Sales Service sowie die verbindliche Zusammenarbeit mit einem Franchise-Vertrag.

Welche Vorteile können Sie Ihren Partnern jetzt bieten?

Die Vorteile liegen in der Neugestaltung des bisherigen Vertriebssystems mit den bisherigen Wiederverkäufern zu einem modernen und gleichzeitig flexiblen »Franchise-Network«. Ein solches Netzwerk sucht Gleichgesinnte. Personen, die die Zeichen der Zeit erkennen und sich zum einen die Kunst und die Liebe zum Handwerk erhalten und zum anderen ihre Kompetenz in den Bereichen der Unternehmensführung stärken wollen, sowie die Veränderungen nicht scheuen. Bis 2015 sollen in Deutschland neben den heute aktiven 15 Franchise-Nehmern rund weitere 30 neue Rüegg Studios Switzerland entstehen.

www.ruegg-cheminee.ch

Der Zeithorizont bis zum Franchise-Start

Für die strategische Planung ist es wichtig, zu wissen, dass die Vorbereitungsphase bis zum tatsächlichen Start einer Franchise-Operation durch die vielfältige und komplexe Vorbereitung sowohl der Franchise-Systematik als auch des Markenaufbaus ein Jahr und mehr in Anspruch nehmen kann. Selbst wenn das Unternehmen einen bereits gut eingeführten Betrieb am Markt nachweisen kann, steckt noch viel Arbeit darin, die Erfolgsfaktoren so aufzubereiten, dass eine mehr oder weniger schlüsselfertige Existenz daraus entsteht. Allein die Phase der Strukturierung und Beschreibung eines multiplizierbaren Geschäftskonzepts kann je nach Ausgangslage und Verfügbarkeit der Verantwortlichen sechs Monate und mehr in Anspruch nehmen.

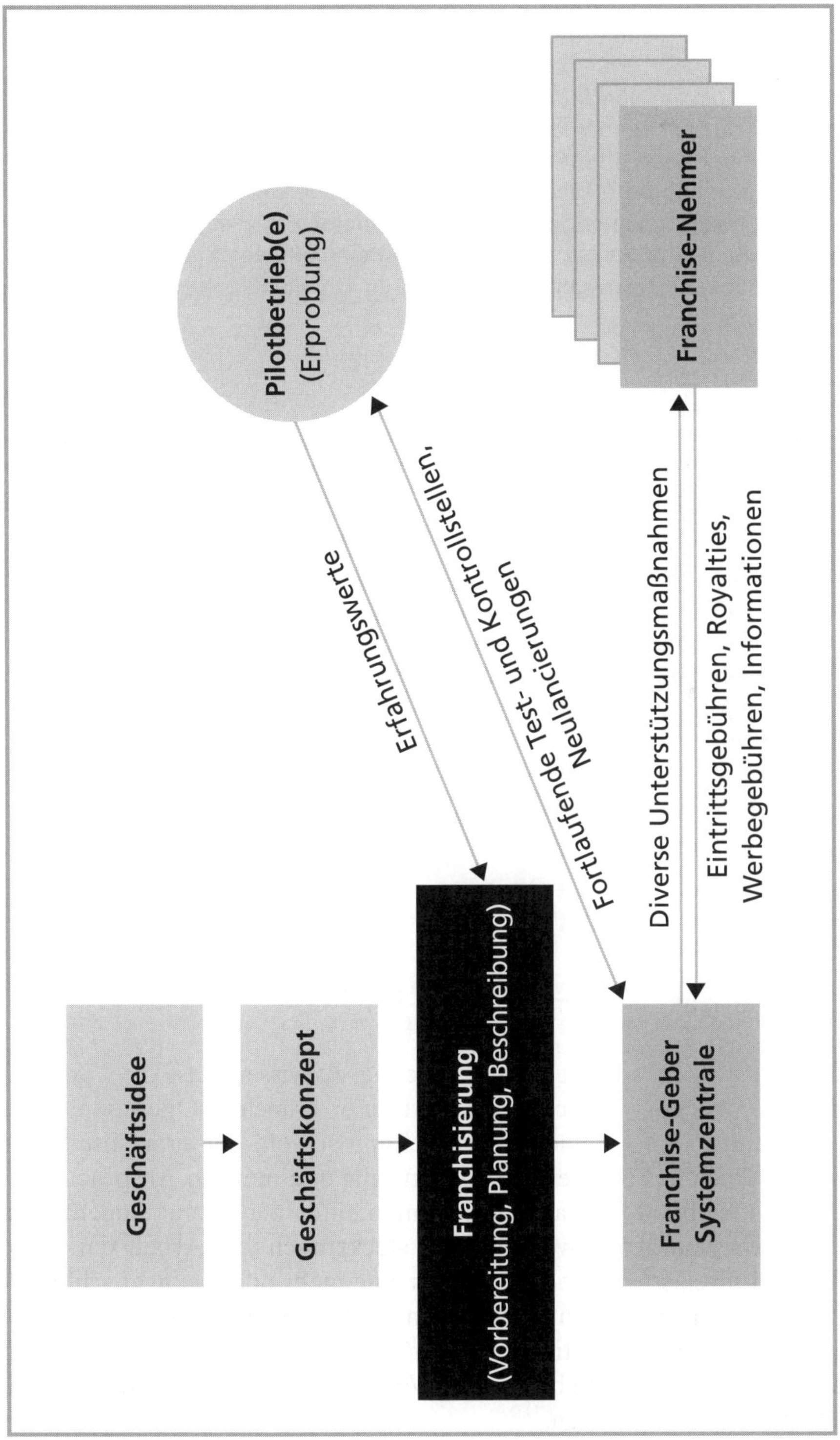

Abbildung 9: Franchise-Denkwerkzeug – Funktionsdiagramm

Franchise-Partner dürfen ein erprobtes Geschäftskonzept erwarten, das die »Kinderkrankheiten« bereits hinter sich hat und nachvollziehbare Werte zur Marktakzeptanz vorweist. Dafür muss mindestens ein Pilotbetrieb realisiert werden, der im Sinne einer Filiale von einem Angestellten geleitet wird. In der Pilotphase wird das Konzept meist an einem dezentralen Standort ausprobiert und Grundlegendes geklärt, beispielsweise ob das Konzept abgekoppelt von der Person des Gründers überhaupt funktioniert. Ein auch aus Markensicht sehr wichtiger Bereich, denn viele Franchise-Unternehmen in Gründung werden nicht nur stark durch ihre Gründer getrieben und geprägt. Oft wird auch der Versuch unternommen, die Gründerpersönlichkeit als Erfolgsfaktor in die Marke einzubinden. Das beginnt bei der Integration des Gründernamens in den Markenamen und zieht sich bis in die Shop-Gestaltung und die Markenkommunikation. Nicht jeder identifiziert sich gern mit dem Gründer. Schon gar nicht, wenn es um den eigenen Geschäftserfolg in der Selbstständigkeit geht. Anders und viel leichter ist es, sich mit einer Idee, einem gesellschaftlichen Wert, einer Vision, Mission und einem Leitbild zu identifizieren.

Aber auch für gestandene Unternehmen mit bereits vorhandenen Filialen empfiehlt es sich, den neuen partnerschaftlichen Ansatz und das als Unternehmensangebot deklarierte Konzept in einer neuen oder zu modifizierenden Filiale zu testen.

Die Pilotphase kann nur aussagekräftig sein, wenn sie mit einem zuvor entwickelten Fahrplan zur Implementierung des bis dato entwickelten Franchise-Pakets abgeglichen wird. Denn nur mit dem 1:1-Vergleich zeigen sich Schwächen und Probleme des Konzepts, die es zu beseitigen gilt. Um fundierte Informationen über die Attraktivität des Angebots zu erhalten und über mögliche saisonale Schwankungen, muss ein Pilotbetrieb mindestens sechs Monate, in der Regel aber zwölf Monate oder länger, geführt werden. Wenn die Erfolgsbedingungen sehr standortabhängig sind, ist es sinnvoll, gleich mehrere Testbetriebe einzurichten, um Vergleichswerte zu bekommen.

Welche geografische Expansion wird angestrebt?

Bei der Evaluation der strategischen Entscheidung für das Franchising muss definiert werden, welche ausländischen Märkte für das Franchise-Konzept infrage kämen. Insbesondere wenn der Ausgangspunkt ein geografisch sehr begrenzter Markt mit einem entsprechend überschaubaren Marktpotenzial ist – wie zum Beispiel die Schweiz oder Österreich – dann ist die grenzüberschreitende Expansion schon aus wirtschaftlichen

Gründen eine Notwendigkeit. Das beinhaltet eine grobe Untersuchung der avisierten Märkte auf Expansionschancen und -risiken. Diese umfasst auch den Markenbereich. Hierbei gilt es, sowohl die Marken- und Domain-Eintragungsmöglichkeiten als auch die Markenkonkurrenten zu sichten und zu bewerten. Weiter sind sprachliche und kulturelle Unterschiede in Bezug auf Markennamen und Angebote zu eruieren. Die unterschiedliche Art der Aussprache und Bedeutung kann Chance oder Risiko sein.

Wie die Schritte ins Ausland aussehen können, welche Partnerkonstrukte es für diesen Schritt gibt, wird im Rahmen der siebten Wahrheit »Franchising ist eine Kulturleistung« dargestellt.

Setzen Sie Prioritäten!

Gewichten Sie Ihre Ziele. Welche haben erste Priorität und welche sind erst in einem zweiten und dritten Schritt interessant und erreichbar (ABC, kurz-, mittel-, langfristig). Übertragen Sie diese Zielsetzungen auf eine Zeitachse und stellen Sie sich vor, mit wie vielen Partnern Sie den heimischen Markt aus heutiger Sicht abdecken würden und welche Auslandsmärkte Sie ab wann avisieren. Sie brauchen eine erste Einschätzung für die spätere Berechnung der Wirtschaftlichkeit Ihres Franchise-Projekts und für den Abgleich mit nachfolgenden Erkenntnissen.

Franchise-Denkwerkzeug: Einflussfaktoren

2.3 Franchising braucht Vorsprungsmerkmale

Als Franchise-Geber sind Sie grundsätzlich auf zwei Märkten aktiv: auf dem Markt Ihres Leistungsangebots und dem Markt für Existenzgründungen beziehungsweise Geschäftsideen. Das heißt, dass sich sowohl Ihr Geschäftskonzept als auch Ihre Markenstrategie auf beiden Märkten behaupten muss. Auf die Markenstrategie gehen wir in Kapitel 2.4 detaillierter ein. An dieser Stelle soll es um die Differenzierung Ihres Franchise-Systems gehen.

Die Anforderungen sind hoch, denn der Franchise-Markt weist allein in Deutschland etwa 970 konkurrierende Konzepte auf. Es wird also stark auf die Differenzierung ankommen, auf Wettbewerbsvorteile gegenüber Mitbewerbern in Ihrer Branche und ähnlich gelagerten Franchise-Angeboten. Letztere müssen nicht Ihrer Branche entspringen, es können Angebote sein, die ähnlich kapitalintensiv sind und gleiche Partnerprofile ansprechen. Denn potenzielle Franchise-Partner suchen nicht unbedingt in einer bestimmten Branche, sie selektieren häufig nach der Investitionssumme und halten sich offen für neue Ideen, da sie wissen, dass sie die fachliche Kompetenz in der Regel über die Grundausbildung beim Franchise-Geber erlangen.

Wettbewerbsvorteile müssen einen Nutzen vorweisen

Einen USP (Unique Selling Proposition) zu haben, also einen einzigartigen Wettbewerbsvorteil in Ihrem Angebotsbereich, ist Grundvoraussetzung für die Differenzierung. Es muss aber nicht zwangsweise ein Erfolgsfaktor sein. So muss die bloße Andersartigkeit, die Tatsache, dass man sich von konkurrierenden Unternehmen abhebt, für Kunden oder Partner nicht unbedingt nutzbringend sein. Verspricht der Vorteil allerdings einen echten Nutzen für beide Anspruchsgruppen und ist dieser für Ihr Unternehmen auch wirtschaftlich und möglichst verteidigungsfähig, dann kann dieser zur starken Profilierung beitragen.

Häufig werden Flops gelandet, weil die Überprüfung der tatsächlichen Bedürfnisse der avisierten Kunden und potenziellen Franchise-Nehmer nicht stattgefunden hat. Vermeintlich aus Zeitmangel. Gerade in gesättigten Märkten, wie zum Beispiel in der Gastronomie, werden oft marginale Unterschiede im Design oder im Menüplan als Wettbewerbsvorteile angepriesen. Beim möglichen Abnehmer werden diese allerdings nur als »Me-too-Variante«, also als Nachahmung, identifiziert und nicht für eine eigenständige und tragfähige Markierung gehalten. Auch die Alternative zu einem Markt-Leader muss profilierte Vorteile bieten, die über einen günstigen Preis hinausgehen. Denn es wird immer ein Unternehmen geben, das noch preiswerter ist.

Es lohnt sich also, nach verborgenen Qualitäten im Konzept zu fahnden und diese dann auch entsprechend auszuarbeiten. Leider verbleiben manche Franchise-Angebote im Stadium eines Provisoriums. Häufig sind Neu- und Eigenheiten vorhanden, die aber zu wenig ausgefeilt oder nicht identifiziert werden, vielfach aus Gründen des schnelleren Markteintritts. Meist auch getrieben von der Angst, dass andere das System kopieren, bevor der eigene Markteinstieg geschafft ist. Schade, dadurch nimmt man sich und den potenziellen Zielkunden und Franchise-Partnern die Chance, das Besondere zu erkennen. Denn nicht allein der Name des Konzepts, die Konditionen und ein zum Teil nur kurzfristig wirkender Wettbewerbsvorteil machen den möglichen Erfolg aus. Das Geschäftskonzept muss von allen Beteiligten mit allen Sinnen gelebt und zelebriert werden. Erst dann stellt sich Authentizität ein. Gerade in Zeiten des wirtschaftlichen und gesellschaftlichen Umbruchs werden Kunden und Partner wesentlich rezeptiver für andere Vorstellungen von Besitz und Lebensplanung. Plakative, seelenlose Beschreibungen von Produkten und Franchise-Angeboten werden es zunehmend schwerer haben.

Sehen • Probieren • Genießen

Johannes Kiderlen

Mit dem innovativen Geschäftskonzept Essige, Öle, Spirituosen und Weine offen anzubieten und lose zu verkaufen, hat Johannes Kiderlen 1995 die Vom Fass AG gegründet und zählt heute mit über 240 Geschäften in 21 Ländern zu den Marktführern seiner Branche. Bei Vom Fass ist der Name Programm, denn die genannten Produkte werden für die Kunden direkt vom Fass oder Tonkrug in bester Qualität abgefüllt, selbst in Kleinmengen. Alles erfolgt mit großer Liebe zum Detail, um für die Kunden den Einkauf als Erlebnis zu zelebrieren.

Welche Vorsprungsmerkmale hat Vom Fass gegenüber dem Wettbewerb?

»Wir setzen bei Vom Fass ausschließlich auf die Qualität unserer Produkte und unserer Partner. In diesen beiden zentralen Bereichen gehen wir keine Kompromisse ein. Daneben garantiert uns unsere internationale Ausdehnung eine sehr hohe Innovationskraft, viele neue Einflüsse und neue Ideen, die uns zu einer ständigen Weiterentwicklung und Verbesserung anhalten.«

Wie können diese Vorteile gehalten werden?

»Wir sind in einem ständigen, nahezu täglichen Austausch mit unseren weltweiten Partnern; und denen hören wir zu. So erfahren wir sehr detailliert und zeitnah, was sich am Markt tut und wo wir gegensteuern müssen. Dazu investieren wir sehr konsequent in die Weiterentwicklung unserer Produkte und Produktionsstätten. Weder in der Partnerqualifizierung noch in der Produktentwicklung akzeptieren wir einen Stillstand. Dadurch sind wir nationalen Märkten immer einen Schritt voraus.«

www.vomfass.de

Innovator oder Reformator?

Für die Schärfung Ihres Wettbewerbsprofils lohnt ein Blick in die Vergangenheit. Wie hat sich Ihre Branche in den vergangenen 50 Jahren verändert? In jeder Branche, wie in jeder Kultur, gibt es so etwas wie ein kollektives Bewusstsein: Vorurteile und vermeintliche Wahrheiten, die die (Ziel-)Kunden über die Branche und deren Vertreter entwickelt haben – im positiven wie negativen Sinn. Kulturelle Vorurteile sind zum Beispiel die vermeintlich deutschen Eigenschaften wie pünktlich, korrekt, fleißig, rechtschaffen, aber auch direkt, laut, besserwisserisch, intolerant. Es gibt aber auch kollektive Muster, die einer Branche zugeschrieben werden, wie »Handwerker sind unpünktlich, hinterlassen meist Chaos und Schmutz.« Wer solche Vorurteile in seiner Branche erkennt und sie in wertvolle Dienstleistungen transformiert, erlangt echte Vorsprungsmerkmale, die auch eine Win-Win-Win-Situation schaffen. Ausgehend von der Zufriedenheit der Kunden entwickeln sich auch die Geschäfte der Partner entsprechend und damit diejenigen des Franchise-Gebers.

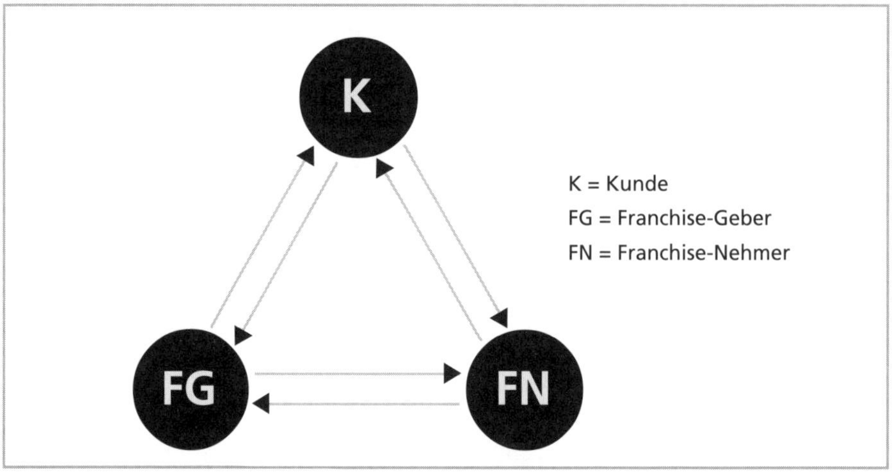

Abbildung 10: Win-Win-Win-Situation

So bietet ein schweizerisches Handwerkssystem beispielsweise den mobilen Reparaturservice an. Die Fahrzeuge sind mit Ersatz- und Kleinteilen sowie Werkzeugen ausgestattet. Damit ist der einzelne Handwerker handlungsfähig, um in 9 von 10 Fällen die Reparatur innerhalb von 48 Stunden vor Ort vorzunehmen. Die Partner bekommen einerseits eine fachliche Zusatzausbildung, die sie im Umgang mit neuen Methoden und dem ausgeklügelten Ordnungssystem in ihrer mobilen Werkstatt befähigt. Andererseits erhalten sie eine Ausbildung, wie sie mit den Kunden umgehen.

Sie lernen, mit den Augen des Kunden zu sehen. Das hat den Vorteil, dass Sorgfalt, Pünktlichkeit, Check-ups nach vollendeter Arbeit und Garantiesiegel nicht als Pflichtübungen verstanden werden, sondern als Wertschätzung gegenüber den Kunden und Förderung der Mundpropaganda. Denn zufriedene Kunden empfehlen gute Erfahrungen mit Produkten und Dienstleistungen weiter, vor allem dann, wenn sie in ihren Vorurteilen nicht bestätigt werden, sondern eine positive Überraschung erleben. Es lohnt sich also, folgende Fragen zu stellen: Welche kollektiven Vorurteile gibt es in meiner Branche? Können kulturelle Werte und Vorurteile meine Angebotspositionierung in der Branche und im Partnermarkt stärken oder hemmen?

Je nachdem, worin Sie Ihren Vorteil erkannt haben, gilt es nun abzugleichen, ob Sie damit die Branche »sanft« reformieren wollen oder ob Sie als Innovator auftreten und mit traditionellen Gepflogenheiten brechen wollen. Wie wir wissen, muss eine neue Leistung nicht immer Erfolg bringen, selbst wenn sie am Markt eine Lücke schließt. So gab es bereits Franchise-Anbieter in der Coiffeur-Branche, die sehr gut erkannt haben, dass den Einzelkämpfern in der Branche häufig das betriebswirtschaftliche Verständnis fehlt. Mit entsprechenden Kalkulationsprogrammen zur Optimierung der Auslastung und kundenorientierten Marketingaktivitäten unter einem einheitlichen Label boten sie ein durchaus leistungsstarkes und vor allem auf die Defizite zugeschnittenes Franchise-Paket an. Sie hatten jedoch unterschätzt, dass das Selbstverständnis der Friseure als freie Unternehmer und die als zwanghaft erlebte Betriebswirtschaft kollidieren. Einige Franchise-Systeme sind daran gescheitert, weil sie bei ihren (potenziellen) Partnern eine Gegenwehr ausgelöst haben. Diese hatten Angst, ihre Identität und die künstlerische Freiheit zu verlieren, wenn sie sich dem gemeinsamen Auftritt anschlössen.

Das Beispiel macht deutlich, dass Kaufentscheidungen – auch der Einkauf von Franchise-Existenzen – emotional hoch aufgeladen sind. Die finanzielle Perspektive als Franchise-Neuunternehmer spielt eine große Rolle, aber das ist eng gekoppelt an die Kompatibilität mit der Persönlichkeitsstruktur, dem geschlechts-, branchen- und altersspezifischen Statusdenken. Gewinn wird von den Franchise-Partnern immer auch hinsichtlich des persönlichen Zugewinns beurteilt.

Zur rechten Zeit am rechten Ort

Wir haben bei der Unterscheidung von Reformern und Innovatoren gesehen, dass die Psychologie eine große Rolle spielt, dass es für den Franchise-Geber wichtig ist, die Bedürfnisstrukturen der Kunden und Partner zu erkennen – und damit auch deren Vorbehalte, Ängste und Wunschvorstellungen. Je realitätsnäher Sie die Dinge betrachten, desto leichter lässt sich Ihr Leistungsangebot auch argumentativ auf die Einstellungen der Anspruchsgruppen adaptieren.

Nicht jedes neue Angebot, das sich in einer Marktnische positioniert, muss erfolgreich sein. Manchmal ist die Zeit (noch) nicht reif oder wie John Naisbitt in seinem Buch *Mind Set* sagt: »Man darf der Parade nicht so weit vorauseilen, als dass man nicht mehr als ihr zugehörig angesehen wird.«[13]

Auch das Übertragen einer durchaus erfolgreichen neuen Dienstleistung oder eines neuen Produkts in eine andere Kultur kann scheitern. So war es Mitte der 90er-Jahre des letzten Jahrhunderts den Pionieren ergangen, die mit sehr futuristischen Entspannungskonzepten in den deutschsprachigen Raum vorstießen. In Amerika gab es bereits diverse Wellness-Angebote, die erfolgreich auf dem »Day-Spa«-Prinzip basierten. Es handelte sich dabei um eine kosmetische und teils therapeutische Rundumpflege in einem Wellness-Tempel. Die Leistungen konnten in überschaubaren Zeitfenstern gebucht werden – quasi als Entspannung für zwischendurch. Spontane Buchungen wurden zudem durch einen sogenannten »Walk-in-Service« ermöglicht, also die Inanspruchnahme von Services ohne vorgängige Terminvereinbarung. Auch beim Dienstleistungsangebot gab es Neuerungen, wie beispielsweise die multisensuale Entspannung. Neben einer entspannenden Massage auf einer automatischen Massageliege wird dabei mit sogenannten Mindmachines zur audiovisuellen Stimulation über Licht- und Tonimpulse die mentale Aktivität des Menschen beeinflusst. Avisiert wurden der Stressabbau und die Steigerung des Wohlbefindens. Abgerundet wurde das Gesamtangebot mit einer entsprechenden Beduftung.

In Amerika gab es solche Angebote als Shop-in-Shop-Variante in großen Hotelketten. Zusätzlich in neu entstandenen, groß dimensionierten Beauty-Centern, die auf das kurzfristige und spontane Wellness-Bedürfnis ihrer Kunden eingingen. Für den deutschsprachigen Raum war das Konzept, sowohl das der Day-Spas wie das der Entspannung per Mindmachines, neu. Der Markt für virtuelle Spiele und das Thema Mindness, also die Beschäftigung mit dem mentalen Wohlbefinden, war noch nicht entwickelt. Diese Wellness-Angebote waren der Zeit voraus und stießen hier auf große Vorbehalte. Erst in den letzten Jahren haben sich einzelne Bausteine aus diesen Angeboten durchgesetzt. So hat sich das Konzept der Day-Spas in den Nivea-Häusern in Berlin, Hamburg und Dubai erfolgreich etabliert. Mindmachines werden heute zu therapeutischen Zwecken und im Spielebereich eingesetzt. Mentale Wellness gehört heute in den meisten Wellness-Tempeln zum Standardangebot und manifestiert sich in Yoga- und Qi-Gong-Kursen, Meditationen und Mentalreisen.

Zur rechten Zeit am rechten Ort zu sein erfordert die beschriebene Branchenkenntnis. Sie müssen wissen, wer heute zu den Innovatoren zählt. Erst dann können Sie Rückschlüsse ziehen, wer neue Zeichen setzt oder gesetzt hat. Wie und mit welchem Erfolg. Was neu am Angebot war oder ist. Welche Lösungen Kunden neu präsentiert werden sollten. Und in welcher Zeitspanne ein Umdenken seitens der Kunden stattgefunden hat oder stattfinden könnte. Solche gesammelten Beobachtungen ergeben eine gute Basis, um sich ein Bild darüber zu machen, welche Neuerungen im Abnehmermarkt zumutbar wären. Sie geben Hinweise auf die Dosierung und Darstellung Ihres Konzepts.

Reproduktion und Übertragbarkeit

Franchising lebt von der Multiplikationsfähigkeit eines Angebots. Das heißt, dass sich der Konzeptinhalt beschreiben lassen muss, um reproduzierbar und übertragbar zu sein. Eine besondere Herausforderung für Geschäftskonzepte im Dienstleistungsbereich. Hier müssen nicht-physische Leistungen so visualisiert werden, dass sie für die potenziellen zukünftigen Partner verständlich und nachvollziehbar sind. Hinzu kommt für alle angehenden Franchise-Geber, dass das Know-how zur Vermarktung des Angebots, die besondere Darbietung der Leistung, die Ablaufprozesse und die Richtlinien ebenfalls beschreibbar sein müssen. Nur so lässt sich eine gleichbleibende Qualität, die dem Markenaufbau dient, einleiten. Und nicht nur das. Sie können nur über diesen Weg erkennen, welche Regeln zwingend eingehalten werden müssen und welche zusätzlich Empfehlungscharakter haben. Und wo es Freiräume gibt, die ebenso wichtig für die Entwicklung der zukünftigen Partner sind wie für die Belebung des Konzepts.

Gehen Sie am besten so vor, dass Sie einen typischen Tag im Partnerbetrieb beschreiben – von der Vorbereitung über die Aufnahme der Tätigkeit bis zum offiziellen Ladenschluss und den nachträglichen Arbeiten. Erfolgsfaktoren hängen nicht nur vom marktnahen Produkt- oder Dienstleistungsangebot ab, sondern auch von der Einbettung in ein vielschichtiges Geschäftsmodell, das von bestimmten Begrüßungsformeln über ein spezielles Kundenleitsystem in den Shops bis hin zu einem besonderen After Sales Service reichen kann. Letztendlich tragen die vielen kleinen Besonderheiten zur Eigenständigkeit Ihres Gesamtangebotes und zur Differenzierung vom Wettbewerb bei.

In der Praxis scheint es vielen angehenden Franchise-Gebern zunächst trivial, wenn sie kleine Gesten beschreiben sollen, die sie zur Kundenpflege einsetzen. Allerdings reicht es häufig, sich an vergangene, selbst erlebte Einkaufssituationen zu erinnern, um sich der Dringlichkeit von Optimierungen bewusst zu werden. Hinzu kommt, dass zukünftige Franchise-Partner in den meisten Fällen zum ersten Mal selbstständig sind und/oder sich in einem neuen beruflichen Umfeld bewegen. Da sind alle beschriebenen Tipps und Hinweise zur Erhöhung der Kundenzufriedenheit wertvoll und werden »konsumiert«, um sich zurechtzufinden. Beschreiben Sie also, welche Annehmlichkeiten Sie den Kunden bieten, vom »Gebrauchsfertigmachen« eines Produkts über den kleinen »Seelentröster«, wie der kleinen offerierten Süßigkeit zum Kaffee, bis hin zur ehrlichen Anteilnahme, echtem Zuhören der Kundschaft und daraus abgeleiteten individuellen Leistungen. Das Angebot von überzeugenden Garantien, des Franchise-Gebers »Little John Bikes«, einer Fahrrad-Handelskette aus Sachsen stellen wir Ihnen im zweiten Farbteil vor. Dort gibt es diverse relevante Serviceleistungen, welche die Kunden zusammen mit dem Kauf eines Fahrrads erwerben. Diese Zusatzleistungen laufen nicht nach Jahresfrist ab, sondern sind dauerhaft, »ein Fahrradleben lang«, genau so, wie es den Wünschen der Käufer entspricht. Damit diese Dienstleistungen auch als besondere, differenzierende Leistungen registriert werden, müssen die Franchise-Nehmer entsprechend offen und sympathisch diese Extras anbieten und vertreten. Das bedarf der Schulung und der Überzeugungsarbeit seitens des Franchise-Gebers.

Gerade im Entdecken von Serviceleistungen, die dem Kunden großen Nutzen bieten, können speziell Franchise-Unternehmen punkten. Sind doch hier am Verkaufspunkt Franchise-Partner, die durch den Support der Systemzentrale von vielen Backoffice-Arbeiten entlastet werden und sich viel intensiver um die Kundschaft kümmern können. In Zeiten zunehmender Anonymisierung und diverser Vertrauenskrisen in Politik, Wirtschaft und Glaubensgemeinschaften wird persönliche Zuwendung zu einem echten Marktvorteil.

Das Leistungsangebot als feste und variable Größe

Haben Sie Ihr Leistungsangebot beschrieben, so geht es jetzt um die vorgenannte Unterteilung in Standards, Empfehlungen und Freiräume. Im ersten Kapitel des Buchs haben Sie gelesen, dass es neue Strömungen im Franchising gibt, die hinsichtlich der Dimension an variablen Inhalten vom traditionellen Erscheinungsbild der durchstandardisierten Franchise-

Systeme abweichen. Es kann also durchaus sein, dass Sie Ihr Geschäftskonzept als komplementäres Angebot aufbauen. Das heißt, dass Sie Ihre Partner mit grundlegenden Leistungen und/oder einer entsprechenden Infrastruktur oder unterstützen, diese aber ansonsten ihre eigenen Produkte und Dienstleistungen einbringen können, wovon alle Franchise-Nehmer in einem Pool profitieren könnten.

Wenn Sie ein Franchise-Angebot nach dem eher klassischen Muster aufbauen, dann müssen Sie die Einschränkungen bezüglich Bezugsbindung und Preisvorgaben berücksichtigen, die es gemäß EG Gruppenfreistellungsverordnung gibt (siehe auch »Der Franchise-Vertrag« in Kapitel 2.5). Sie dürfen Ihre Partner auch nicht an ein Produktsortiment binden, das diese zum Beispiel auf dem freien Markt in gleicher Qualität – eventuell sogar der gleichen Marke – günstiger einkaufen können. Bei der Zusammenstellung des Pflichtsortiments sollten Sie immer unter der Prämisse handeln, dass es die Besonderheit Ihres Qualitäts- und Markenauftritts ausmacht. Eine Kontrollfunktion über frei einzukaufende Zusatzsortimente können Sie über Qualitätsmaßstäbe lösen. Sie schlagen Ihren Partnern eine Liste autorisierter Lieferanten vor, aus der sie frei wählen und sich ein Zusatzsortiment zusammenstellen können, das dann den Markengrundsätzen entspricht.

Denken Sie bei der Festlegung von Verpflichtungen daran, dass diese dem Erfolgskonzept dienen müssen, nicht der reinen Vorschriftenregelung.

Es ist in der »Natur der Sache«, dass Ihre zukünftigen Franchise-Nehmer mit Vorschlägen zur Veränderung und zur Komplettierung des Angebots auf Sie zukommen. Das ist auch in einem geregelten Rahmen gut so. Denn Ihre Partner stehen in regelmäßigem Kontakt mit den Kunden. Als Franchise-Geber entfernen Sie sich in Ihrer täglichen Arbeit mehr und mehr von der Verkaufsfront und sind auf die Marktinformationen Ihrer Franchise-Nehmer angewiesen. Die Prüfung und Einbindung von Vorschlägen ist auch wichtig, damit Sie Ihrer Verantwortung zur Weiterentwicklung des Systems gerecht werden. Das kann nur in Zusammenarbeit mit Ihren Partnern geschehen. Diese bezahlen zudem über die Gebühren einen Anteil zur stetigen Entwicklung. Wir werden im Kapitel 2.5 darauf zurückkommen.

Welche Vorteile bieten Sie Ihren Franchise-Partnern?

Wir haben uns in den vorgenannten Punkten mit den Vorsprungsmerkmalen Ihres Geschäftskonzepts beschäftigt und wie wichtig es ist, auch die kleinen Details zu beschreiben, die zum erfolgreichen Ganzen führen. Jetzt wollen wir uns den Vorteilen zuwenden, die Sie im Rahmen der Partnerschaft anbieten, um damit Ihr Franchise-Angebot für Existenzgründer zu komplettieren. Denn Sie müssen Ihr Leistungsangebot so verpacken, dass es für potenzielle Partner eine attraktive Existenzgrundlage und eine Variante zur unabhängigen Selbstständigkeit darstellt. Wir führen für Sie in der Folge die generellen Vorteile des Franchising für Franchise-Nehmer auf. Im Kapitel 2.5 werden wir näher auf »Das Produkt berufliche Selbstständigkeit« eingehen.

Am Markt erprobtes, schlüsselfertiges Konzept

Untersuchungen in verschiedenen europäischen Ländern zeigen, dass bis zu 80 Prozent der unabhängigen Existenzgründer in den ersten fünf Jahren scheitern. Gründe für das Scheitern sind:

- unzureichende finanzielle Mittel
- ungenügende Branchen-, Markt- und Unternehmensführungskenntnisse
- Unterschätzen des unternehmerischen Engagements
- die Einzelkämpferposition

Franchise-Nehmer hingegen profitieren von den Erfahrungen, die bereits mit dem Geschäftskonzept gewonnen wurden und von der Erprobung in mindestens einem Pilotbetrieb. Diesen generellen Vorteil bieten alle soliden Franchise-Systeme. Damit dieser zu einem Vorsprung in Ihrem Angebot wird, ist es entscheidend, sowohl das Geschäftskonzept hinsichtlich der Käufer als auch das darauf aufbauende Franchise-Angebot hinsichtlich des Franchise-Nehmers bedarfsgerecht zu positionieren. Je mehr Sie über die Bedürfnisse und Einstellungen Ihrer potenziellen Partner wissen, desto eher können Sie das Existenzgründerpaket so aufbereiten, dass es harmonisch wirkt und auch argumentativ in der Vermarktung verwendet werden kann. Mehr dazu lesen Sie im Kapitel 2.6 unter »Die Beschreibung von Partnerprofilen«.

Gebündeltes Know-how in Form von Ausbildung und Handbüchern

Ein besonders großer Vorteil von Franchising ist die Tatsache, dass in den überwiegenden Fällen branchenfremde Personen als Partner rekrutiert werden können. Für Sie als Franchise-Geber ist dieser Umstand insofern positiv, als dass die zukünftigen Partner unbelastet und ungeformt sind. Damit sind sie den Eigenheiten Ihres Systems gegenüber offen. Für potenzielle Franchise-Anwärter bietet sich so eine Vielzahl an Geschäftsmöglichkeiten, die mit der ursprünglichen Ausbildung und dem Berufsgang nichts zu tun haben müssen. Das heißt im Umkehrschluss, dass Sie das relevante Know-how Ihres Geschäftskonzepts übertragbar machen müssen. Und das so effizient, dass die Franchise-Nehmer in einer der Investitionssumme angemessenen Frist in die Erfolgszone kommen können. Sie werden Ihr Geschäfts-Know-how in Ausbildungsmodulen und Handbüchern dokumentieren. Tipps zur Strukturierung der Handbücher und des Ausbildungskonzepts erhalten Sie im Kapitel 2.5 unter »Das Produkt berufliche Selbstständigkeit«.

Image- und Umsatzgewinn durch Markenkonzept

Grundsätzlich sind die Chancen für einen Durchbruch am Markt umso höher, je potenter ein Unternehmen am Markt auftritt, und dabei spielt die Markenpersönlichkeit eine große Rolle. Als Franchise-Geber ermöglichen Sie den Partnern, aufgrund der zentralen Konzeption und der Nutzung einer bereits bestehenden Marke, mit einer bestimmten Marktpräsenz aufzutreten.

Auch für Kleinstunternehmen und solche, die sich noch im Anfangsstadium der Expansion befinden, ist das Markenimage zwar erst noch im Entstehen, aber dessen nachdrückliche Förderung gehört zu Ihren grundsätzlichen Pflichten als Franchise-Geber. Ein hoch motivierender Faktor für Existenzgründer, denn Marken können bei den Konsumenten Vertrauen und Loyalität auslösen, was sich letztendlich auch auf den Umsatz auswirkt.

Durch Arbeitsteilung Konzentration auf Kernkompetenzen

Franchising hat den entscheidenden Vorteil der Arbeitsteilung, das heißt, beide Parteien – Franchise-Geber wie Franchise-Nehmer – konzentrieren sich auf das, was sie am besten können. Ob Ihr Franchise-Nehmer durch sein handwerkliches Können glänzt oder durch sein besonderes Verkaufstalent: Entscheidend für Sie und Ihre aufzubauende Systemzentrale ist die Frage, worin Sie Ihrem Partner die beste Unterstützung bieten können, damit er diese Vorzüge gewinnbringend einsetzen kann.

Zu den Leistungen, die normalerweise von Ihnen als Franchise-Geber zu erbringen sind, gehören die Betriebsberatung und die Unterstützung im Marketing, speziell im Bereich der Kommunikation wie Werbung, Verkaufsförderung und Public Relations. Weiterhin können die Buchhaltung sowie der Einkauf übernommen werden, sofern hier spezielle Vorteile für die Franchise-Partner entstehen und dies nicht allein als Kontrollinstrument dient.

Ihr Leistungsangebot wird vervollständigt durch gemeinschaftliche Veranstaltungen wie Partnermeetings, Jahrestagungen und Schulungen, die der Weiterentwicklung des Geschäftskonzepts und des Systems dienlich sind. Vier Augen sehen mehr als zwei; viele Köpfe kommen auf weit mehr Ideen als nur einer. Neue Ideen können so entwickelt und zugunsten des Systems verwirklicht werden. [14]

Für Ihre interne Organisation heißt das, dass Sie nicht nur das Leistungsangebot in einem Handbuch beschreiben, sondern auch die Rhythmen von Schulungen und Meetings festlegen müssen. Franchise-Systeme funktionieren, wenn man kontinuierlich beobachtet, kommuniziert und adaptiert. Von daher sollten die Zeitabstände zwischen den Partnermeetings so gestaltet sein, dass man die Entwicklung der Partner kontinuierlich verfolgen kann und die Interpretation der Umsätze immer im Kontext mit qualitativen Inputs über die Partnerbetriebe erfolgt.

Mentale und physische Gruppen- und Größenvorteile

Im Gegensatz zum unternehmerischen Einzelkämpfer, der andere seiner Branche als Konkurrenten sieht, profitieren Franchise-Nehmer vom Gruppenverbund, in dem alle »im gleichen Boot« sitzen. Selbstverständlich werden Ihre Partner mit Mitbewerbern der Branche konfrontiert, aber untereinander – im Franchise-System – schließt sich das Konkurrenzdenken aus. Hier zählen die unterschiedlichen Erfahrungen, die in Partnermeetings ausgetauscht werden, und die Durchführung gemeinsam inszenierter Verkaufs- und Werbeaktivitäten. Wer nur ein einzelnes Geschäft in Hannover besitzt, kann sich das teure Geld für einen Werbespot im nationalen Fernsehen sparen, der Streuverlust wäre immens. Franchise-Systeme steuern die breite Marktpräsenz an. Erst dadurch werden umfassende Werbekampagnen sinnvoll. Da alle Franchise-Nehmer zu einem Beitrag an den überregionalen Werbekosten verpflichtet sind, können mit dem größeren Werbebudget auch teurere, wirkungsvollere Werbemittel finanziert werden.

Da von vielen Jungunternehmern die fehlende moralische Unterstützung, insbesondere in der Zeit der Unternehmensgründung, beklagt wird, wirkt sich die Gruppenzugehörigkeit sehr positiv auf die Motivation und die persönliche Befindlichkeit von Franchise-Nehmern aus.

Von Ihnen erfordert das ein entsprechendes Führungsverhalten, das darauf ausgerichtet ist, die Partner zusammenzuführen und sie für gemeinschaftliche Aktionen zu begeistern. Den Gruppenbonus werden Sie zudem in Form besserer Konditionen an Ihre Partner weitergeben. Sie werden mit Zulieferanten und anderen relevanten Servicestellen Sondervereinbarungen treffen. Denn vielfach werden Sie den zentralen Einkauf für die Gruppe steuern. Selbst als beginnendes Franchise-System können Sie Stufenrabatte mit Produzenten aushandeln, da die angestrebte Expansion per Franchising für die meisten eine interessante Perspektive darstellt.

Investitionshilfen durch Erfahrungswerte

Wer ohne Vermögen und Sicherheiten, ohne bekannten Namen und nur mit einem Projekt in der Tasche bei einer Bank vorspricht, wird es schwer haben, die erforderlichen Mittel zu erhalten. Tatsächlich ist eines der Hauptprobleme für Existenzgründer in der Regel die Finanzierung des Projekts. Weil keine Erfahrungswerte vorliegen, fällt es den meisten schwer, ihre Geschäftsidee in Zahlen auszudrücken, und deshalb ist es schwierig, Fremdkapital zu bekommen.

Im Franchising ist das anders. Nicht dass Sie Ihre Franchise-Nehmer mit Krediten versorgen, aber mit realen Zahlen und Budgetierungen. In vielen Fällen unterstützen Franchise-Geber ihre Newcomer mit einem Businessplan, der für die Beschaffung von Fremdkapital notwendig ist. So hat der Franchise-Nehmer zwar noch die Aufgabe, sich selbst zu verkaufen und entsprechende Sicherheiten zu bieten, Ausführungen zum Geschäftskonzept liegen jedoch bereits in überprüfbarer Form vor. Ebenso hilfreich ist, dass der Franchise-Partner Gebühren und Investitionssummen kennt, was ihm hilft, seine finanziellen Möglichkeiten und Bedürfnisse zu prüfen.

Heute an morgen denken

Ihr Leistungsangebot als Franchise-Geber muss nachhaltig und entwicklungsfähig sein, denn Franchise-Partnerschaften sind langfristig angelegt. Deswegen sind das Leistungsangebot und vor allem die Vorsprungsmerkmale auf ihre zukünftige Akzeptanz und Ausbaubarkeit zu überprüfen. Wie hat sich der Markt bisher entwickelt und welche Tendenzen gibt es? Welche Megatrends können Ihr Angebot unterstützen und wo sollte es demnach flexibel in der Ausgestaltung sein? Welche Ressourcen können genutzt werden, um eine erforderliche Anpassung an sich verändernde Marktbedingungen vorzunehmen?

Sie können viele Inputs zur Beantwortung dieser Fragen von Ihren zukünftigen Franchise-Nehmern erhalten. Sind sie es doch, die tagtäglich mit den Wünschen der Endabnehmer konfrontiert werden und sich im kompetitiven Umfeld bewegen. Der laufende Informationsfluss trägt wesentlich dazu bei, dass Ihr System und Ihr Leistungsangebot flexibel bleiben. Allerdings muss der Informationstransfer über von Ihnen vorbereitete Plattformen und Tools stattfinden, damit dieser auch ausgewertet wird und etwas Neues entstehen kann. Welche Möglichkeiten es dafür gibt und welche Bedeutung dabei das Partnermarketing hat, lesen Sie im Kapitel 2.6.

2.4 Franchising braucht Persönlichkeit

Ein gesundes und strategisch ausgerichtetes Franchise-Konzept mit relevanten und einzigartigen Vorsprungsmerkmalen ist Grundvoraussetzung für Ihren Franchise-Erfolg. Die Erfolgsfaktoren sind jedoch noch nicht vollzählig und auch noch nicht ausreichend beschrieben. Es fehlt der wesentliche Erfolgstreiber, die Marke. Wie sich das Erfolgsmodell der Marke historisch entwickelt hat, haben Sie im Kapitel 1.2 bereits erfahren.

Nun soll es um die Frage gehen, wie Sie Ihre ganz individuelle Marke konkret erfinden, richtig positionieren, erfolgreich aufbauen und langfristig führen und pflegen. Sie erfahren, was den Markenaufbau umfasst und was dabei besonders zu berücksichtigen ist. Denn Marken bestehen nicht nur aus einem Eintrag beim Deutschen Patent- und Markenamt. Sie sind mehr als ein geschützter Markenname oder ein Warenzeichen. Sie sind komplexe und lebendige Organismen. Eine Marke besteht aus der Gesamtheit der rationalen und emotionalen, bewussten und intuitiven Sinneseindrücke, Erfahrungen, Einschätzungen, Vorstellungen und Bewertungen. Sie setzt sich aus all diesen Urteilen und Vorurteilen zusammen zu einem Gesamtbild in den Köpfen und Herzen der Menschen, die in irgendeiner Weise mit ihr in Berührung gekommen sind. Jeder Kontakt trägt zur Markenbildung bei. Hierbei ist es egal, ob er positiver oder negativ Art ist oder ob es sich um einen Kontakt mit einem Kunden oder einem Nicht-Kunden handelt. Alle Markenkontakte, im Marketing spricht man von Brand-Touchpoints, also Berührungspunkte mit der Marke, haben eine Auswirkung auf das gesamte Markenbild. Wir haben dazu schon im Bereich der Unternehmensdiagnose die Franchise-Wahrnehmungsanalyse vorgestellt. Das von uns zum Eigen-Fremd-Wunschbild entwickelte Franchise-Denkwerkzeug finden Sie im dritten Kapitel.

Das Bild Ihrer Marke entsteht somit sowohl in den Köpfen Ihrer wirklichen und möglichen Kunden wie auch in den Köpfen Ihrer Nicht-Kunden. Es entsteht in den Köpfen Ihrer Partner und Mitarbeitenden auf eine für diesen Personenkreis ganz spezifische Art und Weise sowie in den Köpfen Ihrer Zulieferer, Investoren und Banker.

Wichtige Basis für einen erfolgreichen Markenaufbau ist deshalb Ihre genaue Informationserhebung, Analyse und Bewertung, sowohl bezüglich Ihrer Märkte und Ihrer Kunden wie auch Ihrer Partner. Hier liegen die größten Erfolgs-, Effektivitäts- und Effizienzpotenziale. Eine gute und fundierte Informationsbasis stellt einen wichtigen Erfolgstreiber dar. Lücken und Ungenauigkeiten, die hier entstehen, bilden in späteren Phasen potenzielle Bruchstellen für das gesamte Markengebäude. Damit können zukünftige Umsätze und Gewinne gefährdet und das gesamte Markenerscheinungsbild in Mitleidenschaft gezogen werden. Gründe genug, sich dieser Phase mit Interesse und Sensibilität zuzuwenden.

Marken wie menschliche Persönlichkeiten

Grundsätzlich sollten Sie die Marke Ihres Franchise-Systems und damit Ihr gesamtes Unternehmen wie eine menschliche Persönlichkeit betrachten. Der Vergleich ist sehr hilfreich und hat sich in der Praxis bewährt. Sie können damit auf eigene Beobachtungen und Erfahrungen zurückgreifen und diese leicht zur Überprüfung oder Verbesserung Ihres gesamten Franchise-Systems heranziehen. Wie menschliche Persönlichkeiten werden auch Markenpersönlichkeiten von inneren Bedürfnissen und Motiven, von Eigeninteressen und Kräften getrieben. Das in ihnen vorherrschende Wertesystem und die inneren Einstellungen bestimmen und prägen dann das äußere Erscheinungsbild sowie die Ausprägung, Intensität und Richtung Verhalten und Kommunikation.

In dem Kapitel der Unternehmensdiagnose haben wir bereits darauf hingewiesen, dass nur in sich konsistente Franchise-Systeme und Marken als stark erlebt werden. Um eine wirklich nachhaltig stabile und wachstumsfähige Marke aufzubauen, ist es daher sinnvoll, Marken mit abwechselndem Blick nach außen und innen konsistent zu entwickeln.

Wir starten mit dem Blick auf die Märkte. Es ist zu klären, welcher Bedarf vorhanden ist und welche Bedürfnisse und Werte nachgefragt werden. Daraus ergibt sich die Frage, welche Markenpositionierung und welche Werte das eigene Franchise-System kompetent und glaubhaft nutzen und besetzen kann. In Verbindung mit den strategischen und taktischen Zieldefinitionen wird die Markenpersönlichkeit entwickelt, die Richtlinien zur äußeren Markengestaltung, zum Markendesign, zur Markenkommunikation und zum Markenverhalten verbindlich vorgibt. Wir wollen diesen Prozess mit Ihnen gemeinsam Schritt für Schritt durchgehen.

Der innere Markenaufbau

Die Nutzenfokussierung und Wettbewerbsdifferenzierung bezüglich Ihres konkreten, physischen Angebots, also Ihre Franchise-System-Positionierung, haben Sie im Kapitel 2.3 kennen und definieren gelernt. Hier geht es um die »Gedankensoftware« dahinter. Wir beschäftigen uns an dieser Stelle mit der Frage, wie die Marke einerseits die Auswahl und äußere Form Ihres Angebots sowie die Gestaltung Ihrer Kommunikation und Ihres Verhaltens steuert, andererseits Ihren gesamten Marketing-Mix gestaltet und antreibt.

Markenaufbau beginnt im Kopf, genauer gesagt: in Ihrem Kopf. Und sie führt uns in die Köpfe und Herzen Ihrer Kunden und Partner. Doch dabei kann Ihnen zu Beginn weder ein ausgezeichneter Grafiker noch ein intellektueller Designer oder stadtbekannter Werbetexter weiterhelfen. Auch keine noch so kreative Werbe-, Internet- oder Eventagentur. Noch nicht. Diese kommen erst dann ins Spiel, wenn es um den äußeren Markenaufbau, um die Markengestaltung, die Markenkommunikation und um Markenevents geht.

Zuallererst jedoch beginnen Sie selbst mit dem Markenaufbau – durch Ihr Markendenken. Just in dem Moment, in dem Sie die Entscheidung treffen, Ihr Franchise-System zu markieren und Ihre ganz individuelle Marke zu entwickeln, starten Sie diesen inneren Markenaufbauprozess. Bei Ihnen beginnt er, mit Ihrer Entscheidung und Ihrem Willen, Ihr Unternehmen und Ihre Angebote als Marke zu profilieren. Sie sollten die Verantwortung dafür nie abgeben. Markenaufbau und Markenführung sind Chefsache. Externe Berater und Dienstleistungsunternehmen können Sie dabei zwar sehr kompetent und zielgerichtet unterstützen und Ihnen einen zusätzlichen fachlichen Blick von außen auf Ihre aktuelle Situation und auf zukünftige Entwicklungen ermöglichen. Auch können sie Ihr Verhalten zum besseren Verständnis spiegeln. Die letztendliche Markenverantwortung jedoch muss immer bei Ihnen liegen. Widmen Sie Ihrem inneren Markenaufbau also von Beginn an Ihr volles Engagement sowie die nötige Zeit, Ernsthaftigkeit, Konsequenz und Zielstrebigkeit. Genauso wie dem später folgenden äußeren Profilierungsprozess. Auch wenn Ihnen Letzterer, der sichtbare, hörbare, fühlbare, riechbare, geschmackliche und hörbare Teil Ihrer Markenprofilierung, die Auswahl von Farben und Schriften, des Logos und Claims, der Funkspot-, Anzeigen- und Shopgestaltung, der Auswahl der Beleuchtung, Beschallung und Beduftung Ihrer Vertriebskanäle vielleicht mehr Freude bereiten.

Der innere Markenaufbau erfordert meist »nur« Ihre internen Kräfte, wenn Sie zum Beispiel mit Ihren Partnern und Mitarbeitenden dazu Brainstorming-, Strategie- und Konzeptions-Workshops durchführen. Er ist viel kostengünstiger zu realisieren als die äußere Markengestaltung. Für Letztere müssen Sie meist auf unterschiedliche externe Dienstleistungsunternehmen zugreifen. Er kann Ihnen aber helfen, von Beginn an konsequent Fehler zu vermeiden und Rückschläge zu reduzieren, somit Zeit und Geld einzusparen. Schnelle und undurchdachte Investitionen in eine fehlerhafte äußere Markengestaltung, in ein unpassendes Markendesign, in einen uneffektiven Markennamen oder irreführenden Slogan sowie eine wirkungslose Gestaltung Ihrer Partner- und Kundenwerbung sowie Verkaufsförderung können so gehemmt oder vermieden werden. Dadurch verbessert das Vordenken des inneren Markenaufbaus die Markeninvestitionssicherheit. Durch die Klarheit und Zielstrebigkeit können Sie Ihr Franchise-System schneller und profilierter etablieren und zum Erfolg führen. Nehmen Sie sich also Zeit zum Markendenken, um in der Realisationsphase schneller und sicherer zu sein als Ihre Konkurrenz. Planen Sie dafür von Beginn an regelmäßig Denk- und Reflexionsphasen in Ihren Terminkalender ein. Welche wichtigen Bereiche Sie in welcher Reihenfolge und Tiefe durchdringen und in Ihr Markendenken einbeziehen sollten, erfahren Sie jetzt.

Eine Marke entsteht im Kopf

Im ersten Schritt des inneren Markenaufbaus haben Sie sich selbst als treibende Kraft Ihrer Marke, durch Ihren Willen zur bewussten Franchise-System-Markierung, kennengelernt. Jetzt geht es um die Frage, wo Ihre Marke zuallererst andocken und wirken soll. Und was dafür notwendig ist. Dazu schauen wir uns die Quelle Ihres Geschäfts an, nämlich Ihre aktuellen und potenziellen Kunden. Ohne Ihre Kunden geht gar nichts, mit ihnen fast alles. Folglich sollten Sie so viel als irgend möglich über Ihre aktuellen und potenziellen Kunden erfahren, von ihnen wissen und über sie nachdenken.

Die Marketingperspektive

Nehmen Sie bei der Betrachtung Ihrer Märkte zuerst die Marketingperspektive ein. Dieser Blick wird Ihnen am vertrautesten sein, deshalb gehen wir auf ihn weniger stark ein. Mit Ihrem Marketingblick können Sie eine realistische und zukunftsgerichtete Bedarfssichtung, Analyse und Bewertung vornehmen. Wo gibt es welchen Bedarf nach Leistungen und Produkten, die Sie anbieten können oder könnten? Wer genau hat diesen Bedarf? In welcher Größenordnung und Höhe erfolgt die Nachfrage? Wie oft und zu welchen Zeiten wird nachgefragt? Wie sind die Qualitäts-, Preis-, Produkt- und Ausstattungsvorstellungen der Nachfrager? Welche Anforderungen werden an die Verkaufsorte gestellt (Lage, Parkplätze, Öffnungszeiten, Ladengestaltung, Produktbestückung, Beleuchtung, Verkaufs- und Beratungspersonal)? Wie informieren sich die Interessenten über die Angebote? Welche konkurrierenden Anbieter sind bereits auf dem Markt tätig? Zu welchen Kosten könnten die Segmente bearbeitet werden? Ihr Markt lässt sich unter Geomarketing-Gesichtspunkten geografisch sowie soziodemografisch segmentieren und definieren. Quantitative Daten dazu können Sie aktuellen Untersuchungen der verschiedenen Marktforschungsinstitute entnehmen, die käuflich zu erwerben sind. Aber auch weitere Anbieter publizieren und offerieren zeitnahe Untersuchungsergebnisse, wie zum Beispiel Unternehmensberatungen, Internetportale und Verlage. Letztere, sowohl Fach- als auch Publikumsverlage, analysieren regelmäßig ihre Anzeigenkundenmärkte und bieten dadurch ein reichhaltiges Informationsmaterial. Ergänzend stehen Ihnen die Berufs- und Fachverbände als Kontaktstellen und Informationsbörsen zur Verfügung. Deutschsprachige Franchise-Unternehmen sind hier beim DFV Deutscher Franchise Verband, beim Schweizer Franchise Verband oder dem Österreichischen Franchise Verband bestens aufgehoben.

Doch quantitative Daten sind nur die eine Seite der Medaille. Regionale Segment- und Nachfragegrößen wie auch die klassischen soziodemografischen Daten, also Informationen über Wohnort, Alter, Berufsbildung und Familienstand der Zielgruppe, dienen Ihrer Suche nach Absatzchancen. Die Marketingperspektive liefert Ihnen somit das Fundament für die Franchise-System-Positionierung, auf der Grundlage der Bedarfsnachfrage, des individuellen Franchise-Konzepts und der Franchise-Systemvorteile.

Die Markenperspektive

Die Markenperspektive hat dagegen einen spezielleren Fokus. Sie richtet sich auf die qualitativen Aspekte in Bezug auf jeglichen Markenkontakt. Dabei geht es wie bereits erwähnt, sowohl um Ihre aktuellen und potenziellen Konsumenten, als auch um Ihre Partner oder sonstigen Kontakte. Es geht um das Markenbild, das in deren Köpfen entsteht und das Sie zielgerichtet beeinflussen wollen. Die Markenperspektive fokussiert die konkreten Bedürfnisse und Werte und die Nachfrage der aktuellen und potenziellen Zielgruppen. Um diese zu erfahren, nehmen Sie eine entsprechende Bedürfnis- und Werte-Sichtung, -Analyse und -Bewertung vor. Das Ziel der Markenperspektive ist das Aufspüren und die gezielte Nutzung von Chancen für eine langfristig tragbare Franchise-Marken-Positionierung.

Nachfolgend stellen wir Ihnen ein fiktives Beispiel vor, das dennoch einen starken Realitätsbezug hat und eindrücklich demonstriert, dass Nahrungsaufnahme nicht nur ein physiologisches Grundbedürfnis erfüllen kann, sondern weitere, für die Zielgruppe relevante Bedürfnisse anspricht und diese ebenfalls befriedigen kann. Dazu führen wir Sie im Schnelldurchlauf von der Marketingebene über die Markenebene hin zu einer herausdestillierten Bedürfnisebene, die sich deutlich von der reinen Produktebene der Marketingperspektive unterscheidet.

Beispiel Restaurant

Das Beispiel »Außer-Haus-Mahlzeiten«: Anhand der Marketingperspektive finden Sie heraus, dass es in Großstädten eine wachsende Zahl von Single-Haushalten gibt. Die Singles kochen zu Hause nicht, nehmen dafür ihre Speisen unterwegs, bisher in Restaurants und Gaststätten, ein. Als professioneller Marketeer erkennen Sie die Entstehung eines ganz speziellen Marktsegments für Außer-Haus-Mahlzeiten, das Sie nutzen wollen. Um mehr über diese potenziellen Kunden zu erfahren und für sie ein ganz konkretes Angebot entwickeln zu können, segmentieren Sie die Zielgruppe soziodemografisch nach Schulbildung (überwiegend Akademiker), Alter (25–35 Jahre), Geschlecht (Männer und Frauen zu gleichen Teilen), Wohnort (Citylagen) und verfügbarem Haushaltseinkommen (überdurchschnittlich). Alles in allem, erkennen Sie, ergeben sich gute Voraussetzungen für ein ganz spezielles Nischenangebot und eine erfolgreiche Franchise-System-Positionierung.

Doch was treibt diese Zielgruppe wirklich an? Wonach sucht sie? Und warum? Mit der Marketingperspektive kommen Sie an dieser Stelle nur schwer weiter und bald an Grenzen. So erfahren Sie aus Marketingsicht zwar viel darüber, welche länderspezifischen kulinarischen Angebote heute stärker nachgefragt werden als noch vor zwei Jahren und welche Tendenzen und Trends für die Zukunft relevant sein könnten. Aber erst die Markenperspektive konkretisiert und verfeinert den Forschungs- und Analyseansatz weiter und ermöglicht die Beantwortung der Frage, wie Sie Ihre Marke langfristig stabil positionieren können.
Hierzu nehmen Sie eine qualitative Befragung der avisierten Zielgruppe vor. Sie wollen herausfinden, wie die wahren Bedürfnisse der potenziellen Konsumenten aussehen, was hinter dem Basisbedürfnis der Nahrungsaufnahme noch steckt. Möglicherweise kommt dabei heraus, dass die beispielhaft genannten Single-Konsumenten deshalb außer Haus essen, weil sie soziale Kontakte suchen. Demnach könnte das Essengehen nur der vorgeschobene Grund sein, um diese tiefer sitzenden unbefriedigten Bedürfnisse nach sozialem Kontakt, nach Liebe und Zugehörigkeit zu einer Bezugsgruppe zu kompensieren. Wenn Sie die so gefundenen Consumer-Insights ganz konkret in Ihrem Franchise-Konzept berücksichtigen und in Ihr Franchise-Angebot integrieren, werden Sie die wirkliche Motivstruktur Ihrer Zielgruppen besser ansprechen und dadurch von dieser stärker wahrgenommen werden. Das führt zu einer stärkeren Nachfrage und langfristigen Bindung an Ihre Marke. Consumer-Insights bieten so eine relevante Basis für echte Alleinstellungen und Wettbewerbsvorteile gegenüber der Konkurrenz.
Doch wie integrieren Sie das destillierte relevante Konsumentenwissen zielgerichtet in Ihr Angebot? Zum Beispiel könnten Sie Wartezonen für einen Aperitif einrichten, in denen soziale Kontakte ungezwungen möglich werden, während man auf seinen zugewiesenen Tisch wartet. Sie könnten diese Wartezeit regelrecht als Ritual Ihres Hauses inszenieren. Oder das Restaurant so bestuhlen, dass zusätzliche Kontakte beim Betreten und Platzieren unvermeidlich werden. Oder bestimmte Serviceformen entwickeln, die einen Austausch unter den Gästen ermöglichen. Die altbekannten Tischtelefone zur Kontaktaufnahme mit anderen Gästen gab es übrigens im Berliner Café Keese bereits im vergangenen Jahrhundert. Wahrscheinlich werden Ihre Gäste Sie dafür lieben und Sie mit vielfachen Besuchen belohnen. Das menschliche Bedürfnis nach sozialem Kontakt ist in dem beschriebenen Fall ausschlaggebender für die Wahrnehmung und den Konsum der Marke als das konkrete physische Angebot an sich.
Die im Beispiel erwähnten Consumer-Insights, also qualitative Informationen über die wahren Werte, Bedürfnisse, Motive und Wünsche der Kunden, gewinnen Sie durch Sekundärdatenanalysen vorhandener und veröffentlichter Marktforschungen und durch eigene Primärerhebungen, Befragungen, Beobachtungen und Untersuchungen.

Markenprofilierung

Heutige Konsumenten wollen mit Kauf und Konsum eines Produkts oder einer Leistung häufig nicht nur eine oberflächliche Problemlösung herbeiführen oder ein physisches Defizit ausgleichen, sondern tiefer liegende Bedürfnisse befriedigen. Dazu stehen ihnen auch vielfältige Angebote offen, die miteinander konkurrieren. Die Chance für Sie als Franchise-Unternehmer besteht darin, durch Ihr konkretes und aktuelles Wissen um die wahren Bedürfnisse und Werte Ihrer Zielgruppen diese besser und gezielter ansprechen zu können. Eine gezielte Bedürfnis- und Werteansprache eröffnet eine größere Erfolgswahrscheinlichkeit, wahrgenommen, erinnert und konsumiert zu werden. Eine Marke mit fokussierter, relevanter Bedürfnisansprache scheint mit weniger Budget auszukommen, um besser wahrgenommen zu werden, als eine Marke ohne eine relevante Bedürfnisansprache. Das erklärt auch, warum manch teures und kreatives Großplakat zwar vorübergehend eine gewisse Aufmerksamkeit erzeugt, aber keine nachhaltige Werbewirkung. Wenn Sie die relevanten Bedürfnisse Ihrer Zielgruppe kennen und werblich ansprechen, wird Ihre Marke selbst mit einem kleinen Werbebudget wahrgenommen. Markenaufbau ist in erster Linie eine Sache des Know-hows, der sensiblen Einstellung auf die Zielgruppen und des konsequenten Handelns, nicht eine Sache des Budgets.

Das vorangegangene virtuelle Beispiel zielt auf die Bedürfnisebenen und Bedürfniswerte der potenziellen Zielgruppen, die zur Markenprofilierung von Franchise-Systemen genutzt werden können. An dieser Stelle wollen wir Ihnen ergänzend anhand eines konkreten, in der Praxis existierenden Beispiels kurz veranschaulichen, wie gesellschaftsrelevantes Verhalten darüber hinaus als Wert zur Markenprofilierung eingesetzt werden kann.

Stellen Sie sich dazu kurz vor, Sie hätten ein Franchise-System mit Expertise im Schuhhandel. Natürlich setzen Sie sich für eine hohe Produktqualität ein. Für Ihre »systematische Qualitätssicherung« werden Sie dafür vielleicht auch vom Prüfinstitut Hansecontrol GmbH in Hamburg mit einem Gütesiegel ausgezeichnet. Doch welche gesellschaftlichen Bereiche können für ein Schuhhandelssystem noch kundenrelevant sein? Reno, eines der führenden Schuhhandelssysteme Europas, hat das obige Qualitätsprüfsiegel nach erfolgreicher Zertifizierung erhalten und setzt sich in Zusammenarbeit mit I:CO[15] zusätzlich für das Recyceln von alten Schuhen ein. Durch die Sammlung in I:Countern, die in den Reno-Geschäften aufgestellt sind, und das anschließende Recycling können Kunden Ihren »persönlichen ökologischen Fußabdruck« deutlich reduzieren. Zusätzlich zur ökologischen Verantwortung engagiert sich Reno auch im

Bereich der Gesundheit nachhaltig. Mit der Initiative »Gesundes Wachstum für gesunde Füße« wurde in Zusammenarbeit mit wissenschaftlichen Einrichtungen ein Kinderschuh-System auf Basis von echten Kinderfußmessungen erarbeitet und als 3E Kinderschuh-System patentiert. Weitere kleinere und größere Initiativen im sozialen Bereich runden das Nachhaltigkeitsportfolio von Reno ab.

Wie auch Sie Ihre Franchise-System-Marke bedürfnisgerecht und gesellschaftsrelevant positionieren können, welche Werte Ihnen dafür zur Verfügung stehen und welche Schritte Sie nacheinander angehen sollten, erfahren Sie nachfolgend.

Markenpositionierungsstrategie

Drei Positionierungsbereiche und -dimensionen zur Markierung und Profilierung Ihres Franchise-Systems stellen wir Ihnen schrittweise vor. Die von Ihnen auf dieser Basis auszuwählenden Werte ergeben zusammengenommen die profilierenden Markenwerte für Ihr individuelles Franchise-Konzept. Wir beginnen mit der Darstellung der Bedürfniswerte-Positionierung, stellen Ihnen dann die Normwerte-Positionierung sowie die Entscheidungswerte-Positionierung vor und beenden das Kapitel mit der beispielhaften Zusammenführung dieser drei Wertedimensionen zur Markenpositionierung.

Dabei betrachten wir Marken, wie bereits eingangs erwähnt, analog zu menschlichen Persönlichkeiten. Wir sind der Meinung, dass die Persönlichkeitspsychologie, die sich eigentlich mit Menschen befasst, auch auf Marken übertragen werden kann. Sie liefert nachvollziehbar gute Dienste für die Darstellung und Erklärung von Marken-Sachverhalten. Deshalb haben wir einige klassische Modelle der Persönlichkeitspsychologie speziell für Franchise-Systeme zu Franchise-Denkwerkzeugen weiterentwickelt und nutzen diese regelmäßig in unseren Franchise- und Marken-Workshops. Wir werden sie Ihnen im Rahmen der drei Positionierungsstrategien näher erläutern. Außerdem finden Sie alle unsere Franchise-Denkwerkzeuge im dritten Kapitel.

Bedürfniswerte-Positionierung

Die Worte »Bedürfnis« und »Bedürfnisorientierung« finden sich in fast jeder Marketingfachzeitschrift und jedem zweiten Fachbuch. Meist jedoch ohne genaue weitere Erklärungen. Doch was ist eigentlich ein Bedürfnis?

Wo kommt es her? Wie entsteht es? Was macht unterschiedliche Bedürfnisse aus? Und kann man Bedürfnisse überhaupt wecken, wie so oft behauptet wird?

Dazu ein paar ausführende Details. Bedürfnisse sind subjektiv wahrgenommene, empfundene und erlebte Mangelzustände, die sich aus dem Leben selbst, aus den biologischen Gegebenheiten und den damit verbundenen Lebensumständen ergeben und entwickeln. Ihre Anzahl ist begrenzt und überschaubar. Sie werden nicht von der Gesellschaft oder Wirtschaft erzeugt, sondern vom Menschen selbst, ohne sein bewusstes Zutun, immer wieder neu. Um ins Gleichgewicht zu kommen, also in einen ausgeglichenen, entspannteren Zustand, den der Mensch von Natur aus anstrebt, muss er seine Bedürfnisse ständig neu befriedigen, ein Leben lang. Interessant sind Bedürfnisse für Wirtschaftsunternehmen deshalb, weil sie von sich aus generisch sind, also auf vielfältige Art und Weise durch Wünsche erfüllt werden können. Wünsche sind ganz bestimmte Vorstellungen über die Form der Bedürfniserfüllung. Ihre Zahl ist unendlich groß. Wünsche entstehen immer wieder neu und immer wieder anders. Im Gegensatz zu Bedürfnissen können Wünsche von Wirtschaftsunternehmen geweckt und beeinflusst werden.

Denken Sie beispielsweise daran, wie das Konsumentenbedürfnis nach »Prestige« und »Status« durch vielfältige Wunscherfüllungen gestillt werden kann. Im Kleinen durch den Einkauf einer teuren Kaffee-, Tee- oder Pralinenspezialität in einem exquisiten Geschäft. Schon etwas teurer: durch das Anmieten einer Stretch-Limousine für einen Tag. Weiter steigern können Konsumenten ihre Investition für Status und Prestige durch den Kauf eines exklusiven Kleidungsstücks aus einem Designer-Store, durch den Erwerb eines extravaganten Fahrrads, eines speziellen Rings oder einer besonderen Dachdeckung für ihr Haus. Sie kennen vielleicht die beliebten blau lackierten Dachziegel? Weitere Möglichkeiten bestehen in der Buchung eines exklusiven Seminars in der Schweiz oder einer Übernachtung in einem Pariser Luxushotel, durch eine Kreuzfahrt in die Südsee oder durch den Kauf einer goldenen Armbanduhr. Gehobene Statuserlebnisse eröffnen der Kauf einer Luxuslimousine, einer Yacht, einer Ferieninsel oder eines Flugzeugs sowie die Buchung eines Weltraumflugs.

Bedürfniswerte-Analyse

Unabhängig davon, ob es sich um eine Dienstleistung oder ein Produkt handelt, können alle genannten Angebote kategorieübergreifend dazu beitragen, das Bedürfnis nach Status und Prestige zu befriedigen. Die genannten Angebote stehen also miteinander in einem gewissen Bedürfniswettbewerb, wenn auch auf unterschiedlichem Preisniveau und in unterschiedlicher Stärke.

Im Rahmen der Markenpositionierung kommt der Bedürfnisanalyse eine wichtige praktische Bedeutung zu. Denn Marken, die über ihre reine Produktausstattung (Produkt, Preis, Funktionsnutzen) hinaus weitere Bedürfniswerte ansprechen, werden sowohl von Verbrauchern als auch von den Kooperations- und Franchise-Partnern als relevanter wahrgenommen. Der US-amerikanische Sozialforscher und Psychologe Abraham H. Maslow hat zur Unterscheidung der verschiedenen menschlichen Bedürfnisse eine Bedürfnispyramide mit unterschiedlichen Ebenen und Wertezuweisungen entwickelt. Wir haben dieses klassische Persönlichkeitsmodell auf die Markenbildung für Franchise-Systeme übertragen und es in das Spannungsfeld »Marke – Partner – Kunde« gestellt. Das entsprechende »Franchise-Denkwerkzeug: Bedürfniswerte-Analyse« (siehe Abbildung) finden Sie mit weiteren Werkzeugen im dritten Kapitel.

Schauen wir uns die einzelnen Ebenen der Bedürfnispyramide genauer an. Auch wenn Ihnen vielleicht die nun folgende Aufzählung zu Beginn etwas ungewöhnlich, vereinfachend und mühsam zugleich erscheint: Der Erkenntnisgewinn und die praktische Relevanz der Bedürfniswerte-Analyse für Ihre zukünftige Markenarbeit können, richtig angewandt, beträchtlich sein. Sie erhalten einen wahren Fundus zur bedürfnisgerechten, kreativen und kompetitiven Positionierung von Marken.

Auf der ersten Stufe der Pyramide, auf der Basis, finden Sie die »physiologischen Grundbedürfnisse« Nahrung, Gesundheit, Kleidung und Schlaf. Diese versucht der Mensch zuerst zu befriedigen, bevor er sich den Bedürfnissen der nächsthöheren Ebenen zuwendet. Die zweite Ebene wird von den »Sicherheitsbedürfnissen« geprägt, also den Bedürfnissen nach Abschirmung, Behütetsein, Beistand, Betreuung, Bewachung, Bewahrung, Erhaltung, Geborgenheit, Schutz und Vorsorge. Die dritte Ebene steht für »soziale Bedürfnisse« nach Aufmerksamkeit, Kontakt, Liebe, Zugehörigkeit und Zuwendung. Die vierte Ebene repräsentiert die »Ich-Bedürfnisse« nach Achtung, Ansehen, Geltung, Image, Prestige, Renommee, Reputation, Ruf und Status. Diese vier Ebenen werden als Defizitmotive angesehen. Hier geht es also um die empfundenen Mangelzustände und den Versuch, diese zu beheben. Die fünfte Ebene, die »Selbstverwirklichung«, wird als Wachstumsebene verstanden und gedeutet. Hier geht es nicht um die Beseitigung eines Defizits, sondern um den Wunsch, sich selbst zu entwickeln. Sie steht für die Bedürfnisse nach Aktualisierung (sich auf dem Laufenden halten) und Weiterentwicklung, nach Formalisieren, Gliedern, Kategorisieren, Sortieren, Strukturieren

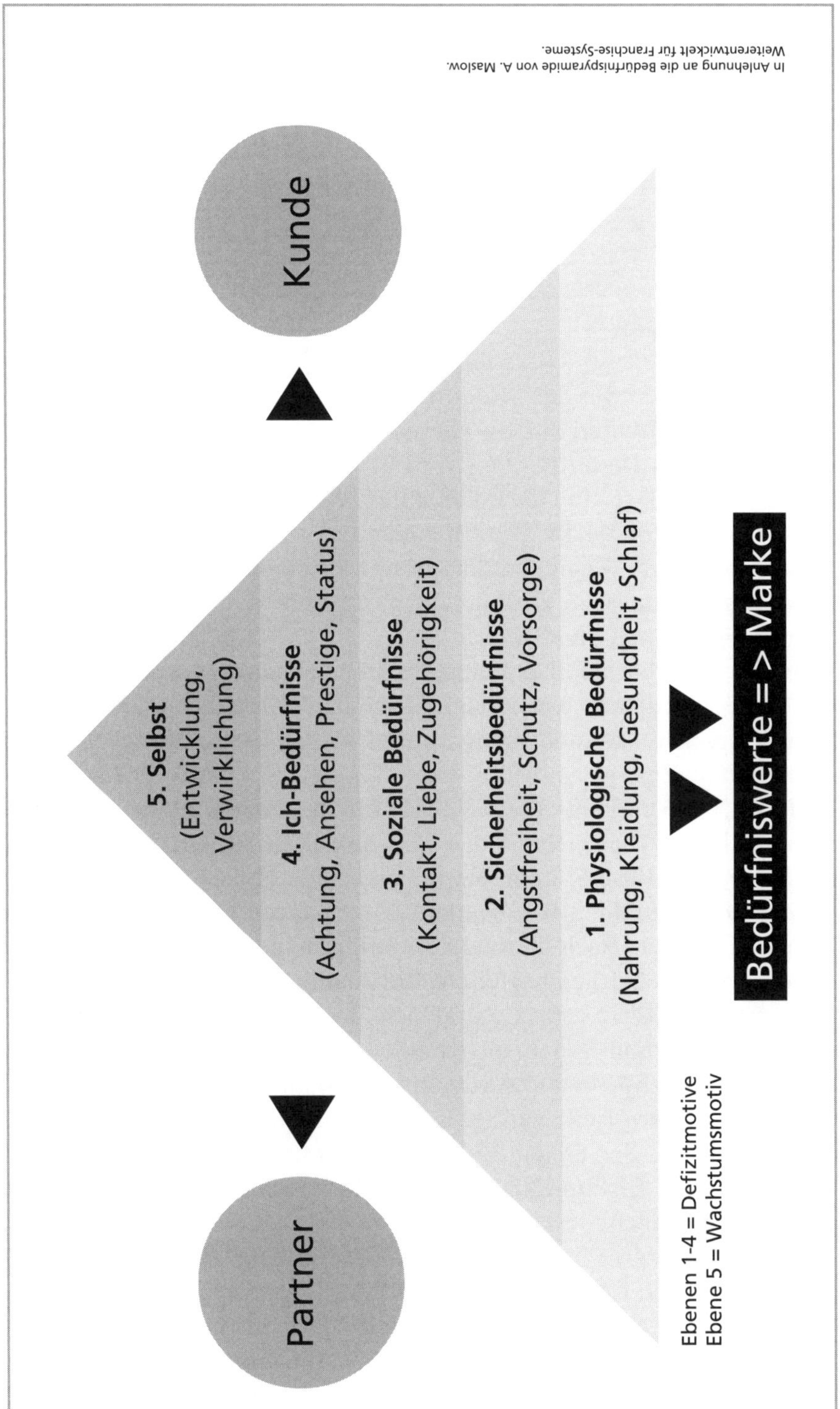

Abbildung 11: Franchise-Denkwerkzeug – Bedürfniswerte-Analyse

und Systematisieren, nach Verstehen, Wissen aneignen und ein eigenes Wertesystem aufbauen.

Damit stehen uns fünf Bedürfnisebenen und die zugehörigen Bedürfniswerte zur Bedürfniswerte-Positionierung Ihres Franchise-Systems zur Verfügung. Jeder der in der Pyramide aufgezeigten Bedürfniswerte kann somit für Ihre Marke ein interessanter, relevanter und profilierungsstarker Markenwert sein.

Bedürfniswerte-Spiel

Unser Tipp: Spielen Sie das »Bedürfniswerte-Spiel«. Lassen Sie sich für die nächsten 15 Minuten auf ein kleines Spiel mit uns ein und gehen Sie die verschiedenen Bedürfnisebenen des Franchise-Denkwerkzeugs »Bedürfniswerte-Analyse« in Gedanken durch. Welche Ebene der Bedürfnispyramide könnte für Sie, Ihr Unternehmen und Ihre Marke – mit welchem Wert – wichtig sein? Beginnen Sie auf der untersten, der ersten Bedürfnisebene »physiologische Grundbedürfnisse« mit den Werten Nahrung, Kleidung, Gesundheit und Schlaf.

Kann Ihr Angebot im übertragenden Sinne »Nahrung« symbolisieren? Kann es in irgendeiner Weise nahrhaft sein? Ein Schul- oder Seminarsystem beispielsweise kann übergeordnet bedürfnisorientiert »Nahrung für die grauen Zellen« anbieten. Oder können Sie die weiteren Werte »Kleidung«, »Gesundheit« und »Schlaf« für Ihre Marke nutzen? Wir haben Ihnen bereits beispielhaft die Nachhaltigkeitsaktivitäten des deutschen Schuh-Franchise-Systems Reno vorgestellt, das sehr erfolgreich die Initiative zur Gesundheit von Kinderfüßen gestartet hat. Hier wurde das Bedürfnis der Eltern nach Gesundheit für ihre Kinder aufgenommen und durch die wissenschaftlich begleitete Entwicklung von gesunden Kinderschuhen in Echtgrößen erfüllt. Zusätzlich hat Reno damit das einzige patentierte Kinderschuh-System angemeldet und geschützt. Die klare Kommunikation dieser Werte und Aktivitäten profiliert die Marke und schafft echte Wettbewerbsvorteile vor der Konkurrenz. Dieses Beispiel zeigt, wie ein Bedürfniswert der ersten Ebene zur Erfüllung der Zielgruppenbedürfnisse und zur Eigenprofilierung der Marke sinnvoll genutzt werden kann. Versuchen auch Sie, kreativ und ohne Druck zwei bis drei Analogien der Bedürfniswerte für Ihre Marke zu entwickeln und diese auf konkrete Produkte und Leistungen, als Beweis des Profilierungsanspruchs, zu übertragen. Dann wechseln Sie auf die nächsthöhere, zweite Bedürfnisebene. Hier »spielen« Sie mit den Sicherheitsbedürfnissen. Kann Ihre Marke in Ihrem Produkt- oder Leistungssegment für »Schutz«, »Sicherheit«

oder »Vorsorge« stehen? Wo und wie können diese Bedürfniswerte für Ihre Marke eine Rolle spielen? Wie könnten die Produkte und Leistungen, wie die Kommunikation aussehen, die diese Bedürfnisversprechen erfüllen? Vorstellbar wäre, dass die zweite Bedürfnisebene besonders in den Bereichen Kraftfahrzeuge, Computer, Finanzdienstleistungen oder Reiseunternehmen eine große Rolle spielt. In diesen könnten Sicherheits- und Schutzwerte zur Profilierung genutzt werden. Aber auch ganz andere Branchen sind denkbar. Testen Sie Ihr eigenes Franchise-System. Spielen diese Werte bei Ihnen eine Rolle? Erarbeiten Sie dazu wieder zwei bis drei verschiedene Ansätze. Sie werden sehen, langsam entwickeln Sie Routine. Nun wechseln Sie auf die dritte Bedürfnisebene, zu den sozialen Bedürfnissen. Können Ihre Marke, Ihr Unternehmen und Ihr Angebot glaubhaft und langfristig für einen der auf dieser Ebene aufgelisteten Werte »Kontakt«, »Liebe« und »Zugehörigkeit« stehen? Vorangehend hatten wir Ihnen ja schon ein fiktives Beispiel für die Nutzung sozialer Bedürfnisse in der Gastronomie aufgezeigt. In der Praxis wird diese Ebene oft und intensiv genutzt, sowohl für Konsum-, Dienstleistungs- und Industrie-Marken, als auch für Franchise-System-Marken.

Bedürfniswert »Liebe«

Zum Beispiel der Bedürfniswert »Liebe«. Er scheint am stärksten nachgefragt und die größte Wirkung zu generieren. So sagt McDonald's, eines der weltgrößten Franchise-Systeme im Bereich der Schnell-Gastronomie, in seinem Claim: »Ich liebe es«. Und auch der deutsche Lebensmitteleinzelhändler Edeka positioniert sich mit dem Bedürfniswert »Liebe« und kommuniziert in seinem Claim: »Wir lieben Lebensmittel«. Könnte dieser Bedürfniswert auch für Ihr Franchise-System stehen? Könnte es wichtig sein, dass Ihre Marke als liebevoll wahrgenommen wird? Geht Ihr Franchise-System liebevoll mit Rohstoffen, Mitarbeitern, Partnern, Produkten oder Kunden um? Oder sind es eher die Bedürfniswerte »Kontakt« oder »Zugehörigkeit«, die Ihr Unternehmen glaubhaft und kompetent kommunizieren kann? Sie wissen ja, dass die nach 1980 Geborenen, die Digital Natives, besonders für soziale Kontakte, Freundeskreise und Netzwerke empfänglich sind. Fokussiert Ihr Franchise-System diese Zielgruppe? Nehmen Sie sich Zeit, zwei bis drei Alternativen zu durchdenken, bevor Sie zur nächsthöheren Bedürfnisebene wechseln. Nun kommen wir auf die Ebene der »Ich-Bedürfnisse«. Hier geht es um »Ansehen«, »Prestige« und »Status«. Steht Ihre Marke für einen dieser Werte? Könnte der Kauf eines Produkts oder der Konsum einer Leistung Ihres Franchise-Systems das Prestige der Käufer heben? Könnte ein potenzieller Franchise-Nehmer auf Sie aufmerksam werden, weil Ihr System sein Ansehen fördert? Nehmen Sie sich auch hier die Zeit, die Sie brauchen, um diese Bedürfniswerte in Bezug auf Ihre Marke zu reflektieren. Damit kommen wir zur fünften und höchsten Stufe der Bedürfnispyramide, der »Selbstentwicklung« und »Selbstverwirklichung«. Kann Ihre Marke sowohl für Ihre Kunden, als auch für Ihre Franchise-Nehmer für »Entwicklung«, »Wachstum« und »Verwirklichung« stehen? Sind diese Bedürfniswerte für Ihre Kunden, Ihre Mitarbeiter und Ihre Partner gleichermaßen interessant und relevant? Kann Ihr Franchise-System diese glaubhaft und langfristig intern wie extern kommunizieren und erfüllen? Wenn Sie unser kleines »Bedürfniswerte-Spiel« bis hier gelesen und mitgespielt haben, müsste sich Ihr Blick für das Wesen von Bedürfnissen und die praxisgerechte Nutzung von Bedürfniswerten für Ihre ganz konkrete Franchise-Situation und -Marke verändert haben. Das wünschen wir Ihnen für Ihre Franchise-Praxis.

Bedürfniswerte-Ermittlung

Doch wie finden Sie heraus, welche Bedürfnisebene und welcher Bedürfniswert nun ganz genau der richtige ist? Um Ihre Marke unter der Bedürfnisperspektive richtig positionieren zu können, ist es jetzt Ihre Aufgabe, durch Informationen, durch Befragungen, Beobachtungen oder den Kauf von Untersuchungsanalysen herauszubekommen, welche Bedürfnisebenen für Ihre Zielgruppen, also für Ihre aktuellen und potenziellen Kunden und Franchise-Nehmer, relevant sind und welche der Bedürfniswerte dabei in welcher Rangfolge und Stärke ausschlaggebend sind. Gleichzeitig müssen Sie analysieren, wie Ihre Konkurrenten nach Bedürfniswerten positioniert sind und wie Sie sich durch Ihre Bedürfniswerte-Positionierung von ihnen abgrenzen können. Übergeordnet achten Sie darauf, mit welchen Bedürfniskonkurrenten Sie über Produkt- und Leistungskategorien hinweg im Bedürfnis-Wettbewerb stehen. Hierbei geht es, nochmals zur Erinnerung, nicht um Ihr physisches Produkt, sondern um die Erfüllung der zusätzlichen, dahinterliegenden psychologischen Bedürfnisse. Wenn Sie den oder die für Ihre Zielgruppen relevanten Bedürfniswerte eruiert haben – und es sollten nicht mehr als ein bis drei Bedürfniswerte sein, ist es weiterhin wichtig, zu untersuchen, ob diese Werte wirklich glaubhaft von Ihrem Unternehmen in allen Bereichen zu vertreten und zu leben sind. Aber dazu später mehr.

Normwerte-Positionierung

Die im vorigen Kapitel dargestellten Bedürfnisse kommen von innen, aus den Menschen selbst und ihren Lebensumständen. Sie wirken nach außen auf das Verhalten der Menschen. Bei Normwerten, um die es jetzt geht, ist das anders. Diese sind äußere Übereinkünfte von Gesellschaften und Gesellschaftsgruppen, die dazu dienen, das Zusammenleben zu regeln und damit erst lebbar zu machen. Sie werden von allen Menschen von Kindheit an durch die soziale Umwelt aufgenommen, gelernt und mehr oder weniger unbewusst gelebt und befolgt. Jeder einzelne Mensch kann diesen sozialisierten Normenwerte-Bereich in sich selbst als innere Stimme wahrnehmen. Als eine Stimme, die ihm sagt, wie er gesellschaftskonform zu sein, sich zu verhalten und zu kommunizieren hat.

Wenn die vorher besprochenen Bedürfnisse beispielsweise sagen, dass Sie unbedingt ein bestimmtes Produkt brauchen, um einen Wunsch und damit ein inneres Bedürfnis zu erfüllen, achtet die Normwerte-Ebene darauf, ob diese Bedürfniserfüllung vor Ihrem eigenen gelernten Wertesystem bestehen kann, ob sie gesellschaftskonform und in Übereinstimmung mit den aktuellen Werten Ihrer Bezugsgruppen ist. Wenn sie dieses bejaht, steht der Erfüllung nichts mehr im Wege. Wenn sie verneint, entstehen sogenannte kognitive Dissonanzen, Unstimmigkeiten und Irritationen, die Sie von der Wunscherfüllung mittels des konkreten Angebots abhalten können. Sie würden dann wahrscheinlich Ausschau nach einem Angebot halten, dass diese Irritationen nicht auslöst, weil es Ihrem Wertesystem eher entspricht.

Aktuell entwickeln sich die gesellschaftlichen Werte »Umwelt-« und »Sozialverträglichkeit« im Rahmen der Nachhaltigkeit zu entscheidungsrelevanten Kriterien. Ihr gesamtes Franchise-System mag im Bereich der Bedürfniswerte gut positioniert sein. Weist es jedoch im Bereich der Normwerte, zum Beispiel im Bereich »Nachhaltigkeit«, Schwächen auf, können Sie vielleicht bald die steigende Zahl der LOHAS-Zielgruppen (Lifestyle of Health and Sustainability), für die Nachhaltigkeit ein relevanter Wert ist, nicht mehr erreichen. Der Grund liegt darin, dass Sie in diesen Wertebereichen dann keine Nähe und Übereinstimmung herstellen können und für Irritationen sorgen. Damit könnten für Sie wichtige Konsumentengruppen und potenzielle Franchise-Partner von vornherein wegfallen. Sie sprechen deren Werte-System ja nicht adäquat an. Auch deshalb ist Greenfranchising zurzeit in Europa, wie zuvor in den USA, ein nicht mehr zu stoppender Trend.

Werte in Anlehnung an Freud

Der Psychologe Sigmund Freud, der die menschliche Persönlichkeit in drei unterschiedliche Wirkungsebenen zerlegte, benannte den Normwerte-Bereich in seinem Instanzenmodell als das »Über-Ich«. Wir haben Ihnen auch zu diesem klassischen Persönlichkeitsmodell von Freud ein Franchise-Denkwerkzeug entwickelt, das Sie ebenfalls im dritten Kapitel finden. Wir wollen es Ihnen hier kurz präsentieren.

Das Über-Ich stellt nach Freud das Gesetz, das Gewissen und die Moral dar. Werte, Normen und Gebote, die wir bereits von Kindheit an im Elternhaus gelernt und erfahren haben, sind hier anzutreffen, wie auch Werte und Regeln aus dem Kindergarten, der Vorschule, Schule, Hochschule und Universität aus der Lehre und Ausbildung, dem Wehr- und Ersatzdienst, den Religionen und Kirchen, den Vereinen und Verbänden sowie allen Firmen, für die wir gearbeitet haben oder noch arbeiten. Und natürlich die Werte, die uns täglich medial vermittelt werden und wurden, in der Vergangenheit verstärkt durch das Fernsehen und den Hörfunk, die Printmedien und Außenwerbung, aktuell vermehrt durch die neuen Medien, durch das Internet, als interaktive Computerspiele oder mobiler Content. Unser Computer und unser Handy sind die neuen Medien, die durch ihre Vernetzung und dauernde Erreichbarkeit neuartige Werteprägungen vornehmen. Die gesamte gesellschaftliche und wirtschaftliche Umwelt trägt zur Ausbildung dieser Norminstanz in uns bei. Werte, die in unserer frühen Persönlichkeitsentwicklung prägend angesiedelt sind, verändern sich nur langsam.

Kompatible Wertevorstellungen

Für Ihr Franchise-System kann es daher sinnvoll sein, dass Sie nicht versuchen, diese Werte zu verändern, sondern sie zu entdecken, zu verstehen und für sich zeitgemäß im Sinne Ihrer Marke zu nutzen, indem Sie diese bei Ihren Zielgruppen markenadäquat ansprechen und aktivieren. Um akzeptiert zu werden, kommt es darauf an, ob Ihr Angebot und Ihre Marke in das Wertesystem Ihrer Partner und Kunden passen, also ob Ihre Werte mit deren Wertevorstellungen kompatibel sind. Das ist im Zusammenhang mit der Positionierung und dem Aufbau Ihrer Franchise-System-Marke absolut wichtig.

Wie kommen Sie zu einer Normwerte-Positionierung? Das Vorgehen und die Bereiche sind die gleichen wie bei der »Bedürfnis-Positionierung«. Sie ermitteln durch Befragungen, Beobachtungen oder Untersuchungs-

Abbildung 12: Franchise-Denkwerkzeug – Marken-Positionierung

analysen, welche Werte und Normen bei Ihren potenziellen Kunden, Ihren Partnern sowie in Ihrem Marktsegment vorherrschen. Dagegen stellen Sie die Werte und Normen Ihres Franchise-Systems. Welche Werteebenen sind relevant und dienen der glaubhaften und langfristigen Positionierung Ihres Angebotes?

Klassische Normwerte sind: Disziplin, Ehrlichkeit, Engagement, Fleiß, Gehorsamkeit, Rechtschaffenheit, Redlichkeit, Sauberkeit, Sorgfalt, Sparsamkeit, Verbindlichkeit, Verlässlichkeit.

Jeder dieser Normwerte kann für Ihr Franchise-System den profilierenden Markenwert darstellen. Es können aber auch mehrere, zwei bis drei, Normwerte – sich ergänzend – besetzt werden. Ob diese profilierend wirken können, hängt von Ihren Kunden, Ihren Partnern, Ihrer Konkurrenz und der konkreten Situation Ihres Unternehmens ab. Probieren Sie es doch einfach wieder im Geiste aus, diesmal als Normwerte-Spiel.

Natürlich gibt es zu jeder Regel eine Ausnahme, so auch hier. Um Ihnen zu veranschaulichen, wie die Normwerte-Positionierung funktioniert, können wir auch die Gegen-Normwerte-Positionierung auf der gleichen Instanzen-Ebene, dem Über-Ich, betrachten und vornehmen. Auch die Werte dieser Ebene können zur Etablierung und Profilierung Ihrer Franchise-System-Marke erfolgreich genutzt werden, wenn die entsprechende Werte-Zielgruppe für Ihr System groß genug ist. Uns geht es nicht um eine moralische Bewertung dieser Gegenwerte, sondern nur um ein Aufzeigen, wie eine Normwerte-Positionierung funktioniert.

Bedeutung negativer Werte

Gegen-Normwerte zur Positionierung Ihres Franchise-Systems sind beispielsweise die »Sieben Todsünden«. Einen dieser Werte, den »Geiz«, haben Sie sicherlich schon in Deutschland, in der Werbung eines Elektrohandelskonzepts, kennengelernt. Mit dem Wert, der auch im Marken-Claim »Geiz ist geil« ausdrücklich verwendet wurde, wurde sehr erfolgreich geworben. In diesem Zusammenhang wurde deutschlandweit angeregt über einen möglichen gesellschaftlichen Werteverfall diskutiert. Die weiteren Werte der sieben Todsünden lauten: »Eitelkeit«, »Neid«, »Trägheit«, »Völlerei«, »Wollust« und »Zorn«. Dieses scheinbare Anti-Werte-Repertoire lässt sich durchaus noch erweitern. Schauen wir uns dazu ergänzend eine Auswahl der »Menschlichen Laster« an, wie die »Furcht« und die »Habsucht«, den »Hochmut« und die »Ruhmsucht«, das »Selbstmitleid« und die »Traurigkeit«.

Wirkung können diese negativen Normwerte in der heutigen Zeit durch ihre neuartige, zeitgemäße und überraschende Interpretation erzielen. Anders dargestellt als erwartet, können diese Werte für bestimmte Systeme und Marken eine große Aufmerksamkeit, Alleinstellung, Differenzierung und Memorierbarkeit in den dafür empfänglichen Zielgruppen generieren.

Unser Tipp: Erlauben Sie sich einfach einmal, Ihr Werbeumfeld nach den vorgestellten positiven und negativen Normwerten zu durchleuchten. Wer benutzt welche Normwerte – in welchen Branchen? Wer hat seine Marke mit positiven, wer mit negativen Normwerten positioniert?

Entscheidungswerte-Positionierung

Zwei Positionierungsstrategien haben Sie bereits kennengelernt, die Bedürfniswerte-Positionierung und die Normwerte-Positionierung. Entsprechend dem klassischen Instanzen-Modell von Sigmund Freud zielt die Normwerte-Positionierung auf die zielgruppenadäquate Reaktion des menschlichen Über-Ichs, auf die internalisierten Gesetze und Gebote und damit auf eine konforme Regelhaftigkeit, auf Gewissen und Moral. Die Bedürfnis-Positionierung avisiert die Ebene des Es, die in Aussicht gestellte Befriedigung der Bedürfnisse und Triebe durch den Konsum.

Die Entscheidungswerte-Positionierung, um die es in diesem Kapitel geht, betrifft eine weitere Instanz; die, die Sigmund Freud das »Ich« nannte. Das Ich bezeichnet die menschliche Persönlichkeit und die Entscheidungsebene an sich. Wenn wir in wirtschaftlichen Zusammenhängen vom mündigen Bürger und Konsumenten sprechen, zielen wir genau auf diese Ebene der Persönlichkeit. Wir gehen davon aus, dass diese Persönlichkeit rational über die Wahrnehmung des unterbreiteten Angebots, sprich über den Kauf und den Konsum, frei entscheiden kann. Dem ist, wie wir bereits gesehen haben, nicht ganz so. Zwar kontrolliert und entscheidet die Persönlichkeitsinstanz letztendlich nach dem Realitätsprinzip und wir können auch ihre innere Stimme in uns selbst täglich erleben. Sie sagt uns, wer und wie wir sind. Doch sie ist nicht so fest, wie wir glauben. Sie verändert sich einerseits im Laufe des Lebens durch die lebenslange Sozialisation ständig. Andererseits kann sie selbst im Laufe eines Monats, einer Woche oder eines Tages Schwankungen unterliegen. Je nachdem, wie stark sie im Wettbewerb, unter Druck, neudeutsch unter Stress, steht. Sportler trainieren deshalb genau diese Ebene, um ein starkes Wettbewerbs-Ich herauszubilden. Wie wir gesehen haben, ist die Ich-Instanz zudem nicht unabhängig, sie agiert auch nicht rein rational. Zusätzlich sind die Stimmen der Bedürfnisse und Normen hörbar.

Die Persönlichkeit entscheidet sich immer auch auf der Grundlage dieser anderen beiden Instanzen und vor dem Hintergrund der aktuellen Bedürfnislage und der gelernten Gesetze und Moralvorstellungen. Die Persönlichkeitsinstanz steht immer mit beiden Instanzen in direktem Austausch, muss zwischen beiden ständig vermitteln, ihnen standhalten oder nachgeben.

Während es bei der Bedürfniswerte-Positionierung um die richtige Bedürfnisebene und die richtigen Bedürfniswerte geht und die Normwerte-Positionierung auf die richtige gesellschaftliche Vorprägung abzielt, muss die Entscheidungswerte-Positionierung alles tun, um das Selbstwertgefühl des Persönlichkeits-Ichs im Sinne der positiven Konsumentscheidung zu erhöhen und zu bestätigen. Hier geht es also um wertschätzende Bestätigungen im Sinne der angebotenen Produkte und Leistungen. Auch die bereits genannte kognitive Dissonanzreduktion findet auf dieser Ebene statt. Welche Werte spielen nun für eine Entscheidungswerte-Positionierung eine Rolle? Einerseits sind das alle kategorie-, produkt- und leistungsbezogenen Werte, die maßgeblich zur Angebotsdifferenzierung beitragen können, also zum Beispiel die außergewöhnliche Qualität, die besondere Ausstattung, der gute Preis oder das besondere Preis-Leistungs-Verhältnis. In diesem Zusammenhang werden von Kommunikationsagenturen oft die Begriffe »Einzigartiger Verkaufsvorteil«, »Unique Selling Proposition« oder »Single Minded Proposition« gebraucht. Andererseits können auch alle Werte, die bestätigend auf den Entscheider eingehen, genutzt werden.

Die Persönlichkeitsinstanz stellt so etwas wie das Türschloss zum Konsumenten dar. Der passende Schlüssel ist jedoch nicht rein rational geprägt, sondern besteht aus einer genau zu profilierenden Kombination rationaler und emotionaler, bewusster und unbewusster Dimensionen, die herauszufiltern und zu definieren sind. Die Persönlichkeit bildet den Übergang zu den Bedürfnis- und Normwerten, mit denen sie eng verbunden ist. Differenzierende und profilierende Entscheidungswerte können gut in Focus-Gruppen ermittelt oder in Interviews erfragt werden.

Markenpositionierung

Die Positionierungsvorarbeit ist nun geleistet. Die Entwicklung der einzelnen Komponenten der Markenpositionierung haben Sie in den vorangegangenen Kapiteln kennengelernt. Doch wie, mit welchen präzisen Werten, werden Sie Ihre Marke zukünftig positionieren? Hier geht es um das Zusammenführen der von Ihnen definierten Werte aus der Bedürfniswerte-Positionierung, der Normwerte-Positionierung und der Entscheidungswerte-Positionierung. Die Summe der ausgewählten Werte bildet den

Markenkern mit seinen Markendimensionen. Deren Anzahl sollte nicht größer als sieben sein. Mehr als sieben Markenwerte sind, das zeigt die Praxis, selbst mit einem großen Marketingbudget nur schwer am Markt kommunizier- und durchsetzbar.

Bevor wir Ihnen ein Praxisbeispiel zur Verdeutlichung der Markenwerte-Positionierung vorstellen, hier zunächst zwei fiktive Beispiele. Zum einen zeigen wir Ihnen die Markenwerte eines traditionellen, zum anderen die eines innovativen Anbieters. Die ausgewählten Wertedimensionen, also die Bedürfniswerte, Normwerte und Entscheidungswerte, wurden zur Markenwerte-Positionierung zusammengeführt:

Franchise-System 1 (Traditioneller Anbieter):
Markenwert 1 = Sicherheit (Bedürfniswert)
Markenwert 2 = Disziplin (Normwert)
Markenwert 3 = Sorgfalt (Normwert)
Markenwert 4 = Sauberkeit (Normwert)
Markenwert 5 = Qualität (Entscheidungswert)
Markenwert 6 = Preis-Leistung (Entscheidungswert)

Franchise-System 2 (Innovativer Anbieter):
Markenwert 1 = Selbstverwirklichung (Bedürfniswert)
Markenwert 2 = Engagement (Bedürfniswert)
Markenwert 3 = Nachhaltigkeit (Normwert)
Markenwert 4 = Verbindlichkeit (Normwert)
Markenwert 5 = Angebotsvielfalt (Entscheidungswert)
Markenwert 6 = Angebots-Variationsmöglichkeit (Entscheidungswert)

Anhand der differierenden Markenwerte können Sie leicht erkennen, dass es sich bei den beiden Beispielen um grundsätzlich unterschiedliche Franchise-Systeme handelt. Selbst wenn beide in der gleichen Branche tätig wären, würden sie sehr unterschiedlich am Markt agieren und voneinander abweichende Zielgruppen, sowohl Franchise-Nehmer als auch Mitarbeitende und Kunden, ansprechen, einnehmen und binden können.

Im ersten Farbteil haben wir Ihnen das Franchise-System Home Instead Schweiz AG vorgestellt. Der Geschäftsführer Paul Fritz nimmt in seinem dortigen Statement zu den Markenwerten des Unternehmens Stellung, die wir Ihnen an dieser Stelle nochmals als Praxisbeispiel präsentieren möchten. Nach unseren bisherigen Ausführungen müsste es Ihnen leichtfallen, die avisierten Bedürfniswerte, Normwerte und Entscheidungswerte zu unterscheiden:

»Unser Anspruch ist es, individuelle und qualitativ hochwertige Dienstleistungen zu bieten. Dic Marke Home Instead steht für Professionalität, Zuverlässigkeit und Vertrauen, was essenziell ist für den sensiblen Markt, in dem wir tätig sind. Sorgfältig gewählte und geschulte Mitarbeitende sowie umgehendes Reagieren auf Kundenbedürfnisse sind Werte, auf denen unser Erfolg basiert.«

Unser Tipp: Um Ihre Markenwerte einerseits schnell und klar kommunizieren, andererseits auch am Markt messen zu können, empfehlen wir Ihnen die Verwendung von sogenannten Spider-Web-Grafiken. Diese können Sie schnell und einfach mit Ihrer gängigen Büro-Software erstellen, zum Beispiel mit Microsoft Excel.

Die Markenpersönlichkeit

Eine menschliche Persönlichkeit umfasst mehr als die Summe ihrer inneren Werte. Auch bei Marken ist das nicht anders. Darum bestehen die nächsten Schritte Ihrer Markenarbeit aus

1. der Fixierung Ihrer Ziele – in Form einer strategischen Markenvision,
2. der Festlegung Ihrer Wege zur Erreichung dieser Ziele – in Form einer Markenmission – sowie
3. der Formulierung eines Leitbilds und eines Positionierungsgrundsatzes, die beide als Leitstern für das Unternehmen, die Mitarbeitenden, Partner und Kunden fungieren.

Eine Übersicht der unterschiedlichen Bestandteile der Markenpersönlichkeit finden Sie wieder als Franchise-Denkwerkzeug im dritten Kapitel.

Die Markenvision

Eine Markenvision ist ein strategisches Werkzeug zur Ausrichtung und Führung einer Marke. Sie stellt das avisierte Ziel in einem festgelegten Zeithorizont dar. Die Basis bildet die aktuelle Markenstärke, die so in die Zukunft transferiert wird, dass maßgebliche Veränderungen, die in der Zukunft eintreten sollen, qualitativ erkennbar, erlebbar und nachvollziehbar werden. Markenvisionen, die meist auf einen Zeithorizont von bis zu zehn Jahren zielen, werden immer ganz individuell für die entsprechende Markensituation erarbeitet. Markenvisionen eignen sich deshalb als Führungsinstrument, weil sie das Unternehmen im Sinne der Markenziele ausrichten und zielgerichtet Aktivitäten und Entscheidungskorridore im Voraus anlegen und öffnen. Dadurch dass sie Identifikation bieten und ehrgeizige Ziele setzen, fördern sie das Engagement und Verantwortungsgefühl sowohl der Mitarbeitenden als auch der Franchise-Nehmer im Sinne der Zielsetzung. Positiv, optimistisch und motivierend verfasst, ist ihre Wirkung nach innen, auf die Unternehmenskultur und den Führungsstil, am stärksten. Aber auch nach außen können Markenvisionen bewusst eingesetzt und kommuniziert werden. Dann werden sie meist im Business-to-Business-Bereich als stärkendes Persönlichkeitskennzeichen wahrgenommen.

Formulieren Sie Ihre Markenzielsetzung als klare und zukunftsweisende Markenvision. Wo soll Ihre Marke in zehn Jahren stehen? Welche Verbreitung und welche Bedeutung soll sie haben? Auf welchen Märkten wird Ihre Marke vertreten sein? Wird sie Märkte gestalten oder Märkten folgen? Wie soll in Zukunft Ihr Kompetenzbereich aussehen? Wird Ihre Marke spezialisierter als heute auftreten oder eine breitere Kompetenzbasis aufweisen?

Die Markenmission

Die Markenmission gibt die Richtung und den Weg vor, wie das übergeordnete Ziel, die Markenvision, verwirklicht werden soll. Dadurch ermöglicht sie zielgerichtetes Arbeiten, ohne zu sehr einzuengen. Die Flexibilität für notwendige Anpassungen an sich verändernde Marktverhältnisse sollte immer bestehen bleiben. Der unbeirrbare Blick auf das Ziel aber ebenfalls. Die Markenmission beschreibt den Auftrag und Zweck der Marke sowie die Beziehungen vom eigenen Unternehmen zu den Partnern, den Kunden und sonstigen Märkten.

Formulieren Sie Ihre präzise Markenmission, Ihren strategischen Weg, wie Sie Ihre Markenziele verwirklichen wollen. Welche Wege sind einzuschlagen, welche Schritte sind notwendig? In welcher Zeit können welche Teilziele realisiert werden? Von wem? Wie sehen die Verantwortlichkeiten, wie die Pflichten sowohl der Systemzentrale als auch der Franchise-Nehmer dafür aus? Markendenken bedeutet hier die Entwicklung einer durchdachten und nachvollziehbaren Markenstrategie.

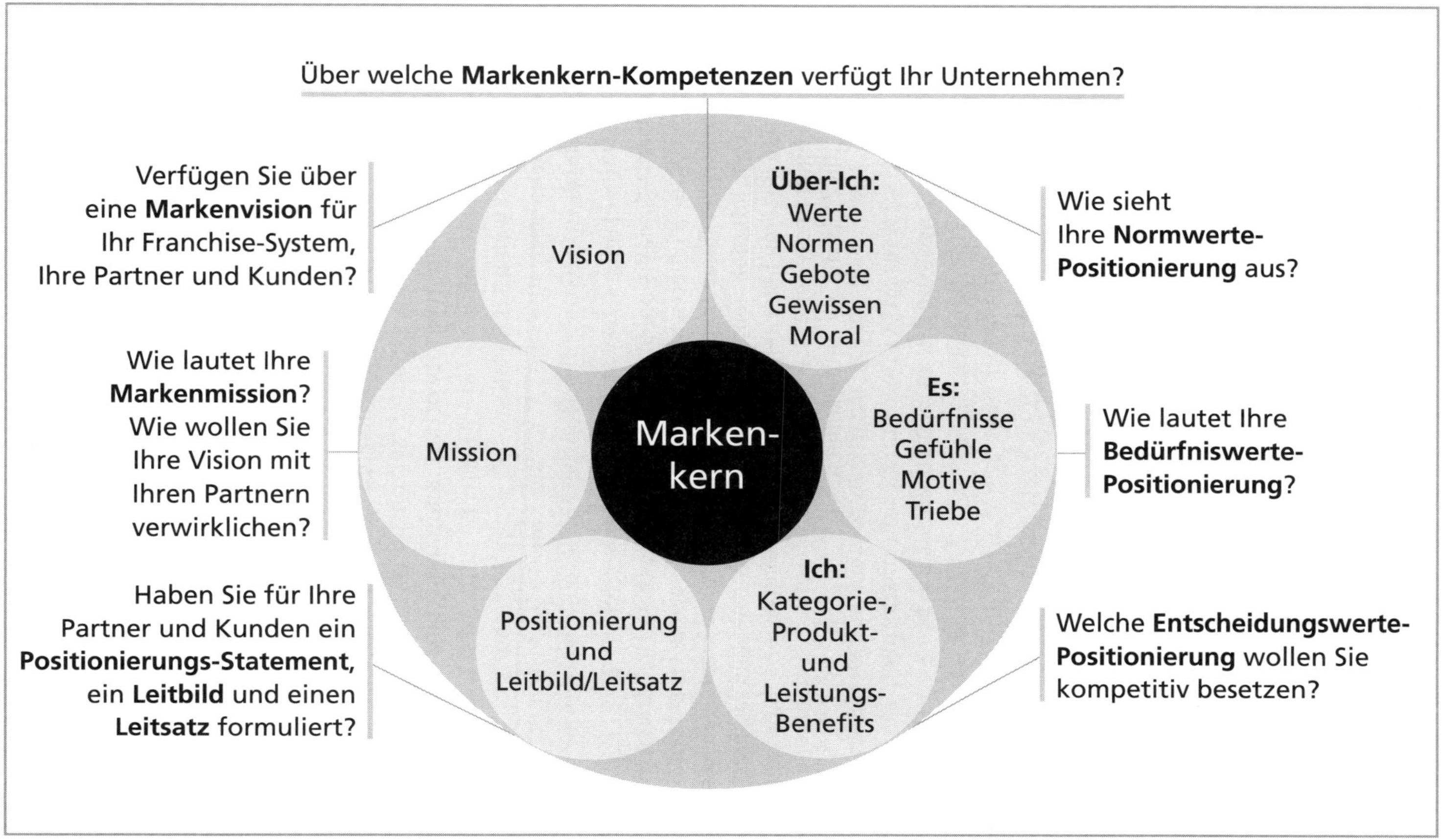

Abbildung 13: Franchise-Denkwerkzeug – Markenpersönlichkeit

Das Markenleitbild

Das Markenleitbild ist ein übergeordnetes Orientierungswerkzeug und Führungsinstrument für Ihre gesamte Unternehmensmarke. Es entfaltet seine Wirkung sowohl auf die Franchise-Zentrale und ihre Mitarbeitenden als auch auf die Franchise-Nehmer und deren Mitarbeitende, sowohl auf die Zulieferer und die Finanzumwelt als auch auf die Kunden. Es bietet einen klaren und einnehmenden Handlungsrahmen und vermittelt auf rationale und emotionale Art und Weise die Markengrundsätze, Normwerte und Verhaltensrichtlinien der Marke. Motivierend und informierend bieten Leitbilder Identifikationsmöglichkeiten und prägen Zusammengehörigkeits- und Wir-Gefühle. Dadurch setzen sie zielgerichtet Energien und Kräfte frei, die zu Eigenverantwortung und Engagement jedes Einzelnen führen.

Leitbild für Puma

»Das Leitbild für Puma sowie für unsere Partnerschaften und Engagements weltweit ist die PumaVision. Sie vereint die Konzepte und Initiativen von Puma zum Thema unternehmerische Nachhaltigkeit und soziale Verantwortung. Die vier Prinzipien der PumaVision fair, ehrlich, positiv und kreativ sind der Kompass für unser Unternehmen, unsere Mitarbeiter, Partner und Anspruchsgruppen bei allen unseren Entscheidungen. Mit der PumaVision folgen wir unserer Vision von einer besseren Welt – einer Welt, die friedlicher, sicherer und kreativer ist als die Welt, die wir heute kennen.«

Das Markenpositionierungs-Statement

Um die innere Markenpersönlichkeit so zusammenzufassen, dass sie als Basis für die äußere Markengestaltung dienen kann, sollten Sie Ihre Markenkompetenz und Ihre Markenwerte in ein anschauliches, griffiges und einnehmendes textliches Positionierungs-Statement zusammenfassen.

Das Statement von Esprit, das Sie auf den Beispielseiten im zweiten Farbteil finden, beginnt mit so einem anschaulichen Positionierungs-Statement: »Esprit ist eine internationale junge Lifestyle-Marke, welche dem Kunden Modetrends als bezahlbaren Luxus offeriert.«

avec Mission-Statement: »Wir begeistern unsere Kunden jeden Tag mit frischen Ideen, die gute Laune verbreiten.«

Auch das Franchise-System Home Instead Schweiz AG öffnet mit wenigen Worten die Welt, in der es tätig ist: »Die meisten betagten Menschen wünschen sich, daheim alt werden zu dürfen. Wir von Home Instead übernehmen gesellschaftliche Verantwortung, indem wir Senioren und Seniorinnen ein erfülltes Leben zu Hause ermöglichen und pflegende Angehörige entlasten.«

Zu guter Letzt, das beispielhafte Positionierungs-Statement des DMV Deutscher Marketing Verband: »Der Deutsche Marketing-Verband ist die erste Adresse für alle Personen, die sich dem Marketing und der marktorientierten Unternehmensführung verschrieben haben und sich fundiert und aktuell mit neuesten Entwicklungen im Markt auseinandersetzen.«

Markenaufbau nach außen

Den inneren Markenaufbau haben Sie im vorigen Kapitel abgeschlossen. Jetzt verfügen Sie mit dem klaren und starken inneren Markenpersönlichkeitsprofil über eine gute Basis, um Ihre Marke auch äußerlich markenadäquat zu gestalten. In der nun anstehenden Phase geht es darum, die theoretisch durchdachten und formulierten Markenerkenntnisse und Markenwerte konsequent und konsistent auf die gesamte Marke, auf das Markendesign, die Markenkommunikation, das Markenverhalten, das Markenerlebnis und die Markenarchitektur mit höchster Glaubwürdigkeit und Selbstähnlichkeit zu übertragen.

Das Markendesign

Das Markendesign umfasst die gesamte äußere Gestaltung aller Bereiche Ihres Franchise-Systems, die zur Markenprofilierung geeignet sind. Dieser Aufgabenbereich ist weit umfangreicher und komplexer als die Gestaltung eines Unternehmenslogos und die Auswahl einer Schrift für den Briefkopf und die Visitenkarte.

Wir werden Ihnen im Folgenden die Bandbreite der Aufgaben und Möglichkeiten sowie die damit verbundenen Profilierungschancen aufzeigen und darstellen. Dieses Kapitel kann Ihnen aber aus Platzgründen nur eine Übersicht geben und Sie für diesen großen Bereich, der dicke Fachbücher füllt, sensibilisieren. Wichtig erscheint es uns aber trotzdem, an dieser Stelle darauf hinzuweisen, dass Sie zur Entwicklung eines nachhaltig wirksamen Markendesigns unbedingt einen guten professionellen Grafiker oder Designer beauftragen sollten. Es sei denn, Sie schneiden sich auch selbst die Haare und schneidern Ihren Anzug in Heimarbeit. Das Markendesign, die äußere Markengestaltung, kommuniziert sowohl rational als auch intuitiv-emotional, sehr schnell und direkt. Was Sie mit

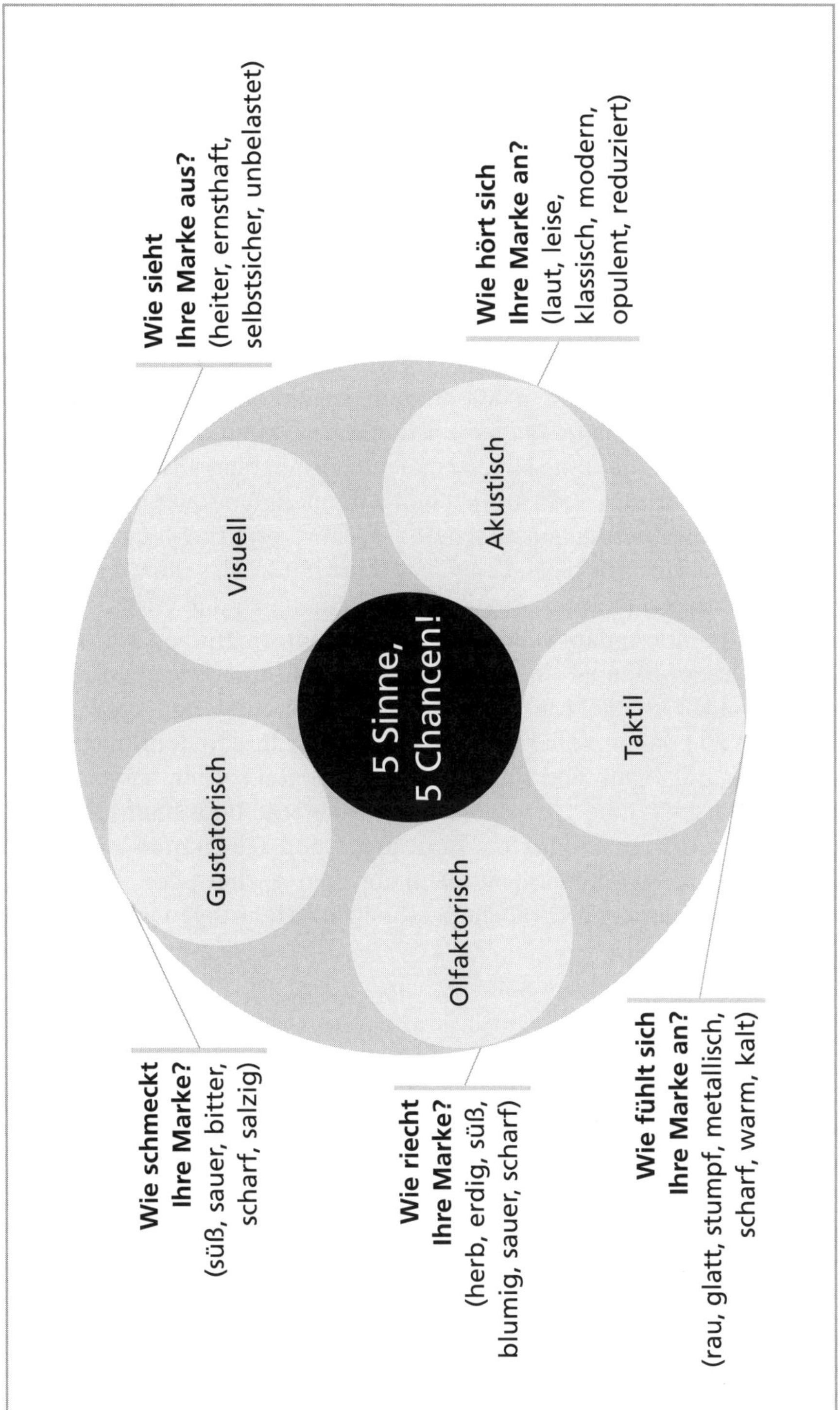

Abbildung 14: Franchise-Denkwerkzeuge – Markendesign

Ihrer Marke darstellen wollen und was Sie tatsächlich darstellen können oder eben nicht können, wird sofort wahrgenommen, entschlüsselt und bewertet. Ein hoher Anspruch ohne eine ebensolche Gestaltung lässt Irritationen und Unsicherheiten entstehen, die Ihre Marke schwächen, wie wir in unserer Franchise-Wahrnehmungsanalyse bereits aufgezeigt haben.

Grundsätzliche Designentscheidungen

Die grundsätzliche Leistung, die ein guter Designer an dieser Stelle erbringen kann, besteht darin, das in den Markenwerten formulierte Anspruchsniveau möglichst verlustfrei auf eine ästhetische Gestaltung zu übertragen. Dabei hat er das ästhetische Niveau und die Formgebung festzulegen, eine Auswahl von Schriften und Farbigkeiten vorzunehmen sowie die Nutzung von Flächen und Freiräumen zu fixieren. Weitere Entscheidungen sind zu treffen, auf die wir nachfolgend eingehen. Und natürlich gehört das bereits angesprochene profilierende Marken-Logo/-Signet zu den Grundelementen der Markendesignentwicklung. All diese Informationen sollten sich in Ihrem Design-Manual für Ihre Systemzentrale und Franchise-Partner widerspiegeln. Um die Markengestaltung kompetent und realitätsnah vornehmen zu können, sollte Ihr Markendesigner Ihre Systemzentrale besucht haben, mit Ihnen und Ihren Mitarbeitern gesprochen haben, einige Ihrer Franchise-Nehmer persönlich kennengelernt und einen persönlichen Bezug zu Ihren Produkten, Leistungen und Geschäften entwickelt haben. Markendesign kann nicht allein aus dem Atelier oder Studio heraus entwickelt werden. Es braucht persönliche Erfahrungen mit dem, was gestaltet werden soll.

Fünf Sinne, fünf Chancen

Markendesign wird überwiegend als visuelle Gestaltung angesehen. Design bietet aber weit mehr. (Siehe dazu auch unser Franchise-Denkwerkzeug Markendesign im dritten Kapitel.) Der Mensch hat fünf Sinnesorgane, die Augen, die Ohren, die Haut, die Nase und die Zunge. Daraus ergeben sich fünf Sinneschancen, die jede Marke für sich nutzen kann und sollte. Das bestätigt auch die englischsprachige wissenschaftliche Theorie »Multisensory Enhancement«. Sie besagt, dass sich ein über mehrere Sinneskanäle wahrgenommener Reiz verstärkt und dazu führt, dass Botschaften bis zu zehnmal intensiver wahrgenommen werden. Die starken körperlichen Reaktionen hängen wohl mit unserem angeborenen Gefahrenfrühwarnsystem zusammen. Hirnscans würden zudem belegen, dass sensorische Prozesse Eindrücke schneller und ungefilterter verarbeiten. Kein Wunder also, dass große Markenunternehmen diese Chancen frühzeitig erkannt haben und bereits seit über zehn Jahren an Markenverstärkungen, Markendifferenzierungen und Gedächtnisankern über die Sinne arbeiten. So sind die neuen Berufe des Scent-Designers für das Geruchsdesign und des Sound-Designers für das akustische Design entstanden. Für das Sound-Design gibt es an der Berliner Universität der Künste einen begehrten Studiengang.

Doch wo liegen die realistischen und bezahlbaren Ansatzpunkte und Chancen der sinnhaften Gestaltung? Wir denken, sie liegen für Ihr Franchise-System darin, dass Sie sich ab heute der verstärkenden Wirkung multisensorischer Botschaften für Ihre Marke bewusst sind. Ab jetzt werden Sie, offenen und sensibilisierten Auges, ständig entdecken, wo Möglichkeiten bestehen und neue Chancen sich entwickeln, um Ihre Marke multisensorisch weiterzuentwickeln.

Zum Beispiel beim wachsamen Besuch Ihres Pilotbetriebs: Wie repräsentiert Ihr Geschäft außen und innen Ihre Marke (visuell: Farbigkeit, Licht, Materialien, Raumgestaltung)? Ist Ihr »begehbares Markenerlebnis« eher einladend oder abwehrend gestaltet? Was hören Sie beim Betreten (akustisch: Türknarren, Schritte, Hallen lauter Gespräche oder Geräusche von Maschinen)? Was würden Sie sich wünschen, zu hören (Musik, Meeresrauschen, Vogelgezwitscher, eine für Ihre Marke typische Melodie oder Geräusche von bestimmten Materialien)? Was riechen Sie in Ihren Geschäften (Autoreifen, Öl, Plastik, chemische Substanzen) und was würden Sie gern riechen (Leder, Holz, Natur, Früchte)? Wo und wie kann Ihr Kunde Ihre Marke im Laden und an Ihrem Angebot ertasten (Türgriff, Tresen, Oberflächen)? Wird der Geschmackssinn im Sinne Ihrer Markenpositionierung angesprochen (Wasser, Kaffee, Süßigkeiten, Obst)?

Um die starke Bedeutung der gezielten Sinnesansprache im Rahmen der Markenbildung auch für Ihr Franchise-System zu unterstreichen, möchten wir Ihnen an dieser Stelle wieder ein Praxisbeispiel vorstellen: Das Franchise-System »Wax in the City«.

Die Mitgründerin und Geschäftsführerin Christine Margreiter sagt dazu: »Das Thema Sinne wird zum Teil völlig unterschätzt, vor allem der Geruch und die Akustik.«

In den Wax-in-the-City-Studios werden ganz bewusst sensorische Reize eingesetzt. Und zwar in allen Studios die gleichen. Auf diese Weise wird das Markenerlebnis überall auf dem gleichen Niveau gehalten. Die multisensorischen Ratings, die vorgenommen wurden, dürfen wir Ihnen hier zur Veranschaulichung präsentieren:

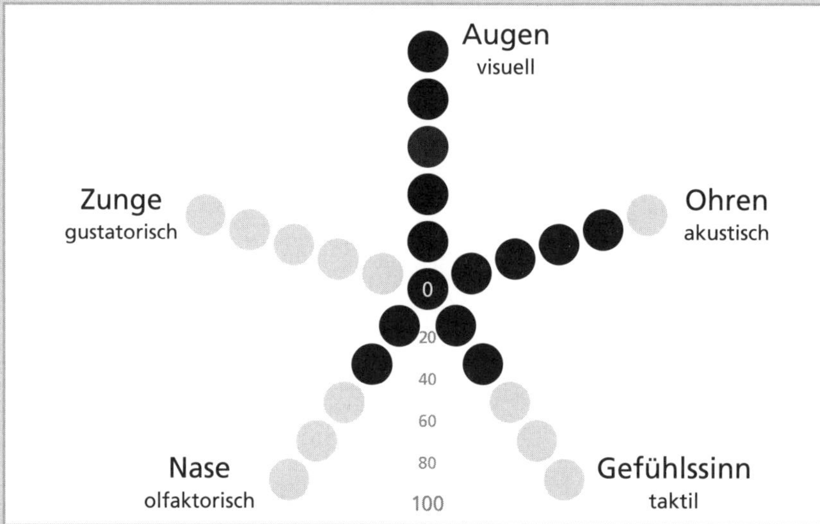

Abbildung 15: Multisensory Rating des Franchise-Systems Wax in the City

Bezogen auf einen absoluten Wert von 100 Prozent werden die einzelnen Sinnesorgane folgendermaßen angesprochen:

Nase: 40 Prozent

Geruch nach Bienenwachs; in Zukunft wollen wir unseren eigenen Duft entwickeln und diesen Sinn noch mehr ansprechen. Ziel: Steigerung bis 80 Prozent.

Augen: 100 Prozent

Abgestimmtes Corporate Design. Exklusives Studiodesign: vor allem der Überraschungseffekt, da man von außen keinen beziehungsweise nur teilweise Einblick in das Waxing-Studio bekommt. Auch deshalb, weil man sich von einem Studio im Kosmetikbereich etwas anderes erwartet. Zusätzlich: einheitliche, aber doch in den Farben unterschiedliche Mitarbeiterkleidung (rot, lila, orange).

Zunge: 0 Prozent

Ohren: 80 Prozent

In allen Studios spielt dieselbe Musik. Sie wird von einem DJ zusammengestellt und alle drei Monate gewechselt. Wir prüfen derzeit, ob wir einen Sampler auf den Markt bringen, da uns die Kunden immer wieder darauf ansprechen. Die Musik wird nicht als Hintergrundmusik betrachtet, sondern als eigenes akustisches Stilmittel.

Gefühlssinn: 40 Prozent

Der Tastsinn wird einerseits durch das Wachs angesprochen, Warmwachs, das direkt auf den Körper mit einer speziellen Methode aufgetragen wird, und natürlich auch durch das Entfernen des Wachses, andererseits sind die Auflagen der Liegen (Kunstleder, Papierauflage), die Wärme im Lounge-Bereich und die Holzliegen in den Kabinen angenehm auf der Haut, zugleich sind die Oberflächen hygienisch glatt und sauber.

Die Anwendungsbereiche

Sie wollen Ihrer Marke ein einzigartiges Design geben. Entsprechend umfangreich und vielfältig sind die Anwendungsbereiche, speziell wenn Sie alle fünf Sinne, sich ergänzend, ansprechen wollen. Dabei sollten Sie im Sinne einer konsequenten Markenstärkung mit größter Selbstähnlichkeit agieren, sodass immer eindeutig ein konkreter Absender, nämlich Ihre Marke, identifizierbar ist. Doch wo sollten Sie starten und welche Schritte sind in welchem Umfang notwendig?

Zunächst einmal beginnen Sie nicht gleich bei der Visitenkarte oder dem Logo. Lassen Sie sich von Ihrem Grafiker, Designer oder Ihrer Werbeagentur einen grundlegenden Markenauftritt entwickeln. Wie sieht Ihr neuer Markenauftritt in seiner Gesamtheit aus? Repräsentieren Form- und Farbgebung und die Materialität in der Gesamtanmutung Ihre Bedürfniswerte-, Normwerte- und Entscheidungswerte-Positionierung, Ihre Anspruchshaltung und Markenpersönlichkeit? Ist das neue Design für Ihr Franchise-System, Ihre Franchise-Nehmer und Kunden, für Ihre Geschäftsbereiche und Produkte funktional und ökonomisch einsetzbar? Lässt es sich auch in den von Ihnen avisierten Auslandsmärkten mit gleicher Zielsetzung und Differenzierungskraft einsetzen? Haben Sie ein gutes Gefühl dabei und können sich dieses auch noch selbst erklären? Dann ist es gut. Wenn Sie stark sind, lassen Sie auch ausgewählte Franchise-Partner und Kunden auf den ersten Entwurf schauen, um eine erste Reaktion zu erhalten. Achten Sie bei der Bewertung der Reaktionen jedoch darauf, wie stark Ihr jetziger Entwicklungsstand mit der vorgestellten, neu designten Marke verglichen wird und wie stark die avisierte Zielvorstellung in die Bewertung eingeht. Durch Ihr neues Markendesign wollen Sie einen großen Schritt nach vorn gehen, dürfen Ihre Persönlichkeit dabei aber nicht verlieren. Wenn Sie sich in der Gesamtanmutung Ihrer Marke sicher sind, können Sie in die Feinarbeit einsteigen und sich Ihre Geschäftsausstattung erarbeiten lassen. Dafür werden letztendlich das Logo, die Schriften und Farbigkeiten weiter abgestimmt.

Mit dieser Grundausstattung haben Sie den Anfang Ihres Designhandbuchs erstellt, das jetzt gefüllt werden muss. Wie sieht die neue oder optimierte Gestaltung Ihres Pilotbetriebs, wie die Gestaltung der weiteren Niederlassungen und wie die Ihrer Systemzentrale aus? Wie ist das Markendesign in der äußeren und inneren Gestaltung erfahrbar? Wie werden Ihre Produkte präsentiert? Wie sind die Mitarbeiter gekleidet? Wie ist die Beleuchtung konzipiert? Gibt es eine Einbindung von digitalen Verkaufshilfen (Digital Signage)? Auch diese sollten in die entwickelte Designsprache passen. Wie werden mobile Verkaufseinheiten gestaltet, wie die Firmenfahrzeuge? Wie sieht Ihre Designsprache für Ausstellungen und Messen aus? Werden Sie einfache und wiederverwendbare, umweltverträgliche Module im Sinne Ihrer nachhaltigen Markenpositionierung nutzen oder einmalige komplexe, schillernde Erlebniswelten entstehen lassen? Wie gestalten Sie Ihren virtuellen Auftritt in festen und mobilen Off- und Online-Medien?

Die Markenkommunikation

Ganz dicht auf die Arbeitsphase zum Markendesign, sich teilweise überlappend, folgt die Phase der Markenkommunikation. Darunter verstehen wir Marken bildende Elemente aus der Kommunikation, die wie Steine aus einem Baukasten, sich ergänzend und verstärkend, eingesetzt werden können. Zur besseren Übersicht haben wir Ihnen auch hierzu ein Franchise-Denkwerkzeug entwickelt, das Sie im dritten Kapitel finden. Entsprechend der zeitlichen Überlappung beider Arbeitsphasen finden Sie auch in der Praxis Gestalter, die beides können. Designer, die auch Markenkommunikation gestalten, sowie Grafiker und Werbeagenturen, die auch Design entwickeln. Wer hier für Ihre Marke besser geeignet ist, lässt sich nur individuell beantworten.

Der Markenname

Beginnen wir mit dem zentralen Element der Markenkommunikation, mit dem Markennamen. Dieser soll schnell, eindeutig und kompetent die Markenpersönlichkeit über alle Kanäle und gegen starken Wettbewerb durchsetzen können. Der wohl am häufigsten bei der Namenswahl gemachte Fehler: Franchise-Gründer geben ihrem »Kind« bereits den verbindlichen Namen, noch ehe sie wissen, welche Persönlichkeit es annehmen wird. »Wie im richtigen Leben« halt. Doch wenn der Name nicht oder falsch kommuniziert wird, nicht passt und eventuell geändert werden muss, können Kosten entstehen.

Zweithäufigster Fehler: die Selbstverliebtheit von Franchise-Gründern, die ihren Eigennamen unbedingt mit dem Franchise-Systemnamen verbinden wollen. Diese Strategie ist nur in wenigen Fällen wirklich ratsam. Erfolgreiche Beispiele finden wir im Bereich der Kultur und der Fitness. Generell ist jedoch anzuraten, das Franchise-System auch im Bereich der Namensgebung vom Gründer abzukoppeln und die Namenswahl an den Bedürfnissen der Zielgruppen zu orientieren. Ihre Franchise-Nehmer können sich im Allgemeinen sehr viel schneller und intensiver mit Markennamen identifizieren, die nicht der Gründerperson oder -familie entsprechen.

Der dritthäufigste Fehler betrifft sowohl die Namensentwicklung als auch den Namensschutz. Denken Sie daran, wenn Sie einen Markennamen für Ihr expandierendes Franchise-System entwickeln, in welche ausländischen Märkte Sie damit expandieren wollen. Nicht überall kommen Namen gleich gut an. Oft sind sie in ausländischen Märkten weniger gut aussprechbar oder sie haben andere, schlimmstenfalls kontraproduktive Bedeutungen. Wichtig ist auch ihr rechtlicher Schutz. Bedenken Sie von Beginn an, Ihren Markennamen länderübergreifend schützen zu lassen, wenn Sie vorhaben, in andere Länder zu expandieren. Vor dem Schutz erfolgt die Abklärung, ob er in dem entsprechenden Land eventuell bereits Namensrechte verletzt. International arbeitende Namensagenturen haben sich darauf spezialisiert, Markennamen zu entwickeln, die einerseits im Sinne der Konsumenten und avisierten Märkte funktionieren, andererseits schutzwürdig sind.

Einbindung von Testimonials

Testimonials (bekannte Persönlichkeiten), die Pate stehen für ein Franchise-Unternehmen, werden immer beliebter, um die Marke positiv aufzuladen und zum Beispiel in neuen Märkten schneller Fuß zu fassen – ohne jedoch im Markennamen zu erscheinen. Die spanische Modekette Mango lässt zum Beispiel von der Schauspielerin Penélope Cruz und ihrer Schwester Monica zum vierten Mal eine Kollektion entwerfen. Mango als Franchise-System ist in über 90 Ländern vertreten und gehört zu den Top 500 der europäischen Franchise-Unternehmen. Das deutsche Ernährungs- und Bewegungskonzept 360° wird unter der Mitwirkung von Sylke Otto, der erfolgreichen Rennrodlerin und Olympiasiegerin weiterentwickelt, und vermarktet.

Der Marken-Claim

Das zweitwichtigste, wortbasierte und profilierende Element der Markenkommunikation ist der Marken-Claim. Zwar gibt es immer wieder Unternehmen, die behaupten, sie bräuchten keinen Claim, die Zeit lehrt uns aber das Gegenteil. Der Claim ist ein konzentriertes Markenstatement. Er kommuniziert schnell, klar und einnehmend, sowohl rational als auch emotional. Dabei setzt er Gedächtnisanker zur Marke. Hier einige Praxisbeispiele:

- Asisi Visual Culture GmbH: »Rundum staunen«
- Avec: »... 365 Tage frisch gelaunt!«
- Little John Bikes AG: »Begeisterung erfahren«
- Hamm Reno Group: »Die behalt' ich gleich an.«

Markenworte und Markensprache

Neben dem konzentrierten Marken-Claim können weitere profilierende Worte und Sätze in die Markenkommunikation eingebracht werden, sodass diese Schritt für Schritt zu einer eigenen Markensprache heranwachsen. Das kann damit beginnen, die Kunden auf eine ganz spezielle Art zu begrüßen, kann über Markenwert profilierende Produktbeschreibungen reichen und zu markenspezifischen Sprachritualen führen. Sprache drückt zum Beispiel Wertigkeit aus. Wer hochwertige und anspruchsvolle Produkte und Leistungen anbietet, sollte auch das Kapital der Sprache und dessen Möglichkeiten im Sinne der Marke ausnutzen. Das Möbelhaus Ikea hat sich eine beispielhafte Markensprache in schwedischer Anmutung entwickeln lassen, die konsequent umgesetzt wird und bis in die Stellenanzeigen reicht. Ziel der Markenworte und Markensprache ist einerseits die Differenzierung zur Konkurrenz, andererseits das Erzeugen von Zugehörigkeit zur Welt der Marke.

Das Markenlogo

Das Logo gehört sowohl in den Bereich des Markendesigns als auch in den der Markenkommunikation. Deshalb bieten Ihnen sowohl Designer als auch Grafiker die Logogestaltung an. Wichtig in der Logogestaltung ist die möglichst universelle Verwendungsmöglichkeit sowie schnelle und eindeutige Zuordnung zu Ihrer Marke. Wenn Ihr Grafiker es schafft, Ihnen ein Markenlogo zu entwickeln, das Sie, Ihre Partner und Kunden sofort in der Browserzeile, vor Ihrer Internetadresse, wiedererkennen und von anderen unterscheiden können, und es immer noch ästhetisch aussieht, hat er eine gute Leistung erbracht.

Markenbilder

Die Entwicklung einer markenspezifischen Bilderwelt ist für viele Franchise-Systeme noch immer eine ganz spezielle Herausforderung und vielen ein Buch mit sieben Siegeln. Zwar erkennen viele Menschen, um welche Marke es geht, wenn sie einen Cowboy mit rotem Hemd, Weste und Cowboyhut Pferde einfangen sehen, doch eine Übertragung auf die eigene Marke erscheint ihnen unmöglich. Schließlich sei man kein großes Unternehmen, stehe erst am Anfang und wäre sowieso in einem ganz anderen Markt tätig. Hierzu gibt es zwei Dinge aus unserer Praxis zu sagen. Erstens: Fast alle Unternehmen, die wir in unserer jeweils über zwanzigjährigen Berufspraxis beraten haben, behaupteten, »in ganz speziellen Märkten tätig zu sein«, die sich »sowieso nicht mit anderen vergleichen lassen«. Und zweitens: Wir haben in der genannten Zeit kaum ein Unternehmen kennengelernt, das es sich leisten konnte, auf eine eigene Bildsprache zu verzichten. Gerade in wirtschaftlich angespannten Zeiten, in denen auf die Marketingausgaben geachtet werden sollte, kommt es darauf an, das Budget so anzulegen, dass sich die Investitionen lohnen und sich die Wirkungen vervielfältigen. Das ist ja der Grundansatz für die Marke. Jede Investition in die Marke soll das Markenkapital erhöhen. Wenn Sie also eine eigene Bildsprache für die visuelle Darstellung in Fotografie, Film, Internet und Grafik entwickeln, und das können auch Kleinstunternehmen und Existenzgründer, dann vervielfältigt sich die Wirkung mit der Zeit und jedem neuen Visual, das Sie verwenden. Ihre Markenwelt wird schneller verstanden und zugeordnet sowie intensiver aufgenommen.

Der Marken-Jingle

Die akustische Welt gewinnt zunehmend an Bedeutung für die Profilierung von Marken. Marken-Jingles sind dabei die langlebigste und klassischste Form, das Wiedererkennen zu gewährleisten. Das wird durch Melodien zu Beginn und am Ende eines Funk- oder TV-Spots erreicht. Melodien, also bestimmte Tonfolgen, haben sich unter anderem deshalb so erfolgreich als Marken bildend herauskristallisiert, weil nur sie als sichtbares Zeichen beim Deutschen Patent- und Markenamt als Marke zu registrieren sind.

Marken-Sinnesprägung

Hier sind wir bei einem wichtigen Thema. In unserem Franchise-Denkwerkzeug Markenkommunikation, im dritten Kapitel, stellen wir Ihnen weitere Bereiche zur Markenprofilierung vor; beispielsweise Markengeräusche, Geräuschlandschaften, Geruch, Geschmack und Materialien. Für einige Ansätze können Sie Markenschutz beantragen, wenn Sie sich damit maßgeblich von Ihren Konkurrenten differenzieren und schützen wollen. Aber das ist nicht in allen Bereichen möglich. Geruch lässt sich beispielsweise bisher in Deutschland nicht schützen, weil es keine eindeutig nachvollziehbare visuelle Darstellung dafür gibt. Die einzige bisher eingetragene Marke wurde gelöscht. In anderen Ländern wie in den USA ist das aber möglich. Wir gehen davon aus, dass es zukünftig in Europa in immer mehr Bereichen Markenschutz geben wird. Sie sollten deshalb frühzeitig nach einem guten Markenanwalt Ausschau halten, der Sie entsprechend beraten kann. Das hilft Ihnen, Fehlinvestitionen zu vermeiden und Chancen frühzeitig zu erkennen. Darüber hinaus können Sie aber beginnen, durch die Zusammenstellung Ihres ganz individuellen Markenkommunikationsportfolios Ihre Marke eindeutig und stark zu profilieren.

Das Markenverhalten

Das gesellschaftlich relevante Verhalten hat für die Markenprofilierung eine nicht zu unterschätzende Bedeutung, die zudem stetig weiter wächst (siehe dazu auch das Franchise-Denkwerkzeug Markenverhalten in Kapitel 3). Unternehmensmarken werden zunehmend daran gemessen. Normadäquates Verhalten wird durch Konsum belohnt, abweichendes wird mit Kritik und Missachtung sowie Aufmerksamkeits- und Konsumentzug bestraft. Die Normwerte-Positionierung Ihres Franchise-Systems wird darum umso wichtiger.

Aktuell ist der Hauptprofilierungsbereich die Nachhaltigkeit, also das ausgewogene Umsetzen der ökonomischen, ökologischen und sozialen Werte. Ist Ihr Franchise-System umweltkompatibel? Hat es einen neutralen »ökologischen Fußabdruck« oder trägt es zu einer besseren Umweltbilanz bei? Sind die Verträge mit Ihren Mitarbeitern und Zulieferern fair? Setzen Sie Maßnahmen ein, die Ihren Partnern und Mitarbeitern auch langfristig Wachstum, Einkommen und Auskommen sichern? Dann sind das Chancen zur Markenprofilierung. Aber auch darüber hinaus bieten die Bereiche Bildung, Gesundheit, Ethik, Kultur, Ästhetik und Technologie Werte, die für die Gesellschaft in positiver Art und Weise genutzt werden können und damit gesellschaftsrelevant sind. Hier liegen wertvolle Profilierungsschätze der Zukunft, die erst noch gehoben werden müssen.

Tragen Sie hier die Werte ein, die Sie glaubhaft realisieren

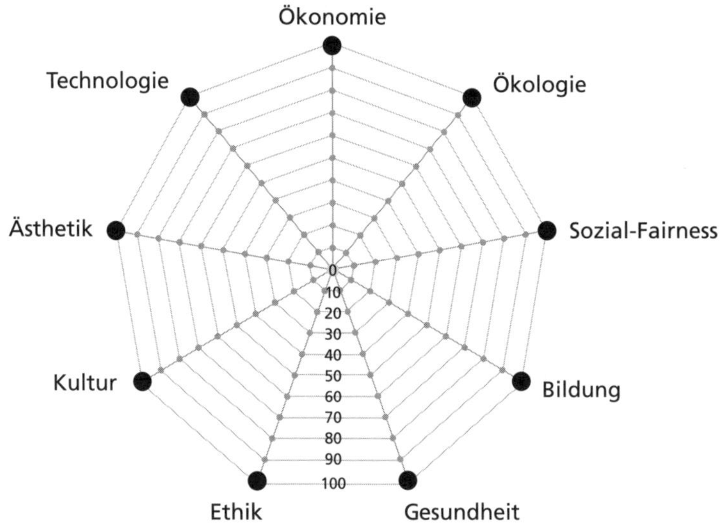

Abbildung 16: Franchise-Denkwerkzeug – Markenverhalten

Der Marketing-Mix

Bis hierher haben wir uns mit der bedürfnis- und wertegerechten inneren und äußeren Positionierung und Profilierung Ihrer Marke für alle Sinne beschäftigt. Diese wird aber erst dann reale Stärke und Durchschlagkraft gewinnen, wenn sie über den gesamten Marketing-Mix authentisch, konsistent und konsequent, nach innen und außen aufgebaut und gesteuert wird. Hierzu durchleuchten Sie mit Ihrem nun geschulten Markenblick nacheinander die vier Kernbereiche des Marketing-Mix, nämlich

- die Produkte und Leistungen,
- die Kommunikation,
- den Vertrieb und
- den Preis.

Stellen Sie sich die Frage, ob und wie Ihre Marke jeden dieser Bereiche durchdringt und gestaltet. Und wie Sie die Wirkung optimieren können, um Ihr Markenkapitel zu erhöhen und zu stärken.

Zum Produkt-Mix: Wirken Ihre Produkte und/oder Dienstleistungen in ihrer gesamten Erscheinungsform, in ihrer Größe, Konsistenz und Gestaltung, mit den Farben und Oberflächen eher anziehend oder eher abstoßend? Wie müssten sie sein, damit sie eine optimale Faszination und Anziehung im Sinne der Marke ausstrahlen?

Zum Kommunikations-Mix: Ist die Markenkommunikation, also alle kommunikativen Äußerungen, wie die Werbung und Public Relations, die Promotions und Verkaufsförderung, Events und Dialogmarketingmaßnahmen, die internetbasierte und mobile Kommunikation, markenadäquat? Stimmen die Themen und die Umsetzungen, die Wortwahl, die Fotografien und Animationen oder Filme zu Ihrer Markenpositionierung? Belegen Sie mit Ihren Anzeigen, Bannern oder PR-Meldungen die richtigen, das heißt markenadäquaten Kommunikationskanäle? Stimmen die Art, der Zeitpunkt, die Dauer und Stärke der Belegung?

Zum Vertriebs-Mix: Entsprechen Ihre Vertriebskanäle in ihrer Auswahl, Lage, Größe, Erscheinungsform und inneren Gestaltung den Bedürfnissen, Normen und Entscheidungskriterien Ihrer avisierten Zielgruppen? Sind sie in Ihrem Markendesign gestaltet und von Ihrer Markenkommunikation und Ihrem Markenverhalten durchdrungen? Wie Sie bereits gesehen haben, entwickelt sich gesellschaftsverantwortliches Verhalten zusammen mit der richtigen Kommunikation zum kaufentscheidenden Kriterium.

Zum Preis-Mix: Wie gehen Sie mit diesen, oft als Kontrahierungsmix bezeichneten, Bereichen Preise, Rabatte und Finanzierungen um? Haben Sie eine klare Preiskompetenz entwickelt? Ist Ihr entsprechendes Verhalten markenadäquat? Untersuchungen des Gehirns mit einem Computertomografen haben gezeigt, dass hohe Preise Schmerzen auslösen können beziehungsweise als schmerzhaft erlebt werden. Stellen Sie ein gutes Verhältnis zwischen Schmerz auslösenden Preisen und erlösendem Nutzen her. Arbeiten Sie ein starkes Preis-Leistungs-Gefüge Ihrer Marke heraus. Entwickeln Sie eine Preispositionierung im Sinne Ihrer Marke. Und setzen Sie diese nachhaltig und konsequent um.

Franchise-Denkwerkzeug:
Bedürfniswerte-Analyse; Markenpositionierung; Markenpersönlichkeit; Markendesign; Markenverhalten

2.5 Franchising heißt Interaktion, Innovation und Reflexion

Franchising birgt nicht nur hervorragende Möglichkeiten der Expansion, es lassen sich mit der Struktur auch umfangreiche Marktkenntnisse erlangen, die einen befähigen, in der Branche Zeichen zu setzen, »die Nase vorn zu haben«. Damit diese Effekte eintreten können, ist ein interessantes Franchise-Angebot und ein ausgeklügeltes Partnermarketing erforderlich. Wie Sie anhand der Beispiele von Mesantis (Kapitel 2.2) und Vom Fass (Kapitel 2.3) sehen können.

Mit dem Franchise-Angebot ist das eigentliche Existenzgründungspaket gemeint, welches ein marktnahes Geschäftskonzept beinhaltet, das für den Transfer praxisnah beschrieben ist, und das ein zusätzliches Paket an Leistungen enthält, welches die erfolgreiche Vermarktung gewährleisten soll und klärt, wie und unter welchen Bedingungen die Franchise-Partner das am besten durchführen.

Dieses Zusatzpaket nennen wir Partnermarketing, da es alle Maßnahmen und Bausteine umfasst, welche die optimale Integration der Franchise-Partner in das System sichern. Dazu zählen Richtlinien zur Auswahl der Partner und Maßnahmen zur stetigen Betreuung und Weiterentwicklung wie auch die Trennungskriterien und Folgeregelungen nach einer Vertragsauflösung.

Die Kooperation im Rahmen des Partnermarketings zu beschreiben ist die eine Seite der Medaille. Das so wichtige mentale Commitment des Franchise-Gebers, der Wille, mit selbstständigen Partnern eine Kooperation aufzubauen, ist die andere Seite und dieses Commitment stellt eine zentrale Voraussetzung dar. Denn der Erfolg von Franchise-Systemen baut auf Interaktion, Innovation und Reflexion. Der große Vorteil, über selbstständige Franchise-Nehmer am Markt vertreten zu sein und damit einen direkten Zugang zu Kundeninformationen zu haben, kann nur gesichert werden durch eine interaktive Kommunikation mit den Partnern. Zu diesem Austausch gehört auch, dass Leistungen und Neuerungen im System ausgewertet werden. Und das beidseitig. Auch die Leistungen der Systemzentrale werden von den Partnern zum Beispiel in Form von Zufriedenheitsanalysen reflektiert. Hervorragende Instrumente, um als Franchise-Geber nicht zu erstarren, sondern zeitgemäß zu bleiben und das eigene Tun zu hinterfragen. Der Deutsche und der Österreichische Franchise Verband haben solche Zufriedenheitsanalysen in den Qualitäts-Check von Franchise-Systemen integriert. Nur entsprechend positiv bewertete Systeme werden zertifiziert und als Voll-Mitglieder anerkannt.

•

Der Marketing-Mix für das Franchise-Paket

Wir haben den Marketing-Mix, bestehend aus den vier Elementen Produkt, Preis, Distribution und Kommunikation, bereits im Kapitel »Der Marketing-Mix« erwähnt, als es um die Beschreibung und Markierung Ihres Leistungsangebots ging. Dabei haben wir auch festgestellt, dass eine authentische Positionierung am Markt eine harmonische Abstimmung des Marketing-Mix voraussetzt. Jetzt geht es um das zweite »Produkt«, das Sie anbieten, nämlich eine berufliche Existenz. Auch dieses Produkt muss entsprechend dem Marketing-Mix zu definierten Konditionen, über geeignete Absatzkanäle und mit den passenden Botschaften vermarktet werden. Das heißt zum Beispiel, dass die Gebühren, die Sie veranschlagen, adäquat zu Ihren Leistungen sein, aber auch zum Markenimage passen müssen. Anhand Ihrer Gebührenpolitik drücken Sie die Qualität und die Wertigkeit Ihres Franchise-Systems aus.

Wir werden in der Folge auf die vier Marketingelemente des Franchise-Pakets eingehen.(Dem Partnermarketing, das alle Leistungen umfasst, welche die optimale Integration des Partners ins System sichern, widmen wir uns in Kapitel 2.6.)

Das Produkt »berufliche Selbstständigkeit«

Das Produkt »berufliche Selbstständigkeit« besteht aus mehreren Teilen. Das Herzstück sind die Handbücher, in denen das Wissen um Ihr Leistungsangebot, die Marke und die Kooperation enthalten ist. Es ist die Grundausbildung und das Starter-Paket und letztendlich der Franchise-Vertrag, der die Leistungen sowie Rechte und Pflichten verbindlich macht.

Wenn das Ziel ist, dass der neue und zumeist branchenfremde Franchise-Partner mit Ihrem erprobten Konzept schnell und effizient in die wirtschaftliche Erfolgszone kommen soll, dann müssen alle Unterstützungsmaßnahmen und Dokumente dessen Blickwinkel einnehmen.

Das Gelingen des Wissenstransfers und der Umfang der Entfaltungsmöglichkeit Ihrer Partner hängen zum einen von den Partnerprofilen ab, die Sie als Franchise-Geber bestimmen. Zum anderen hängen sie vom Umfang des Konzept-Know-hows ab. Was müssen Sie vorbereiten, damit Sie Ihren Partnern einen optimalen Einstieg ermöglichen? In welchen Dosierungen und in welcher Form geben Sie das Know-how weiter? Was ist erlernbar und was kann man nur durch »Learning by doing« vermitteln? Welche Zeitspanne rechnen Sie ein, bis der Partner das grundlegende Wissen zur Ausführung Ihres Geschäftskonzepts hat? Wie lässt sich kontrollieren, ob das Übermittelte verankert ist und angewendet wird?

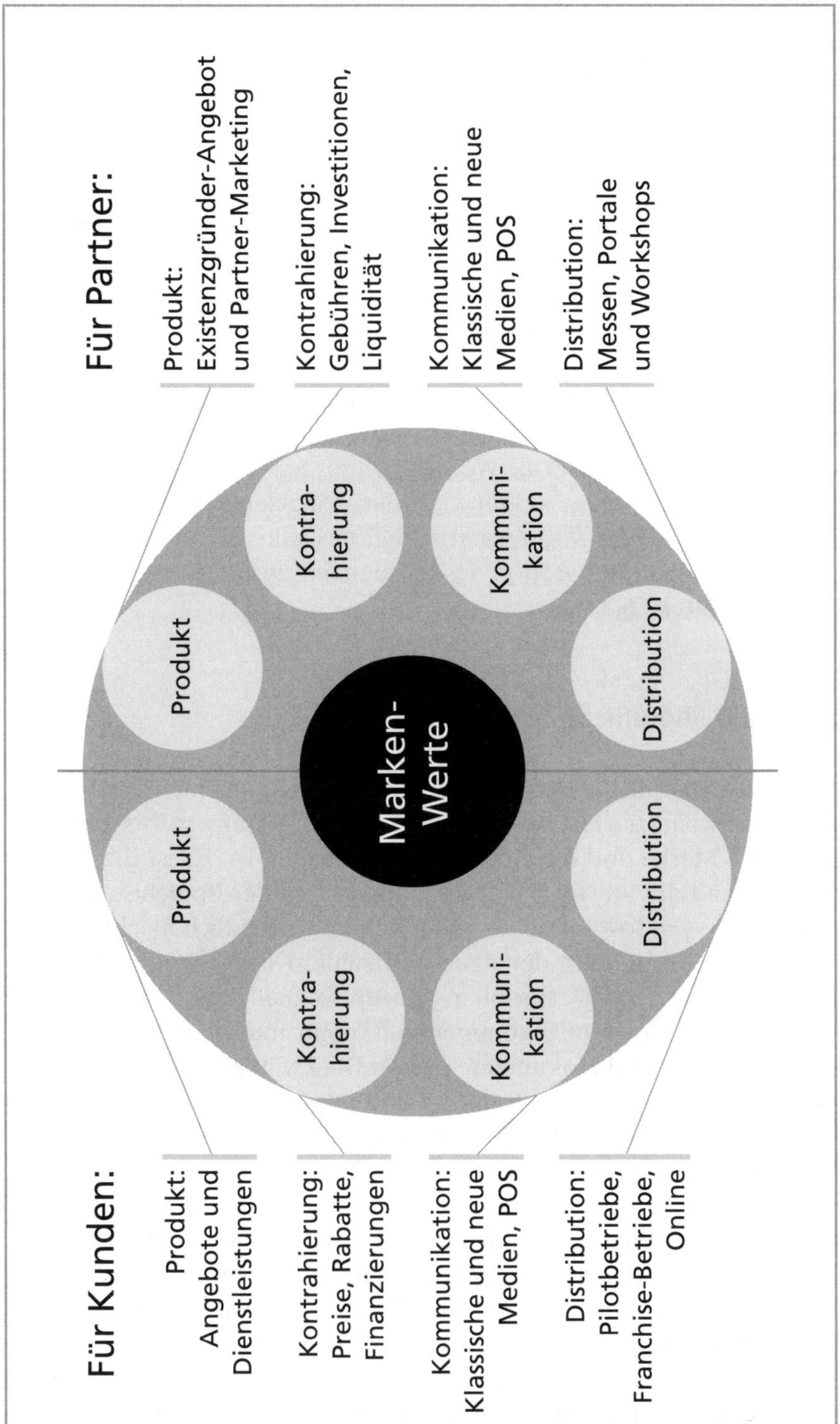

Abbildung 17: Franchise-Denkwerkzeug – Marketing-Mix

Wie Sie die entsprechenden Partnerprofile beschreiben und wie Sie bei der Suche vorgehen, das vermitteln wir im Kapitel 2.6.

Die Handbücher

Die Handbücher dienen der Beschreibung und Übertragung von Know-how sowie der Strukturierung des Angebots. Dadurch dass sie die Inhalte der Partnerschaft und deren Regeln dokumentieren, haben sie eine rechtliche Bedeutung. Die Handbücher wirken ergänzend zum Franchise-Vertrag und werden mit einzelnen Paragraphen verknüpft.

Damit ein Handbuch lesefreundlich, anwenderorientiert und übersichtlich wird, kann man den Gesamttext auf verschiedene Einzelwerke aufteilen. Das bietet zudem den Vorteil, dass das exklusive Know-how, das der Partner erwirbt, Dritten nicht so leicht zugänglich gemacht wird.
Folgende Unterteilung ist sinnvoll:

- Produkt- beziehungsweise Dienstleistungsmanual
- Franchise-Manual
- Marken-/CI-Manual
- Schulungsmanual

Der Aktualisierungsmodus der einzelnen Handbücher ist unterschiedlich. In jedem Fall ist bei der inhaltlichen Struktur daran zu denken, dass es möglich sein muss, Updates einzupflegen.

Bei der Herstellung der Handbücher ist zu bedenken, dass sie die Philosophie des Unternehmens und der Marke widerspiegeln sollten. Sie sind wichtige Dokumente, welche die Einstellung und die Markenwerte kommunizieren. Wenn also zu Ihren Markenwerten ein ökologisches Bewusstsein gehört, dann stellt sich zunächst die Frage, ob ausgedruckte Werke relevant für den Arbeitsalltag sind oder ob digitalisierte Lösungen genügen. Die Wahl des Papiers, der Ordner oder des Einbands muss nach ökologisch sinnvollen Kriterien geschehen. Je mehr Liebe Sie zum Detail verwenden, desto geschlossener wird Ihr Gesamtauftritt.

Das Produkt- oder Dienstleistungsmanual

In einem Produkt- oder Dienstleistungsmanual stellen Sie die ganze Welt Ihres Produkt- beziehungsweise Dienstleistungsangebots vor. Hier finden sich sämtliche Beschreibungen Ihres Leistungsangebots, der Bestellrhythmus, die

Besonderheiten in der Lagerung, Herstellungs- und Ablaufprozesse zur Erstellung von Produkten oder Services. All das schrittweise angelegt, möglichst auch bebildert, sodass es sowohl der Franchise-Nehmer wie auch dessen Personal nachvollziehen kann. Wichtig gerade für das Produkt- beziehungsweise Dienstleistungshandbuch ist, dass es verständlich geschrieben ist, damit die Anwender alles verstehen können und die Bücher in der Praxis praktikabel sind. So ist das Grill-Handbuch für die Franchise-Partner von Natura Güggeli, einer mobilen Grill-Hähnchen-Franchise-Kette, entsprechend plastifiziert, damit es als echtes Nachschlagewerk am Ort des Geschehens genutzt werden kann. Hingegen haben wir für das Dienstleistungshandbuch eines Personalberatungssystems, in dem unter anderem der Einsatz der Software für die Vermittlung von Personal beschrieben ist, einen ergänzenden Ratgeber entworfen. Hier sind immer wiederkehrende Fragen mit prägnanten Antworten enthalten sowie Tipps für die effiziente Interviewführung. Kleinformatig kann dieser Ratgeber als praktische Hilfe zwischendurch und für neue Mitarbeitende zur Überprüfung des richtigen Vorgehens hinzugezogen werden.

Das Partner- oder Franchise-Manual

Das Partner- oder Franchise-Manual hilft Ihnen, die schon getätigten Überlegungen in eine Form zu bringen und das Geschäftskonzept sowie Ihren Support zu visualisieren. Das Franchise-Manual stellt die schlüsselfertige Existenz in Wort und Bild dar und ist laut EG-Gruppenfreistellungsverordnung für vertikale Vertriebssysteme eine Bedingung zur systemgerechten Umsetzung des Geschäftskonzepts.

Das Partner- oder Franchise-Manual erfüllt aber noch weitere Aufgaben. Es entlastet Ihre Systemzentrale, weil das Handbuch den Partnern Hilfe bieten und Fragen beantworten kann. Zudem haben Sie ein Zeitdokument, in dem Ihre Erfolgsfaktoren niedergeschrieben stehen, und können durch diese Transparenz Anpassungen bis ins kleinste Detail vornehmen. Sie können Rechte und Pflichten in der Partnerschaft eruieren, weil Sie überschauen können, was systemrelevant ist.

Checkliste: Inhalt des Partner- beziehungsweise Franchise-Manuals

- **Einleitung**: Begrüßung durch den Franchise-Geber
- **Übernahmebestätigung** und Erklärung zum Umgang mit dem Handbuch und zu ergänzenden Werken
- **Vorstellung** des Unternehmens, Entwicklungsgeschichte, Meilensteine
- **Warum Franchising?** Motive für die Wahl dieser Vertriebsform nennen

- **Was ist Franchising?** Groben Rahmen erklären und Bedeutung im geografischen Markt und in der Branche
- **Rechte und Pflichten** beider Vertragspartner und Erklärungen zur Notwendigkeit derselben
- **Marktsituation**: Quantitative und qualitative Angaben zu Kundenpotenzialen und Volumenangaben, Trends und Perspektiven, Konkurrenzsituation, Positionierung und Differenzierung innerhalb des Wettbewerbs
- **Produkt- und/oder Dienstleistungsangebot**: Beschreibung von Standard- und Zusatzsortimenten, Belieferung, Bezugsquellen, Modalitäten und ggf. Verweis auf ein Extra-Handbuch mit detaillierten Darstellungen zum Einsatz im täglichen Arbeitsumfeld
- **Die Marke** und der einheitliche Auftritt (häufig eigenständiges Manual): Dazu gehört die Systemphilosophie, die Beschreibung des Partnerbetriebs, Beschilderung, Logo, Farben, der kommunikative Auftritt in Form von Werbung, PR, Verkaufsförderung und der persönliche Verkauf/Auftritt
- **Mitarbeiterpolitik**: Selektion, Einstellung, Führung, Konditionen, Training, Gesetzesgrundlagen
- **Unterstützungsmaßnahmen** der Systemzentrale: Start-up-Phase, laufende Unterstützung und Kommunikationsplattformen wie Partnermeetings, ERFA-Tagungen, Jahrestagungen, Weiterbildungen
- **Betriebswirtschaft**: kaufmännische Grundlagen, Strukturen für die Umsatzermittlung, Ist-Soll-Vergleich
- **Auflagen** für den Betrieb und sonstige gesetzliche Bestimmungen

Die Grundausbildung und das Schulungsmanual

Die Grundausbildung steht in engem Zusammenhang mit allen Handbüchern, die Sie den Partnern bieten. Immer wieder zeigt sich, dass Grundausbildungen völlig abgekoppelt von diesen Know-how-Dokumentationen stattfinden, Letztere aber in einem quasi feierlichen Akt übergeben werden. Den Partnern fehlt dann jeglicher Bezug. Sinnvoll ist es, die Inhalte der Handbücher didaktisch so aufzubereiten, dass der Partner eine Übersicht bekommt, wo er was zu welchem Thema findet und wie er dies im Alltag einsetzen kann. Zur Vertiefung des Lerneffekts stellen Sie Aufgabenblätter zusammen, die während der Ausbildung von den Partnern bearbeitet und im Schulungsmanual abgelegt werden. Das Schulungsmanual ist einerseits das praktische Übungshandbuch und andererseits können Sie hier Unterlagen von Weiterbildungsveranstaltungen einfügen lassen.

Die Definition der Grundausbildung nach Inhalten, Zeitdauer, Personaleinsatz und Coaching des Partners im eigenen Betrieb ist wichtig für Ihre Berechnung der Franchise-Gebühren und für die Planung der Startphase. Ein modularer Aufbau der Ausbildung bietet sich an, um flexibler mit den Lerninhalten umgehen zu können. Es wird Ausbildungsblöcke geben, die möglicherweise von Zulieferern bestritten werden und dies möglicherweise im Partnerbetrieb. Ebenso wird es Lerninhalte geben, die nicht nur exklusiv dem Partner vorbehalten sind, sondern auch für dessen Personal relevant sind. Damit wird auch die Verlinkung der Grundausbildung mit weiteren Voraussetzungen deutlich, wie zum Beispiel der Rekrutierung von Personal durch den Franchise-Partner, der Infrastruktur des Partnerbetriebs und der Eröffnungsplanung.

Start-up-Leistungen

Zum Produkt »berufliche Selbstständigkeit« gehören dann noch diverse Start-up-Leistungen, die je nach Geschäftskonzept und -dimension variieren. So kann das Grundgerüst eines Businessplans – wie in »Investitionshilfen durch Erfahrungswerte« erwähnt – für Ihre Partner hilfreich sein. In diesem sollte Ihr Konzept dargestellt sein, eine kurze Version der SWOT-Analyse und die Finanzplanung, die, gestützt auf Ihren Erfahrungswerten, vom Franchise-Kandidaten eigenständig erstellt wird. Wichtig bei Musterkalkulationen, die Sie Ihrem Partner zur Verfügung stellen, ist immer, dass Sie diese als Erfahrungswerte deklarieren, die keinen Anspruch auf Erfüllung haben. Es gibt keine Garantie, dass diese in der Form erreicht werden. Denn selbst bei solidester Planung gibt es immer individuelle Einflussfaktoren, die auf die Entwicklung der Geschäftstätigkeit wirken und zu anderen Ergebnissen führen können. Eine der Variablen ist der Franchise-Partner selbst. Wie wird er sich bewähren? Welche Persönlichkeitsentwicklung macht er im Laufe der Selbstständigkeit durch?

Zu den Start-up-Leistungen gehören insbesondere bei Franchise-Angeboten Standortanalysen und Standortbesichtigungen, die Unterstützung beim Um- und Neubau des Geschäftslokals, bei der Laden- oder Büroeinrichtung und bei der Warenausstattung sowie bei möglichen Sortimentsanpassungen. Empfehlenswert sind Starter-Pakete, die quasi als »physisches Produkt« die Zugehörigkeit der Partner zum System symbolisieren. In solchen Starter-Paketen kann eine Erstausstattung an Geschäftspapieren, Arbeitskleidung, Visitenkarten, Namensschildern, Prospektmaterial enthalten sein, ergänzt durch sehr spezifische Utensilien, die auf Ihre Erfolgsfaktoren hinweisen. Wenn zum Beispiel Zuverlässigkeit dazu gehört, dann kann es eine Uhr in Ihrem Markendesign sein. Es kommt weniger auf den Sachwert als auf den Integrationswert an. Die psychologische Wirkung eines solchen Pakets ist erfahrungsgemäß sehr groß, kann sich Ihr Partner doch sofort in seine neue Rolle hineinbegeben.

Der Franchise-Vertrag

Der Franchise-Vertrag wird häufig als Rückgrat des Systems bezeichnet, weil in ihm alle Richtlinien und sonstigen Standards beschrieben sind, die zum Funktionieren der Organisation gehören. Das macht auf der einen Seite deutlich, dass solche Vertragswerke sehr umfangreich sein können, auf der anderen Seite, dass sie uniform sein müssen, um allen Franchise-Nehmern Ihres Systems die gleichen Rechte einzuräumen.

Franchise-Verträge sind vertikal ausgerichtet: Die Vertragspartner stehen auf verschiedenen Wirtschaftsstufen. Anders als bei horizontalen Vertragsbindungen wie zum Beispiel bei Genossenschaften und Einkaufsvereinigungen. Solche Verträge werden normalerweise von Unternehmen abgeschlossen, die auf gleicher Stufe stehen und meist miteinander konkurrieren. Eine der Grundvoraussetzungen für die Gültigkeit eines Franchise-Vertrages ist der Umstand, dass die rechtliche Stellung Ihrer Franchise-Partner unzweifelhaft als Selbstständigkeit erkennbar wird.

Die Selbstständigkeit ist mit bestimmten Risiken und Chancen verbunden, die an dieser Stelle dargelegt werden. Zu den Risiken zählen diejenigen eines jeden Unternehmers, dessen Tätigkeit auf eigene Rechnung und Gefahr geschieht. Die Chancen müssen gegenüber einem Arbeitnehmerverhältnis in der Ausbaubarkeit der Tätigkeit liegen. Sie formulieren das im Vertrag mit der Angabe von Rechten und Pflichten beider Vertragsparteien und den Konsequenzen bei Nichteinhaltung dieser Regeln.

Checkliste: Grundsätzliche Pflichten des Franchise-Gebers

Vorvertragliche Aufklärung, das heißt gegenseitige Offenlegung von allen für die künftige Kooperation relevanten Informationen, ist in jedem Fall Pflicht.

- Standortanalyse und Einrichtungsplanung bei Systemen mit Geschäftsstellen bis hin zur Schlüsselfertigkeit
- Sortimentsgestaltung des Warenangebots unter Berücksichtigung regionaler Kenntnisse des Franchise-Nehmers
- Grundausbildung zur Einweisung in die Betriebsführung und Partnerkooperation und zur Optimierung der Startchancen für alle Partner (die Handbücher gelten als begleitende Dokumentationen)
- Werbekonzepte, PR-Maßnahmen und Verkaufsförderungsaktionen zur erfolgreichen Geschäftstätigkeit der Franchise-Betriebe
- Betreuung, Motivation und Kontrolle werden im Rahmen geregelter Strukturen ausgeübt, dazu zählen zum Beispiel Partnermeetings, Wettbewerbe, Betriebsvergleiche

- Zentrale Lagerverwaltung und Belieferung beziehungsweise Bereitstellung eines Bezugsquellenportfolios aus Gründen der einheitlichen Qualität
- Weiterbildung zur Know-how- und Effizienzsteigerung
- Forschung und Entwicklung zur ständigen Aktualisierung des Konzepts

Checkliste: Grundsätzliche Pflichten des Franchise-Nehmers

Beachtung und Einhaltung der aufgestellten Richtlinien des Franchise-Gebers ist in jedem Fall Pflicht.

- Akzeptieren und Integrieren von Innovationen oder Modifikationen des Franchise-Gebers hinsichtlich des Konzepts – sofern sich dadurch die Kooperation oder das Leistungsangebot nicht maßgeblich verändert
- Diskretion über das System-Know-how sowie über alle Geschäftsvorgänge, die zur Verschwiegenheit verpflichten
- Identifikation und Förderung des Gesamtimages durch Einhalten des einheitlichen Erscheinungsbildes und regionaler werblicher Aktivitäten, die dem Bekanntheitsgrad dienlich sind
- Weiterbildungspflicht im Rahmen des Angebots vom Franchise-Geber, durch welche die Qualität des Leistungsangebots gesichert wird
- Förderung der Kommunikation und möglicher Synergieeffekte zur Gruppenintegration – in der Regel über die Teilnahme an Meetings und durch Nutzung von systemspezifischen Kommunikationsplattformen
- Zahlungsverpflichtung bezüglich Gebühren und anderer Konditionen, deren Höhe, Fälligkeiten, Modalitäten und Sanktionen bei Verzug beschrieben werden

Die Komplexität der Sachlage und der arbeitsrechtlichen Bestimmungen sowie die notwendige Abgrenzung von weiteren Vertriebsformen machen in jedem Fall die Konsultation einer rechtlichen Beratung von Fachpersonen sinnvoll. Hinzu kommt, dass Verordnungen wie zum Beispiel die EG Gruppenfreistellungsverordnung (Bestandteil des Europäischen Gemeinschaftsrechts), die einen Einfluss auf die Rechtsgrundlagen von Franchise-Verträgen haben, ein sich stetig »veränderndes Gut« sind. Durch die Besonderheit des Franchising (hinsichtlich Vorgaben oder Richtlinien zur Preisgestaltung, zum Vertrieb und zu den Bezugsquellen) werden zum Teil Wettbewerbsbeschränkungen auferlegt, die entgegen gesetzlichen Auflagen, wie zum Beispiel das Kartellverbot, funktionieren. Die erlaubten und nicht erlaubten Bestimmungen, die ein Franchise-Geber berücksichtigen sollte, sind in der Gruppenfreistellungsverordnung zusammengefasst.

Eine ebenso wichtige Vorlage ist der Europäische Verhaltenskodex für Franchise-Systeme. Dieser ist als eine praktische Zusammenstellung wesentlicher Richtlinien für einen fairen Umgang zwischen Franchise-

Vertragspartnern in Europa gedacht, ersetzt jedoch das gültige nationale Recht nicht. Vielmehr wird im Verhaltenskodex Wert auf die Ethik gelegt.

Die große Bandbreite der genannten rechtlichen Einflussfaktoren macht es ratsam, sich bei der Wahl eines Anwaltes auf Spezialisten zu konzentrieren. Wir haben Ihnen im Anhang wichtige Web-Adressen zusammengestellt, unter anderem auch die der Franchise-Verbände. Sie finden dort Listen von Rechtsanwälten, die sich auf Franchising spezialisiert haben.

Ihr Geschäftskonzept und Ihr Produkt »berufliche Selbstständigkeit« sowie Vorstellungen vom Franchise-Partner und dessen Voraussetzungen sollten weitestgehend skizziert sein, um den Rechtsrahmen zu besprechen. Denn der Vertrag muss anhand Ihres speziellen Falls konzipiert werden.

Die nachfolgende Liste von Dr. Christoph Wildhaber, Rechtsanwalt und Geschäftsführer des Schweizer Franchise Verbandes, bietet eine Hilfestellung zur Vorbereitung.

Checkliste: Grundlegende Inhalte eines Franchise-Vertrags

- Präambel (Worum es beim Franchise geht)
- Vertragsprodukte und -dienstleistungen
- Partner des Franchise-Vertrags (Gesellschaft, eine oder mehrere Personen)
- Leistungen/Pflichten des Franchise-Gebers
- Ausbildung/Einweisung (Grundschulung, laufende Betreuung)
- Kommunikation/Marketing (Wie und über wen tritt das System am Markt auf?)
- Übertragung des Know-hows (Handbücher und sonstige Unterlagen)
- Leistungen und Pflichten des Franchise-Nehmers
- Franchise-Betrieb (Einrichtung, Ausstattung, Standortsicherung)
- Immaterielle Werte (zum Beispiel Markenrechte, Patente)
- Abwerbeverbot
- Geheimhaltung
- Konkurrenzverbot
- Finanzielles (Einstiegsgebühr, laufende Abgaben)
- Kontrollrechte des Franchise-Gebers
- Informationsfluss
- Übertragung von Rechten und Pflichten (Geschäftsübergang, Nachfolge)
- Inkrafttreten, Dauer und Beendigung des Franchise-Vertrages
- Folgen der Vertragsbeendigung
- Verantwortung der Vertragsparteien (Haftung, Versicherung)
- Allgemeine Vertragsbestimmungen (Konventionalstrafe, Gerichtsstand, anwendbares Recht)[16]

Die Preispolitik

Was kostet die von Ihnen unterstützte berufliche Selbstständigkeit? Was veranschlagen Sie für die Übernahme und für die fortlaufende Begleitung Ihrer Franchise-Partner?

Wir haben im ersten Kapitel des Buches die Vielfalt an Franchise-Konzepten kennengelernt. Diese lässt erahnen, dass auch die finanziellen Voraussetzungen zur Übernahme einer Franchise unterschiedlichste Dimensionen einnehmen. Die Investitionssumme lässt in der Regel auch Rückschlüsse auf die Ertragsgröße des Geschäftskonzepts zu. Damit stellt die Preispolitik bei der Akquisition von Partnern ein wichtiges Selektionskriterium dar. Es lohnt sich nicht, mit dem effektiven Finanzbedarf »hinter dem Berg zu halten«, um sich ein größeres Partnerpotenzial zu sichern. Denn einerseits werden so Partnerprofile angesprochen, die letztendlich nicht infrage kommen, aber einen kostenmäßig hohen Akquisitionsaufwand erzeugen. Andererseits dezimiert sich deren Zahl bei Übernahme des Konzepts zu schnell, weil sie die entsprechende Liquidität nicht haben.

Die Kernfrage im Zusammenhang mit Ihrer Preispolitik ist: Ab dem wievielten Franchise-Nehmer haben Sie – bezogen auf den Franchise-Aufbau – den Break-even erreicht? Um diese Frage beantworten zu können, müssen Sie eine Wirtschaftlichkeitsberechnung vornehmen, die eine prognostizierte Kalkulation der Umsätze und Gebühren enthält sowie die Hochrechnung Ihrer Expansionsplanung, ausgedrückt in der Anzahl möglicher Franchise-Nehmer. In der Folge erläutern wir zunächst die Gebührenkalkulation, um dann auf die Wirtschaftlichkeitsberechnung zu kommen.

Die Gebührenregelung

In unseren Workshops hören wir häufig die Frage, wie hoch die Gebühren für ein Franchise-Konzept sein dürfen. Was ist üblich? Es gibt keine »tariflichen« Gebühren, nur grundlegende Faustregeln, die jedoch nicht von der Wirtschaftlichkeitsberechnung eines jeden Franchise-Aufbaus entbinden. Zu den Faustregeln gehört: Je standardisierter Ihr Support durchgeführt werden kann, weil es sich zum Beispiel um leicht zu übernehmende Produktionsprozesse handelt oder um den Vertrieb von Produkten, desto niedriger wird auch die laufende Gebühr sein. Wenn Ihre Unterstützungsleistungen sehr individualisiert sind, weil es sich beispielsweise um eine franchisierte Unternehmensberatung handelt, bei der Sie stark in einzelne Projektberatungen beim Partner eintauchen, wird der Aufwand und damit auch die Gebühr höher sein. Gebühren werden für

- den Eintritt in ein Franchise-System,
- die laufende Unterstützung und
- den gemeinsamen Werbepool erhoben.

Die Eintrittsgebühr

In die Eintrittsgebühr werden folgende Leistungen eingerechnet: die Grundausbildung, die Nutzung der Marke und eines Gebiets, Start-up-Leistungen, franchisespezifische Unterlagen wie Handbücher und zuweilen ein Starter-Paket. Anteilig werden auch Entwicklungskosten eingerechnet und späterhin die Wertsteigerung der Marke. Zu bedenken ist aber, dass eine Eintrittsgebühr wie auch die laufenden Gebühren nicht permanent Preisschwankungen am Markt angepasst werden, wie es beim Warenangebot der Fall sein kann. Auch von verhandelbaren Konditionen oder Vorzugspreisen für Schnellentscheider ist abzusehen. Lockvogelangebote sind nicht nur generell dubios, im Franchise-Markt zeugen sie von ungenügender Vorbereitung des Franchise-Konzepts und machen die kurzfristige Sicht deutlich. Die Gebühren stellen eine wichtige Konstante im Franchise-Angebot dar, an der die Solidität und Ernsthaftigkeit abgelesen werden kann. Ein Preisnachlass bei der Einstiegsgebühr hat den bitteren Beigeschmack der Entwertung des Konzepts und wirft die berechtigte Frage auf, ob der reguläre Preis gerechtfertigt ist. So ist beim Kalkulieren der Einstiegsgebühr ein Spielraum einzurechnen, der Preisschwankungen integrierter Produkte und Dienstleistungen beinhaltet. Der moderate Anstieg steht dann vor allem in Wechselbeziehung zur Steigerung des Markenwerts.

Die laufenden Gebühren oder Royalties

Die laufenden Gebühren – auch Royalties genannt – werden für die fortwährende Unterstützung geleistet. Diese Serviceleistungen differieren in ihrer Ausprägung von System zu System, beinhalten aber zumeist die Betriebsberatung, die Einkaufsunterstützung, die Plattformen für den partnerschaftlichen Austausch und die Weiterentwicklung des Systems und des Marketings sowie der Werbung. Die Royalties werden in der Regel in

Prozenten vom Umsatz festgelegt – selten auch in festen monatlichen Beträgen. Der Vorteil der umsatzgebundenen Royalties liegt in der parallelen Mitentwicklung. In der Startphase des Franchise-Nehmers ist zwar der Unterstützungsaufwand proportional höher als im laufenden Geschäftsgang und aufgrund des geringen Umsatzvolumens müssen Sie mit entsprechend tiefen Gebühreneinnahmen rechnen. Dafür partizipieren Sie am Erfolg des Partners, der sich dank Ihres Konzepts in den hoffentlich erreichbaren Sphären bewegt. Das zwingt Sie zum einen, ein Controllingsystem aufzubauen, das den Informationsfluss der Umsatzzahlen sichert. Zum anderen erhalten Sie immer direkte Rückmeldung darüber, wie sich Ihr Konzept am Markt behauptet, und stehen so unter einem förderlichen Optimierungszwang. Denn: Geht es Ihrem Partner gut, dann geht es auch Ihnen gut. Und wir erinnern uns an das Win-Win-Win-Prinzip: Wenn es dem Partner gut geht – dann muss es auch für die Endabnehmer stimmen.

Damit Ihr Franchise-Nehmer nachhaltig motiviert ist, das Geschäft weiterzuentwickeln, ist eine degressive Gebührenpolitik günstig. Das heißt, dass Sie bei Erreichen eines definierten Umsatzes den Gebührensatz verringern. In unseren Augen ist es unvorteilhaft, die Gebühr bei Umsatzsteigerung zu erhöhen. Obwohl der Gedanke, am Anfang die Gebühren niedrig zu halten und erst bei positiver Entwicklung mehr zu veranschlagen, durchaus wohlgemeint sein kann. Der psychologische Effekt ist jedoch der, dass es einer Bestrafung gleichkommt. Denn ist Ihr Partner in der Gewinnzone, dann ist die Erinnerung an die Anfangsunterstützung schnell verblasst und es zählt das Hier und Jetzt. Und da wird ihm bewusst, dass er noch mehr bezahlen muss, wenn er sich mehr verausgabt und der Support seitens der Systemzentrale nicht gleichermaßen »zunimmt«.

Die Werbegebühren sind ebenfalls umsatzgebunden und werden für die gemeinsamen Werbeaktivitäten eingesetzt. Das beinhaltet überregionale Kampagnen und grundlegende Arbeiten, die im Sinne des einheitlichen Erscheinungsbilds anfallen, bis hin zur Vorbereitung verkaufsfördernder Maßnahmen. Für die lokalen werblichen Aktivitäten und für den Einsatz der konzipierten Promotions Ihrer Systemzentrale kommt der Franchise-Nehmer selbst auf. Vertraglich wird dafür ein Prozentsatz des Umsatzes veranschlagt.

Eine pauschale Gebühr für die laufende Unterstützung und die Werbeunterstützung wird zum Teil in Lizenz-Systemen angewandt, da dort entsprechende Controllingmaßnahmen häufig nicht Gegenstand des Vertragsverhältnisses sind. Pauschalgebühren werden in der Regel häufig nach der kostenorientierten Preisfestlegung vorgenommen, das heißt, die durchschnittlichen Kosten der Systemzentrale pro Partner (bis zu einer definierten Anzahl) plus Gewinnaufschlag bestimmen den Preis.[17] Am Erfolg des Partners kann man bei dieser Preisfestlegung nicht partizipieren. Es sei denn, Sie haben zusätzliche Einkünfte über Produktmargen.

Bei der Festlegung der Umsatzgebühren ist der partnerschaftliche Ansatz bezüglich des Entwicklungspotenzials von großer Bedeutung. Bei beiden Kalkulationen ist anzuraten, die Mitbewerber aus der Branche und dem Franchise-Business zusätzlich in Augenschein zu nehmen. Wenn Sie mit Ihren Gebühren stark abweichen von den Benchmarks, die Sie oder der Partner sich setzen, dann kann das zwar zu Ihrer Positionierung gehören. Aber dann sollten Sie das in jedem Fall begründen können und aufzeigen, was Sie anderes zu bieten haben, um bei der Akquisition nicht in Erklärungsnot zu kommen.

Extraleistungen

Zuzüglich zu den Services, die Sie im Rahmen der laufenden Gebühren verrechnen, können Ihrerseits Extraleistungen angeboten werden, die von den Partnern nicht zwingend oder selten in Anspruch genommen werden können. Das kann die Buchhaltung sein. In Handwerks-Franchisen sind buchhalterische Leistungen allerdings meist in den Royalties enthalten, weil gerade in diesem Bereich bei den Partnern ein großer Bedarf besteht. Es ist also abzuwägen, welche Bedeutung Extraleistungen in Ihrem Erfolgskonzept einnehmen können und wie sehr diese von den Partnern goutiert werden.

Ansonsten können zum Beispiel Hilfestellungen in der Personalrekrutierung angeboten werden oder produktspezifische Leistungen, die extra verrechnet werden. So hatte ein Franchise-Geber in der Renovationsbranche Extra-Services im Sinne von Individuallösungen im Programm. Services, die aufgrund der standardisierten Produktpalette selten nachgefragt wurden, den Partnern aber den Vorteil der flexiblen Handlungsfähigkeit gaben. Bei all den Extra-Services muss die Regel des Systemvorteils für die Partner gelten, das heißt, dass diese bei Ihnen von einem optimalen Preis-Leistungs-Verhältnis profitieren.

Mietverhältnis

Wenn Sie sich als Franchise-Geber den Standort des Partner-Betriebs sichern wollen, weil adäquate Lagen nur schwer zu bekommen sind, dann kann die Anmietung der Immobilie sinnvoll sein oder zumindest die Einbindung im Mietvertrag. Im ersten Fall werden Sie dem Partner ein Untermietverhältnis anbieten, wie es häufig in den großen Systemgastronomien gehandhabt wird. Sie können auch die Umbauarbeiten einrechnen und diese über den monatlichen Mietpreis verrechnen. Im zweiten Fall sichern Sie sich bei Auflösung des Franchise-Vertrags das Mietobjekt.

Produktmargen

Eine zusätzliche Einnahmequelle liegt vor allem bei den Vertriebs-Franchisen in den Produktmargen. Generell raten wir davon ab, die Gebühren für die laufende Unterstützung in die Margen einzurechnen und keine Royalties auszuweisen. Denn das hat den Nachteil der mangelnden Transparenz. Wenn Sie auch als Franchise-Geber den Einsatz der Gebühren nicht bis ins letzte Detail deklarieren müssen, so muss doch nachvollziehbar sein, wie sich der Gegenwert zusammensetzt. Verschwinden diese Gebühren nun im allgemeinen Topf der Einkaufskonditionen, haben Sie nicht nur das Problem, Kosten nicht genau belegen zu können, sondern der Wareneinkaufspreis erhöht sich ungünstig, kann damit über vergleichbaren marktüblichen Preisen liegen – und das führt zu Erklärungsbedarf.

Wenn Sie beim Warenbezug ein »Full-line forcing« vorsehen, also eine hohe Bezugsbindung, aus Gründen der Logistik, der Qualität und der Einheitlichkeit, dann können etwaige erhöhte Preise durch verdeckte Gebühren geschäftlich begründet werden. Es gilt aber immer, die psychologische Wirkung des Preises abzuwägen.

Die Wirtschaftlichkeitsberechnung

Die Höhe und Plausibilität der Gebühren und Extraleistungen lassen sich nur mithilfe einer Wirtschaftlichkeitsberechnung des Gesamtsystems ermitteln. Dazu braucht es folgende Kennzahlen:

- Entwicklungskosten des Franchise-Konzepts nach Eigen- und Fremdleistung (zum Beispiel für Marktforschung, Markenkonzept, Erstellung der Franchise-Unterlagen, Partnermarketing, Gebührenkalkulation, Entwicklung einer eigenen Software oder eines Intranets, Vertragsgestaltung, Pilotphase, Akquisition eines Pilotpartners)
- Expansionsplanung (Anzahl Franchise-Partner, die in den nächsten Jahren akquiriert werden sollen/können)

- Planumsätze, die aufgrund der Erfahrungen des Franchise-Gebers und des Pilotbetriebs möglich sind, plus Steigerung pro Jahr
- Gebührenannahmen, die für die Kalkulation eingesetzt werden
- Produktmargen, Provisionen und Entgelte, die der Franchise-Geber zusätzlich erhält
- Kostenstruktur der Systemzentrale (anteilige Miete, Personal, Werbung, Akquisitionsaufwand, Spesen, Versicherungen, Services, Support und Weiterentwicklung)
- Kostenaufwand und Ertrag Partnerbetrieb (Kostenstruktur inklusive Wareneinsatz des Partners, Planumsatz)

Entsprechend der Expansionsplanung können nun die Planumsätze der Franchise-Partner pro Jahr kumuliert und davon die angenommenen Gebühren prozentual abgezogen werden. Diese Gebührenerträge werden zusammen mit etwaigen Margen und Provisionen addiert und pro Jahr als Franchise-Geber-Umsatz gerechnet. Diesen Umsätzen werden die jährlichen Aufwendungen der Zentrale und die anteiligen Entwicklungskosten gegenübergestellt. So können Gebühren angepasst und eine realistische Einschätzung vorgenommen werden. Vorausgesetzt, der Betrieb des Franchise-Nehmers wird in die Kalkulation einbezogen. Hier muss sich zeigen, dass die geplanten Gebühren für den Partner eine realistische Größe darstellen und er zu wirtschaftlichem Erfolg kommen kann.

Die Distribution

Wo »vertreiben« Sie Ihr Produkt der beruflichen Selbstständigkeit? Welche »Absatzkanäle« sind geeignet?

Die Suche nach den richtigen Partnerkandidaten, gestaltet sich für jedes System anders. So können Fach- oder Franchise-Messen eine gute Plattform für Erstkontakte sein, Anzeigen in Fach-, Tages- oder Existenzgründerpresse oder Präsentationen in Seminaren und Workshops. Auch die virtuellen Messen auf spezialisierten Internet-Portalen (zum Beispiel www.franchiseportal.de/ch/at oder www.franchise-net.de/ch/at) bieten sich an, weil Sie dort entsprechend strukturierte Vorgaben für den Eintrag haben und potenzielle Partner effizient selektieren können. Auch für Ihre eigenen Recherchen in der Aufbauphase sind solche Plattformen interessant, weil Sie sehen können, wie andere Systeme sich darstellen – das gilt auch für die oben genannten Messen.

Es ist zu überlegen, wo Sie alters- und berufsgruppenspezifisch noch suchen können, um adäquate Kandidaten zu erreichen (siehe dazu auch

»Die Beschreibung von Partnerprofilen« in Kapitel 2.6). Das können (Volks-)Hochschulen oder Bildungszentren sein, wo Sie Ihr Konzept entweder im Rahmen eines Referats vorstellen oder in einer Mitteilung auf deren Informationsplattformen platzieren. Auch Sponsorings können Sie dazu nutzen, um auf Ihre Geschäftsmöglichkeit hinzuweisen. Sie können eine Veranstaltung unterstützen, die von potenziellen Partnern besucht wird. Und das muss nicht zwingend eine für die berufliche Selbstständigkeit sein. Überlegen Sie, ob ein Konzert, eine Kunstmesse, eine Sportveranstaltung nicht den Anlass geben könnte, gegen einen Sponsoringbeitrag auf Ihre Leistungen hinzuweisen mit dem Zusatz: »Mit uns kann man sich auch selbstständig machen!« Überraschen Sie, finden Sie neue Wege, wie Sie mögliche Kandidaten ansprechen könnten. Denn vielen ist nicht bewusst, dass es die Möglichkeit gibt, sich per Franchising beruflich selbstständig zu machen. Und sehr viele Franchise-Geber machen in ihrem Umfeld oder bei Events meist nur auf das Leistungsangebot aufmerksam, aber teilen nicht mit, dass sie auch eine attraktive Existenzmöglichkeit bieten.

Die Kommunikation

Wie sprechen Sie Ihre potenziellen Partner an? Was müssen Sie aufgrund Ihres Wertesystems und des Markenimages beachten?

Jede Promotionsmaßnahme zur Vermarktung Ihres »Produkts der beruflichen Selbstständigkeit« erfordert zielgruppengerechte Medien und Absatzkanäle. So ist die Erfahrung eines Franchise-Gebers im Bereich der hochwertigen Maßkonfektion, dass Existenzgründermessen nicht die geeignete Plattform für die Partnerakquisition bieten. Für ihn ist die inszenierte Mundpropaganda, das Empfehlen über Businessclubs und entsprechende Netzwerke sehr viel effizienter und hat zwei Effekte. Einerseits wird das Produkt empfohlen und andererseits wird auch auf die Möglichkeit des eigenen Businessmodells hingewiesen. Wichtig ist dabei, dass Sie bei der Wortwahl darauf achten, eine eigene – für das Konzept stimmige – Corporate Language zu entwickeln. In dem vorgenannten Fall ist es nicht »die schlüsselfertige Existenz«, die angeboten wird, sondern ein »eigenes Businessmodell«. Haben Sie immer Ihre möglichen Abnehmer, Kunden wie Partner im Kopf. Wie sprechen sie? Durch welche Worte fühlen sie sich von Ihnen angesprochen?

Sie müssen das Wertesystem treffen und dabei konsequent bleiben. Denn ein Endabnehmer möchte das Produkt- oder Dienstleistungsangebot, das er bei Ihnen erwirbt, auch bei zukünftigen Franchise-Partnern dem

Wert angemessen erleben. Anders gesagt, wenn ein Kunde 2.500 Euro für einen Anzug ausgibt, dann möchte er auch, dass das Leistungsangebot als Franchise-Konzept in einer Weise vertrieben wird, die ihn in seiner Kaufentscheidung bestätigt.

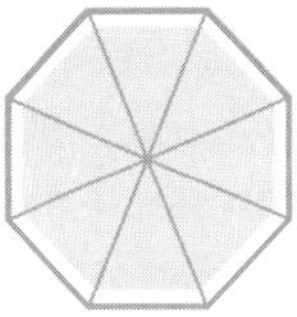

Franchise-Denkwerkzeug: Marketing-Mix

2.6 Franchising erfordert Denken in Konsequenzen

Denken in Konsequenzen heißt, dass Sie sich Ihrer verantwortungsvollen Rolle als Franchise-Geber bewusst sind. Der Multiplikator-Effekt des Franchising und die langfristig wirkenden Partnerschaften, die Sie mit Ihren Franchise-Nehmern aufbauen werden, erfordern ein Denken in Szenarien. Zu den Kernfragen für ein nachhaltiges Franchise-System gehören: Mit welchen Partnerprofilen kann Ihr Geschäftskonzept erfolgreich umgesetzt werden? Welche Eigenschaften und Voraussetzungen müssen die Partner mitbringen? Wie können Sie die fortdauernde Kooperation attraktiv halten, wenn der erste »Zauber« vorbei ist? Was müssen Sie demzufolge beim Partnermarketing beachten, damit eine tragfähige Kooperation aufgebaut werden kann? Wie muss die Infrastruktur mitwachsen, um den steigenden Bedürfnissen gerecht zu werden?

Eine wirtschaftlich interessante Franchise ist ein wichtiges Akquisitionskriterium und für die Zusammenarbeit eine wichtige Voraussetzung, aber die Qualität der Beziehung hängt noch von anderen Kriterien ab. Bei der Suche nach diesen Kriterien kann Ihnen das Prinzip der ganzheitlichen Franchise-Entwicklung helfen. Denn Denken in Konsequenzen beinhaltet auch Überlegungen, wie Ihr Franchise-System in der Gesellschaft verankert ist und wie nachhaltig Sie sich positionieren. Welchen ethischen Grundsätzen folgen Sie? Diese Frage war bei der Entwicklung der Markenpersönlichkeit bereits wichtig und sie wird immer wichtiger werden. Denn die Wirtschaftskrise, ökologische Katastrophen und der große Vertrauensverlust gegenüber einst als Vorbild geltenden Institutionen hinterlassen ihre Spuren und prägen die Einstellungen von uns allen in verschiedenster Weise nachhaltig. Es geht darum, in allen drei Bereichen (ökologisch, ökonomisch und sozial) ausgewogene Lösungen zu finden, welche die Konsequenzen nicht nur im Jetzt, sondern auch für nachfolgende Generationen einbeziehen.

Überträgt man diese Gedanken auf das Franchising, dann ist neben der gesellschaftlich-ökologisch-ökonomischen Nachhaltigkeit auch zu betrachten, wie Sie die partnerschaftliche Kooperation auf eine nachhaltige Ebene bringen – und das im Einklang mit Ihrem Markenimage, Ihrem Leistungsangebot und Ihrem persönlichen Selbstverständnis.

Wir möchten Ihnen Gestaltungsmöglichkeiten aufzeigen, die Sie bei der Beschreibung Ihrer optimalen Partnerprofile und beim Aufbau Ihres Partnermarketings nutzen können. Vorher wollen wir Ihnen noch die Motivation von Steffen John, Vorstandsvorsitzender der Little John Bikes AG, vorstellen, der von einem Beteiligungskonzept mit Vertriebspartnern auf Franchising umgestellt hat (siehe dazu auch das Statement zum Markenkonzept von Little John Bikes im zweiten Farbteil).

Little John Bikes
Begeisterung erfahren

Warum ist Franchising der richtige Weg für Little John Bikes?

Steffen John

Ich habe mich immer als Teamplayer gesehen und eine Möglichkeit gesucht, mich mit meinen Vertriebspartnern auf Augenhöhe auszutauschen. Natürlich in einem festgelegten Rahmen.
Franchising erzeugt mehr Power durch Mitdenken der Partner. Synergien entstehen. Jeder bringt sich nach seinen Fähigkeiten ein, auch intern. Als beteiligter Franchise-Nehmer ist die Situation anders als vergleichsweise für einen angestellten Geschäftsführer.
Schon durch unser vormaliges Beteiligungskonzept gab es erste Erfahrungen mit partnerschaftlicher Kooperation. Faktisch war es eigentlich schon ein Franchise-System – aber die Rollen und Schnittstellen der Partner waren nicht klar definiert.
Das heutige »zweite System«, das echte Franchise-System, hat genau die Problempunkte klar geregelt und beinhaltet darüber hinaus klare Rechte und Pflichten für alle Beteiligten. Uns fällt es heute sehr leicht, das echte Franchising zu leben, weil wir ja schon von jeher partnerschaftlich denken und handeln.
Die Partnerschaftlichkeit auf Augenhöhe und die Arbeitsteilung von Spezialisten ist das Geheimnis im Franchising. Jeder wird für seinen Bereich respektiert und bringt sich und seine Stärken effektiv ein! Für uns ist es **das** Netzwerk und **der** Weg in die Zukunft!

www.littlejohnbikes.de

Die Erfolgsfaktoren des Partnermarketings

Das Partnermarketing umfasst alle Maßnahmen und Leistungen, welche die optimale Integration der Franchise-Partner in das System sichern. Dabei ist die optimale Auswahl der Partner ebenso wichtig wie die kontinuierliche Betreuung, um frühzeitig zu erkennen, wann sich ein Franchise-Nehmer mental oder praktisch vom System entfernt.

Dem Partnermarketing wird häufig viel zu wenig Beachtung geschenkt, weil das Hauptaugenmerk einzig auf das Geschäftskonzept gelegt wird. Teamarbeit und partnerschaftlicher Austausch wird sich quasi finden. Das ist eine nicht selten anzutreffende unterschwellige Vorstellung bei Newcomern im Franchise-Business. Und das ist definitiv falsch. Funktionsfähig wird ein Franchise-System erst, wenn neben dem marktfähigen Konzept auch alles darangesetzt wird, dass es möglichst reibungslos vervielfältigt werden kann. Damit gestaltet sich für Sie als Franchise-Geber ein zweiter Wirkungskreis: Sie und Ihr Team kommen in Berührung mit Koordination, Organisation und Mediation. Sie müssen nämlich Ihre Wünsche und Vorstellungen mit denen der Partner in Einklang bringen – und das während der gesamten Zeitdauer der Kooperation.

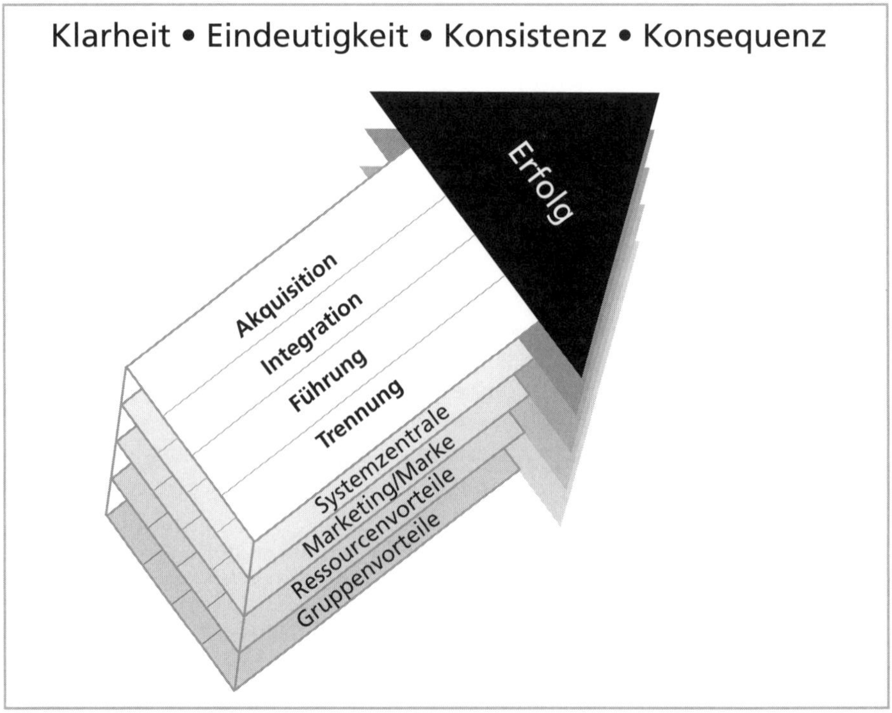

Abbildung 18: Erfolgsfaktoren Partnermarketing

Die Voraussetzungen für das Partnermarketing

Das Franchise-Angebot entwickeln Sie in Abhängigkeit von Ihrem Produkt- oder Dienstleistungsangebot und von Ihren Markenwerten. Denn wie sich Ihre Produkte und/oder Dienstleistungen am vorteilhaftesten vermarkten lassen, haben Sie bereits in den Kapiteln 2.1 und 2.4 analysiert. Sie wissen, was Ihre Endabnehmer, aber auch Lieferanten für ein Bild von Ihnen haben, und Sie wissen, welche Ansprüche diese an Ihre Leistungen stellen. Das gibt Ihnen Hinweise darauf, welchen Support Sie als Franchise-Geber den Partnern offerieren müssen, damit diese effizient lernen können, worauf es bei Ihnen ankommt und wie sich Erfolg einstellen kann.

Damit stehen Sie bei der Entwicklung des Franchise-Pakets immer im Spannungsfeld zwischen dem, was Ihre Endabnehmer von Ihnen erwarten, und dem, was Franchise-Nehmer attraktiv an Ihrem Franchise-Angebot finden. Dazu kommt dann noch Ihre eigene Perspektive, die sich aus Ihrer Erwartungshaltung und den strategischen Zielsetzungen zusammensetzt.

Hinsichtlich der Partnerschaftlichkeit möchten wir näher auf die generellen Sichtweisen von Ihnen als Franchise-Geber und Ihren Franchise-Partnern eingehen. Geben und Nehmen sollte in einer Partnerschaft ausgewogen sein, damit beide Vertragspartner das gute Gefühl bekommen, sich richtig entschieden zu haben. Ausgewogenheit kommt dann zustande, wenn die Kenntnis um die Bedürfnisse vorhanden ist, die beide an die Kooperation knüpfen.

Was Franchise-Geber wollen

Für Sie als Franchise-Geber bedeutet der Verkauf einer Franchise die Sicherung eines Standorts beziehungsweise eines Gebiets. Sie möchten die vorgängig definierte Markenpersönlichkeit 1:1 übertragen wissen, um so die Bekanntheit und den Wert Ihres Konzepts zu steigern. Dadurch dass Sie sich bei den verkauften Franchisen vor allem über die Gebühren finanzieren, ist Ihre Erwartungshaltung an die optimale Ausschöpfung des Gebietes und der konzeptionellen Möglichkeiten groß. Ein Partner soll einerseits möglichst führbar sein, die Regeln akzeptieren und verinnerlichen, Fristen einhalten und verstehen, warum es unverrückbare Standards gibt. Andererseits soll er in den ihm zustehenden Freiräumen aktiv mitdenken, innovativ sein, um so zur Aktualisierung des Konzepts beizutragen und damit auch dessen langfristiges Überleben zu sichern. Neben dieser Bereitschaft der Integration möchten Sie, dass er sich als Teil eines Teams ansieht und diesen Gedanken auch in den gemeinsamen Partnermeetings und Fortbildungen einfließen lässt. Sie möchten eine Identifikation des Partners mit Ihrer Vision und den Zielen und ein engagiertes Vermarkten Ihres Geschäftskonzepts sowie das Einhalten von budgetierten Zielen. Für gründergeführte Franchise-Systeme kommt hinzu, dass Sie auf das gleiche »Leuchten in den Augen« beim Franchise-Partner hoffen. Er soll von Ihrem Geschäftskonzept entflammt sein und das Beste wollen.

Im Kapitel 2.2 haben wir die strategische Zielsetzung bei der Integration des Partners im Rahmen der Wachstumsstrategie erläutert. Jetzt wollen wir die kleinste Einheit, einen Franchise-Betrieb, betrachten, um zu sehen, welche Erwartungen die Seite prinzipiell hat.

Was Franchise-Nehmer wollen

Je nachdem, ob Sie Partner ansprechen, die sich mit Ihrem Franchise-Konzept in ein neues Gebiet wagen – sei es betreffend Branche und/oder berufliche Selbstständigkeit –, oder ob Sie bereits bestehende Firmen als Partner ansprechen, die mit ihrem Geschäft konvertieren wollen oder ein zusätzliches Standbein erwerben möchten. Beide haben pragmatische Erwartungshaltungen, die meist mit großen Emotionen verknüpft sind. (Siehe hierzu auch »Die Ausgangslagen der potenziellen Franchise-Nehmer« in diesem Kapitel).

Existenzgründer als Partner

Mit dem Erwerb Ihrer Franchise kauft sich Ihr Partner immer auch ein Stück Sicherheit ein. Er möchte mit Ihrem Konzept die Gefahr einer Bauchlandung vermeiden, indem er sich eine reproduzierbare Existenz einkauft, deren Prototyp sich am Markt schon behauptet hat. Er möchte von Ihren Erfahrungen profitieren, möchte aber auch nachvollziehen können, warum manche Standards notwendig sind.

Ihr Franchise-Nehmer möchte mindestens seinen Status sichern, vielleicht aber auch verbessern. Das heißt, dass er in seinem sozialen wie beruflichen Umfeld nicht absteigen will, sondern Ansehen genießen möchte. Dazu gehört eine seinem Status angemessene Wirtschaftlichkeit der Franchise-Existenz und Mehrwerte, die sich aus dem Image Ihrer Marke ergeben, aus dem Know-how und den Entwicklungsmöglichkeiten Ihres Konzepts. Was kann er durch Sie beziehungsweise durch Ihr Franchise-Paket an persönlichem und wirtschaftlichem Zugewinn erlangen im Vergleich zu einer Angestelltenposition beziehungsweise zu einer unabhängigen beruflichen Selbstständigkeit?

Ihr Franchise-Partner sucht die fachliche und soziale Anbindung. Er erwartet, dass er von Aufgaben entlastet wird, die ihn von seiner (neuen) Kernkompetenz ablenken und für die er monatlich entsprechende Gebühren bezahlt. Außerdem sucht er einen Rückhalt in der Gruppe und darüber auch immer wieder die (unbewusste) Bestätigung, sich mit der Wahl für Ihr System richtig entschieden zu haben. Ebenso wichtig ist der Respekt für seine Leistungen, den er von Ihnen in einer definierten Form erwartet. Denn Ihr Franchise-Partner hat sich zwar selbstständig gemacht, aber mit Ihrem Konzept. Und so fühlt und denkt er einerseits in der Angestelltendimension. Andererseits schlägt da auch das Herz eines Unternehmers. Deswegen will Ihr Franchise-Partner von systemspezifischen Inhalten überzeugt werden und eine adäquate Behandlung genießen.

Vorhandene Firma als Franchise-Nehmer

Die Erwartungshaltung dieser Partner ist noch größer, da sie Erfahrungen haben, sei es in Ihrer Branche oder als Firma, die sich schon am Markt behaupten musste. Hier fällt ein Element weg, das Sie als Franchise-Geber bei Existenzgründern einsetzen. Nämlich die Faszination für die berufliche Selbstständigkeit und eine neue Lebensphase. Existenzgründer haben weniger Vergleichsmöglichkeiten, denn in den meisten Fällen waren sie zuvor angestellt. Beim Business-to-Business-Geschäft sind die Partner geprägt von der eigenen Unternehmensgeschichte. Sie haben klare Vorstellungen, wie sie mit Ihrem Angebot die eigene Existenz sichern oder ausbauen wollen.

Business-to-Business-Partner als Franchise-Nehmer möchten Ressourcen besser ausschöpfen. Das können die Räumlichkeiten sein, Know-how, Personal und/oder eine entsprechende Infrastruktur zur Herstellung von Produkten. Und sie wollen ebenso wie die Existenzgründer ihre Investition in die Franchise gut angelegt wissen. Nicht nur im profitablen Sinn, auch der Imagegewinn spielt eine Rolle, der Einkauf von Vorsprungsleistungen und einer Marke kann zur Differenzierung von Mitbewerbern beitragen. Der Franchise-Erwerb kann also aus strategischer Sicht der Aufwertung und Festigung der eigenen Position dienen.

Das Matching der Vertragspartner

Anhand dieser grundsätzlichen Erwartungshaltungen von Franchise-Geber und -Nehmer wird deutlich, dass es nicht nur um eine »Dekodierung« geht, das heißt um ein Verständlichmachen der Bedürfnisse beim

Gegenüber, sondern vor allem um ein optimales »Matching«. Die Partner müssen zusammenpassen! Dann ist auch die Chance groß, dass sie die gegenseitigen Ansprüche verstehen. Was ist das für ein Mensch, der da für die Übernahme Ihres Franchise-Konzepts infrage kommt? Was bewegt ihn und sie? Welche zusätzlichen Motive sind ausschlaggebend neben den Anforderungen, die er an Sie stellen wird als Franchise-Geber?

Sehr häufig erleben wir, dass die Betrachtung von Franchise-Partnern sehr generisch vorgenommen wird. Eine graue »Existenzgründermasse«, die unternehmerisch denken und handeln soll, vertriebsorientiert ist, teamfähig und lernbereit und zudem über nötige finanzielle Mittel verfügt. Da wundert es nicht, dass sich viele potenzielle »Neu-Orientierer« nicht angesprochen fühlen, weil sie nicht mit Argumenten angesprochen werden, die für sie wichtig sind.

Bei der Beschreibung des Partnerprofils sollten Sie die gleiche Sorgfalt walten lassen wie bei der Ergründung der Kundenbedürfnisse. Bei Letzterem versuchen Sie, gemäß Ihrem Angebot Bedürfnisse zu eruieren, für die Sie entsprechende Produkt- oder Dienstleistungslösungen anbieten. Damit erhöhen sich die Verkaufschancen. Genauso verfahren Sie auch mit dem Franchise-Angebot. Was können Sie bieten? Welche Aufgaben fallen für einen Partner an? Welchen Zeithorizont sehen Sie für ihn, um in eine wirtschaftlich interessante Phase zu kommen? Welche individuellen Erwartungen und Vorstellungen können Sie mit Ihrer Franchise erfüllen? Warum sollte man sich für Ihr Konzept entscheiden?

Je mehr Sie auf die Erwartungen potenzieller Partner eingehen, desto höher wird die Wahrscheinlichkeit, dass Sie als Chance für eine Neuorientierung identifiziert werden. Das setzt zunächst einmal voraus, dass Sie sich ein Bild von Ihren Wunschpartnern machen. Sie haben unter Punkt 2.4 aufgrund der Stärken, die Ihr Unternehmen ausmacht, Markenwerte kreiert. Werte, von denen Sie überzeugt sind, dass sie Ihren Kunden und Partnern wichtig sind. Was braucht es dann für Partnerprofile? Erstellen Sie ein Anforderungsprofil Ihres Franchise-Nehmers.

Die Beschreibung von Partnerprofilen

Wir erleben es häufig in unserer Beraterpraxis, dass gerade Start-up-Systeme Mühe haben, ein Partnerprofil zu entwickeln, weil sie glauben, sich einzuschränken und damit auf mögliche Partner verzichten zu müssen. Dass aber gerade die ersten Systempartner die Referenzen ausmachen und den Erfolg nach außen tragen, scheint dabei unterzugehen. Starke Partner ziehen das System und sind überzeugender als Hochglanzprospekte von Ihrem Franchise-Konzept. Es ist also ratsam, sich von abstrakten, austauschbaren Beschreibungen der Partnereigenschaften zu verabschieden und sich dem Partnerprofil intensiv zu widmen. Das fängt bereits beim Alter an. Die meisten Franchise-Konzepte rekrutieren ihre Partner aus den Altersgruppen zwischen 25 und 55 Jahren – der Kernzeit der Erwerbstätigkeit. Darunter befinden sich bereits – je nach Generationeneinteilung – drei Generationen, die eine vollkommen andere Sozialisation erlebt und damit auch andere Einstellungen und Werte verinnerlicht haben. Das heißt auch, dass ihre Einstellungen zum Beruf, zur Arbeit und zur Führung differieren.

Wuchs die Kriegsgeneration (vor 1940 geboren) noch mit den Auswirkungen der weltweiten Wirtschaftsdepression und einem ausgeprägten Pflicht- und Hierarchiedenken auf, so wurden für die Babyboomer (bis 1960 geboren) Mitbestimmung am Arbeitsplatz und Teamdenken zu wichtigen Prägungen, denn es galt, sich vom Denken der Kriegsgeneration und von traditionellen Mustern zu distanzieren und sie neu zu definieren. Für die Generation X (bis 1980 geboren), die den größten Prozentsatz der heutigen Arbeitskräfte ausmacht, zählen Unabhängigkeit und Eigenständigkeit zu den Maximen im Leben, da sie durch ihre Sozialisation früh auf sich selbst gestellt waren – meist durch Berufstätigkeit beider Elternteile. Die Millennials oder Digital Natives gehören zur ersten Generation, die im digitalen Zeitalter aufgewachsen ist und an eine »Rund-um-die-Uhr-Erreichbarkeit« gewohnt ist – sowohl im sozialen Bereich wie im Unterhaltungs- und Informationssektor. Für diese Generation ist es vollkommen normal, auch während der Arbeitszeit per Handy erreichbar zu sein oder sich in Online-Netzwerken auszutauschen. Nur dieser kleine Ausschnitt aus den Charakteristiken der Generationen macht deutlich, wie sich daraus folgernd unterschiedliche Wahrnehmungen des Arbeitsplatzes ergeben und auch Prioritäten hinsichtlich einer Existenzgründung anders gesetzt werden. Vielleicht findet sich dieser Generationen-Mix auch in Ihrem Unternehmen. Das kann eine große Chance sein, weil Sie einiges über die Einstellungen erfahren können. Meistens wird diese Ressource gar nicht erkannt.

Kreativ-Cafés zur Visualisierung von Anforderungen

Es gibt eine sehr ansprechende Art, mehr über die Einstellungen und Herangehensweisen möglicher Franchise-Kandidaten zu erfahren. Durch die sogenannten Kreativ-Cafés. Wir haben diese Form von den bekannten »Conversation- oder World Cafés« (www.theworldcafe.com) abgeleitet und führen diese Gesprächsrunden mit großem Erfolg zur Förderung des kooperativen Dialogs und für kreative Lösungen durch.

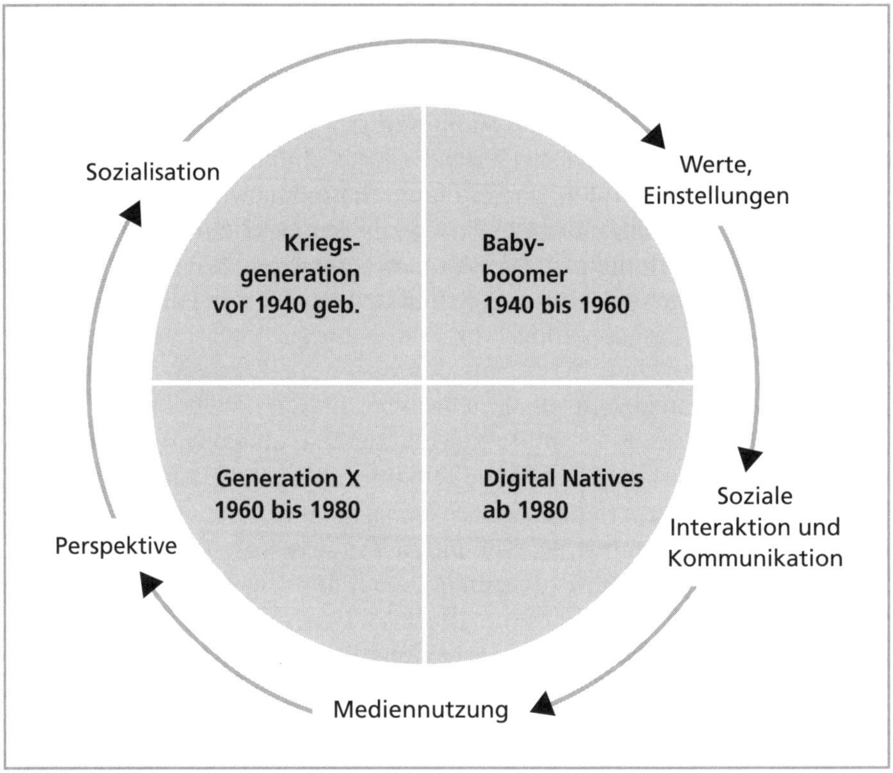

Abbildung 19: Franchise-Denkwerkzeug – Generationen-Prägung

Entscheidend ist dabei, dass Menschen unterschiedlichster Lebenswelten daran teilnehmen und klare Regeln kommuniziert werden. Grundsätzlich geht es bei diesem Austausch in solchen Cafés um eine kreative und offene Herangehensweise an ein spezifisches Thema. Den Namen Café hat es deshalb, weil der Rahmen ähnlich einem echten Café ist. In unserem Fall des Kreativ-Cafés geht es um die Vermarktung Ihres Franchise-Konzepts, genauer um die Visualisierung geeigneter Franchise-Partner. Ziel ist die Verdichtung und Erweiterung bereits vorhandener Überlegungen. Der Input kann dabei auch ganz neue Sichtweisen eröffnen, weil der zwangslose Austausch von implizitem Wissen zwischen den Teilnehmenden gefördert wird. Auch wenn in solchen Gesprächsrunden keine potenziellen Franchise-Partner teilnehmen, so können die unterschiedlichen Teilnehmer ihre Ängste, Motive und kreativen Vorschläge zum gewählten Thema formulieren. Dabei kommen verblüffende Ergebnisse heraus, schon allein deswegen, weil man sich als Projekt- oder Franchise-Verantwortlicher meist viel zu sehr in der eigenen Welt befindet und man viele Informationen zu den möglichen Partnern nur »Second Hand« erhält.

Regeln für ein Kreativ-Café

Wie erwähnt, können Sie je nach Größe Ihres Unternehmens Mitarbeitende verschiedener Positionen und Altersgruppen teilnehmen lassen. Ist das Umfeld in Ihrer Firma nicht gegeben beziehungsweise wenn Sie das Spektrum erweitern wollen, dann können Sie solche Informationsrunden auch inszenieren und Bekannte, Zulieferer, Kunden und möglichst auch vollkommen Unbeteiligte dazu einladen. Es sollten insgesamt mindestens 12 Teilnehmer sein, sodass Sie drei Gruppen à vier Personen bilden können.

Die Regeln zur Durchführung:

1. *Zweck:* Sie wollen einschlägiges Wissen über die Einstellungen von potenziellen Partnern und Vermarktungsmöglichkeiten Ihres Konzepts erlangen. Dafür stellen Sie eine möglichst gemischte Gruppe von mindestens 12 Teilnehmern zusammen.

   Einladung: Die Einladung zu einem Kreativ-Café sollte entsprechend kreativ gestaltet sein und die Freude fördern, zu diesem Kreis dazuzugehören. Dafür können Sie zum Beispiel an alle Adressierten ein Set Farbstifte senden, die sie am gewählten Datum einsetzen können. Wählen Sie einen ungewöhnlichen Zeitpunkt für die Gesprächsrunde, damit das Treffen nicht zwischen andere Termine gepresst wird.

2. *Ambiente:* Schaffen Sie ein Ambiente, das die Teilnehmenden motiviert. Insbesondere wenn Sie das Kreativ-Café in der Firma einrichten, dann muss der Sitzungsraum anders eingerichtet werden, als es für die regulären Arbeitssitzungen üblich ist. Runde Tische wie in einem Café mit Papierdecken zum Beschreiben und Bemalen sowie Farbstifte sind wichtige Utensilien. Belebende Elemente wie Blumen, Bilder an den Wänden, Musik sind förderlich, dazu gibt es entsprechende Snacks und Getränke, wie es in einem Café üblich ist.

3. *Gesprächsrunden:* Kleine Grüppchen von mindestens vier Personen sitzen an einem Tisch. Der Moderator fängt mit einer kleinen Story zur beruflichen Selbstständigkeit an und fragt alle nach spontanen Assoziationen zur Existenzgründung. Diese werden von allen Teilnehmenden auf die Decken oder Zettel geschrieben oder gemalt und diskutiert. Eine Gesprächsrunde sollte etwa 20 Minuten dauern. An jedem Tisch

verbleibt ein Gastgeber, die anderen Teilnehmer gehen quasi als Gesprächsbotschafter an einen anderen Tisch und bringen die Inputs der ersten Runde in die neue Gruppe. Ein erneuter Wechsel erfolgt wiederum nach 20 Minuten.

4. *Aufbauen des Themas:* Damit Sie zielgerichtete Impulse bekommen, bauen Sie nun das Thema aus und führen weitere Fragerunden durch. Zum Beispiel mit folgenden Inhalten: Was assoziieren die Teilnehmenden mit Franchising? Was müsste gegeben sein, dass eine Existenzgründung Spaß macht und zur persönlichen Entwicklung beiträgt? Wo würden sich die Teilnehmenden typischerweise informieren, wenn sie sich selbstständig machen oder sich beruflich verändern würden?

5. *Ideenvielfalt:* Durch die Bewegung der Teilnehmenden zu den Gesprächsgruppen und das Rekapitulieren des Diskutierten werden immer mehr Erkenntnisse, Assoziationen und Ideen verlinkt und verbunden. Zwischenzeitlich werden die Erkenntnisse im Plenum mitgeteilt. Oftmals formen sich gerade dann sehr kreative Ideen aus, weil Verhaltensmuster identifiziert werden, Gemeinsamkeiten entdeckt und Möglichkeiten zum Handeln generiert werden.

6. *Utensilien:* Neben den Elementen für ein kreatives Ambiente sollte eine Digitalkamera für das Aufnehmen von Skizzen und Szenen zur Verfügung stehen. Nicht nur für den eigentlichen Zweck, sondern auch, um sich bei den Teilnehmenden im Anschluss an das Kreativ-Café mit einem nachträglichen bebilderten Gruß zu bedanken. Das Kreativ-Café kann fortlaufend natürlich auch für andere Fragestellungen oder Themenbereiche genutzt werden. Hewlett Packard und andere Unternehmen haben innerhalb solcher Foren wichtige Inputs für eine marktnahe Produktentwicklung bekommen – insbesondere weil sie über ihren »Branchenzaun« geschaut haben und Personen aus verschiedensten Bereichen mit diversen Ansprüchen diskutieren ließen.

Mit den Erkenntnissen aus dem Kreativ-Café können Sie Ihr Wissen darüber, was Sie den unterschiedlichen Franchise-Nehmern bieten können und wie Sie sie ansprechen sollten, vertiefen.

Warum sind Sie Natura Güggeli-Partner geworden?

René Bernhard

Mit 52 Jahren erhielt ich von meinem damaligen Arbeitgeber Swisscom (Pendant zur Telekom) das Angebot einer Teilpensionierung. Ich hatte Zeit, mir zu überlegen, ob ich es annehme oder bis zum regulären Rentenalter dort bleibe. Abgesehen von den 10 Jahren, in denen ich als Elektriker in meinem gelernten Beruf gearbeitet hatte, war ich bis dato immer bei der Swisscom gewesen. Deswegen wollte ich es auch gut abwägen. Zufällig sah ich im Fernsehen einen Bericht über Natura Güggeli. Nun, ich bin kein Koch, aber die Möglichkeit, mir als Franchise-Nehmer eine vollkommen neue Aufgabe zu erschließen, fand ich beeindruckend. Es hat dann allerdings noch ein Jahr gedauert und einige schlaflose Nächte gekostet, bis ich mich 2001 zu dieser Selbstständigkeit entschloss.

Was hat Sie speziell an Natura Güggeli gereizt?

Es ist ein absolut überzeugendes Produkt! Aber nicht nur das Güggeli, auch der ganze Markenauftritt war und ist für mich glaubwürdig und sehr aufmerksamkeitsstark. Ich konnte mich vom ersten Tag an damit identifizieren. So sehr, dass ich mir gleich ein neues rotes Brillengestellt zugelegt habe – das hervorragend zu unserem Erscheinungsbild passt.

Was hat sich für Sie verändert, seitdem Sie selbstständig sind?

Ich habe es nie bereut. In meinem ganzen Berufsleben habe ich nie so viel Anerkennung bekommen wie jetzt. Es ist vor allem der soziale Kontakt, der mir an meiner Arbeit so gefällt. Wir Natura-Güggeli-Partner sind so etwas wie eine soziale Institution an den regionalen Standorten.
Etwas verändert sich mit der Selbstständigkeit enorm. Man wird Unternehmer, steht für alles gerade, muss sich durchsetzen und muss immer volle Leistung zeigen. Da wird das Verständnis für Angestellte geringer, wenn es um chronisches Meckern geht und um Forderungen nach Entschädigung. Mein Arbeitstag hat nicht selten 14 Stunden. Aber ich kann auch nach gut neun Jahre noch sagen, dass es mir Spaß macht – jeden Tag!

www.natura-gueggeli.ch

Die Ausgangslagen der potenziellen Franchise-Nehmer

Das Beispiel von Natura Güggeli zeigt, dass die Lebensumstände und die Motive Ihrer Partner nicht dem typischen Bild entsprechen müssen, das vielleicht viele von uns im Kopf haben, wenn es um Existenzgründer geht. Die Ausgangslagen können vollkommen unterschiedlich sein. Welchen können Sie wie gerecht werden?

Neben den individuellen Voraussetzungen der Partner gibt es grundlegende Motive für die berufliche Selbstständigkeit. Nicht alle können Sie mit Ihrem Franchise-Konzept bedienen und bei manchen sollten Sie Vorsicht walten lassen.

Unfreiwillige Entscheidungen

Altersbedingte oder finanzielle Zwänge können Gründe für den Einstieg in die berufliche Selbstständigkeit sein und quasi den einzigen Ausweg darstellen, um die eigene Situation zu verändern. Hier ist zu überprüfen, wie offen und lernbereit die Anwärter für eine neue Situation wirklich sind. Denn selbst eine erfolgreiche Laufbahn als Angestellter ist kein Garant für eine erfolgreiche Existenzgründung. Je nachdem, wie dramatisch sich die Neuorientierung ergeben hat, können Empfindungen wie Verunsicherung, Enttäuschung, Selbstzweifel und Frustration als Ballast in die Existenzgründung eingebracht werden. Das kann die Angst potenzieren, mit dem gewählten Angebot zu scheitern, und damit die Kooperation schwer belasten. Zwangslagen können aber auch zu einer getrübten Eigenwahrnehmung führen, sodass die Kandidaten ihre Kompatibilität mit den Grundsätzen des Systems viel höher einschätzen, als sie es in Wirklichkeit ist.

Als Franchise-Geber können Sie mit Ihrem erprobten Konzept zwar eine gewisse Sicherheit bieten und eine soziale Anbindung im Team, aber Sie brauchen auch Partner, die sich zutrauen, mit Ihrem Konzept eine eigene Existenz auf- und auszubauen. Die sich selbst motivieren und disziplinieren können. Außerdem muss geklärt sein, ob der mögliche Partner neben den Finanzen für die Übernahme der Franchise und für erste Investitionen in den Betrieb auch liquide Mittel für das laufende Geschäft hat. Eine zu enge Kalkulation blockiert mental und löst viel schneller Existenzängste aus, die sich negativ auf die Eigenleistung und die Stimmung im System auswirken.

Diese Fragen nach Kompatibilität und finanziellen Mitteln müssen bei Business-to-Business-Partnern ebenso abgeklärt werden. Je nach Tradition, Situation oder Einstellung bedeutet die konsequente Übernahme einer Franchise auch hier die Übernahme aller sichtbaren Zeichen der neuen Marke und das Loslassen alter Muster. Handwerksbetrieben zum Beispiel, die sich großen Franchise-Ketten anschließen, um vom besseren zentralen Backoffice und Einkauf zu profitieren, fällt die Umfirmierung vielfach besonders schwer. Oftmals sind es Familienbetriebe und damit gewachsene Institutionen in der Region, die sich entsprechend schwertun. Der eigene Firmenname hat bereits über Generationen die Persönlichkeit des Geschäfts ausgemacht.

In solchen Fällen sind also die Einstellungen der möglichen Partner eingehend zu überprüfen, inwieweit sich, neben deren pragmatischen Überlegungen zu den Poolvorteilen, auch deren Wertvorstellungen mit den Ihren decken. Denn der Effekt, zwar Partner gewonnen zu haben, die aber alle wie Einzelkämpfer agieren und sich mit Ihren Markenwerten nicht verlinken, schwächt Ihr Gesamtbild und damit auch die Positionierung, die Sie erreichen wollen. Dazu kommt dass Sie mit nicht integrierten Partnern immer Grundsatzthemen diskutieren müssen und sich nicht weiterentwickeln. Denn diese sehen Sie nicht als Partner, sondern in gewisser Weise als Gegner, weil Sie ihnen immer wieder die vermeintliche Schwäche vor Augen führen, es allein nicht geschafft zu haben.

Verwirklichung von Wünschen und Zielen

Für die meisten Existenzgründer im Franchise-Bereich sind Karriereziele oder der Wunsch nach einer gewissen Selbstbestimmung und Selbstverwirklichung ausschlaggebend. Berufliche Selbstständigkeit zur Verwirklichung von Träumen, aber auch Durchsetzung von eigenen Ideen gehören in das Motivationsraster ebenso wie eine aussichtsreiche Perspektive. Für den Einstieg ins Franchising können allerdings viele eigene Vorstellungen hinderlich sein, da sie die möglichen Partner dazu animieren, alles infrage zu stellen, was als gegeben betrachtet wird. Es gilt hier Ihrerseits abzustecken, in welchem Ausmaß und in welcher Form sich das Potenzial an Kreativität nutzen lässt. Wie viel Freiraum es innerhalb des Systems geben kann und wie zielgerichtet sich die Kreativität in die Kernaufgaben lenken lässt.

Das Engagement Ihrer Partner kann aber auch für eine zusätzliche Erfüllung und ein positives Standing in der Region sorgen. So gibt es Franchise-Systeme, die sich neben dem Kerngeschäft sozial oder ökologisch engagieren und ihre Partner dazu animieren, regional unterstützungswürdige Projekte zu eruieren. (Sehen Sie dazu auch das Kapitel »Soziale Gemeinschaft«).

Wir haben bereits erwähnt, dass es bei bestehenden Firmen, die Ihre Franchise übernehmen möchten, Schwierigkeiten bei der Integration des

Namens und der Werte geben kann. Bei sehr initiativen Existenzgründern kann der Umstand, sich als Persönlichkeit zugunsten des gemeinsamen Markenauftritts zurückzunehmen, ebenfalls heikel sein. Denn gerade solche Partner, die auch Selbstverwirklichung mit der Existenzgründung verknüpfen, wollen das häufig auch von außen wahrgenommen sehen. Und für Außenstehende ist es nicht erkennbar, ob es sich um eine Filiale oder um einen Franchise-Betrieb handelt. Statusdenken und Egozentriertheit müssen hinsichtlich der Anpassungsfähigkeit und Eingliederung überprüft werden.

Bei bereits bestehenden Firmen, die sich erhoffen, durch ein Franchising ihre Ressourcen besser ausschöpfen zu können, kann die Gefahr des ewigen Zwiespalts lauern. Je nach Nachfrage werden die angestammten Leistungen in den Vordergrund gerückt oder die neu integrierten. Aber keines der Angebote wird mit hundertprozentiger Aufmerksamkeit verfolgt. Das führt in der Regel dazu, dass beides nicht mehr gut läuft, und vor allem, dass die Kunden nicht mehr wissen, wofür die Firma steht. Das heißt für Sie als Franchise-Geber, dass mit ihrem Angebot auch klare Forderungen hinsichtlich der Aktivität auf dem Markt verbunden sein müssen. Wie muss sich der Franchise-Partner personell, räumlich und finanziell aufstellen, um Ihre Leistungen adäquat anzubieten?

Das Partnerpotenzial

Je genauer Sie die Profilbeschreibung Ihrer potenziellen Franchise-Partner vorgenommen haben, desto besser können Sie auch das Partnerpotenzial einschätzen. Sind die finanziellen und inhaltlichen Anforderungen an den Partner zu anspruchsvoll, sodass sich die Zahl der möglichen Kandidaten als sehr gering erweist, kann das den gesamten Franchise-Aufbau gefährden. Sie benötigen eine genügend große Anzahl potenzieller Kandidaten, um entsprechende Partner daraus zu rekrutieren. Durchschnittlich braucht es um die 50 Kontakte, um einen Abschluss zu machen.

Wenn Sie sehen, dass Kenntnisse oder Fähigkeiten erforderlich sind, die nur bestimmten Berufsgruppen vorbehalten sind, sollten Sie auch andere, ungewöhnlichere Akquisitionskanäle öffnen.

Die Akquisition – Teilbereich des Partnermarketings

Die Akquisition von Franchise-Partnern will gut vorbereitet sein. Wir empfehlen das Vierphasen-Modell, um Transparenz in die Akquisitionsabläufe und einen Überblick über die Kosten zu bekommen, die pro Partner anfallen.

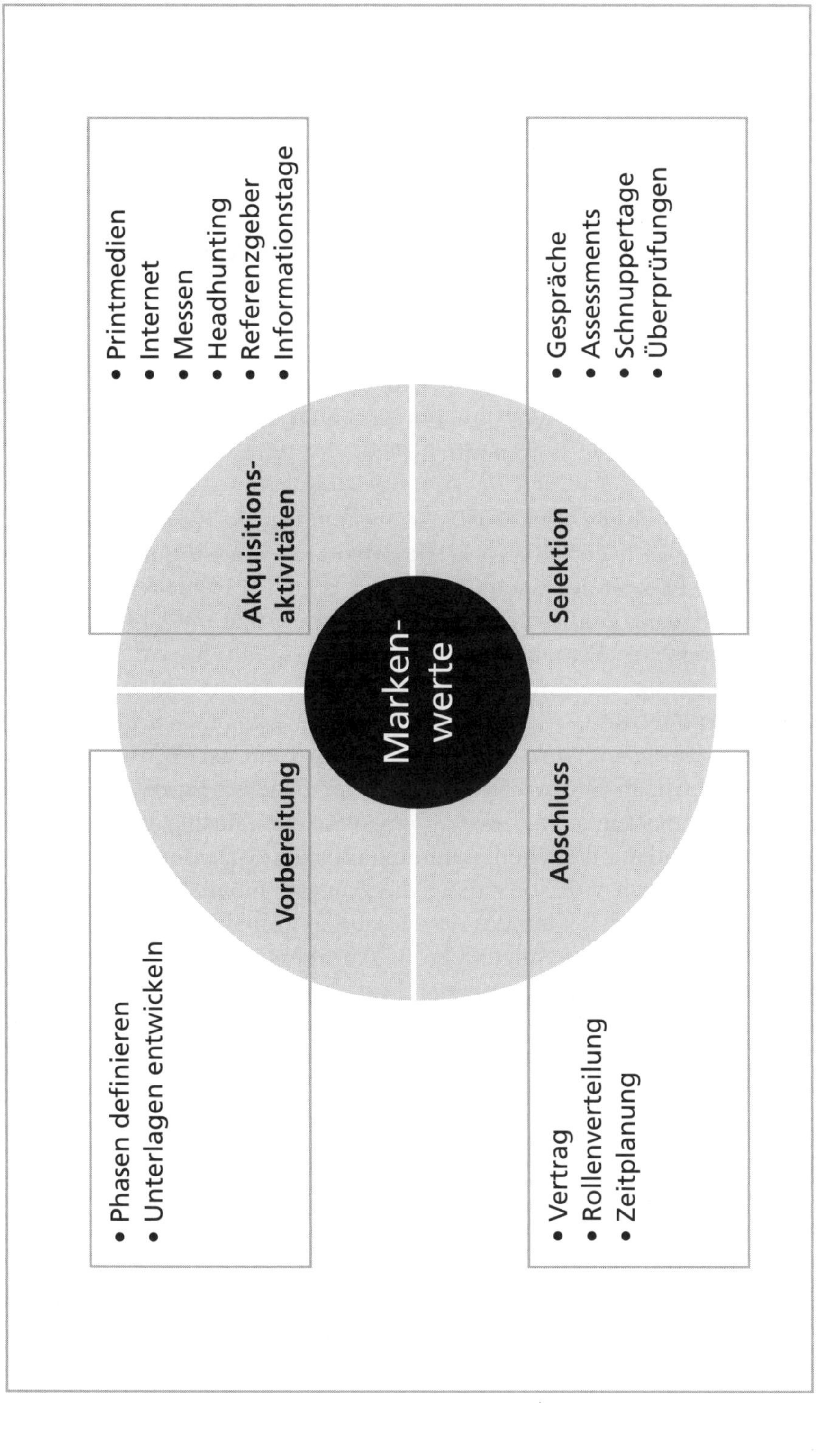

Abbildung 20: Franchise-Denkwerkzeug – Akquisitionszirkel

Die Vorbereitung

Gesprächsführungen mit Partnerkandidaten sind teuer. Sie absorbieren Sie beziehungsweise Ihr Team. Um das zu verhindern, sollten Sie viel Wert auf die Vorselektion legen. Zur Ansprache möglicher Partner benötigen Sie entsprechende Unterlagen, die wohl dosiert eingesetzt werden sollten. In der Phase des Kennenlernens werden Sie ein Kurzporträt Ihres Unternehmens und des Franchise-Angebotes zusammenstellen mit den Anforderungen, die Sie an Ihre Partner stellen, damit diese eine »Selbstselektion« vornehmen können. Es ist wichtig, zu vermerken, dass es ein entsprechendes Eigenkapital für den Erwerb Ihres Konzepts braucht. Aus vielfältigen Erfahrungen wissen wir, dass gerade dieser Punkt zwar die Zahl möglicher Kandidaten verringert, die Auslese der wirklich infrage kommenden Personen damit jedoch wesentlich effizienter wird.

Die Kurzvorstellung oder Präsentationsmappe muss Ihre Markenwerte widerspiegeln. Sie werden sowohl eine digitale als auch eine gedruckte Version Ihrer Präsentationsmappe erstellen, um für verschiedene Einsätze gewappnet zu sein. Ein Bewerber-Fragebogen ergänzt dieses Dokument. Dieser Fragebogen ermöglicht eine genaue Vorselektion und gibt Ihnen Anhaltspunkte für die Kandidatengespräche. So ist die Frage nach den persönlichen Zielen des Bewerbers im Zusammenhang mit der beruflichen Selbstständigkeit wichtig. Welche Stärken kann der Anwärter in das Konzept einbringen und wo sieht er oder sie Schwächen, die man beidseits offen betrachten sollte? Kann der potenzielle Partner bereits einen Standort einbringen? Welchen Zeithorizont sieht er zur Gründung einer Existenz?

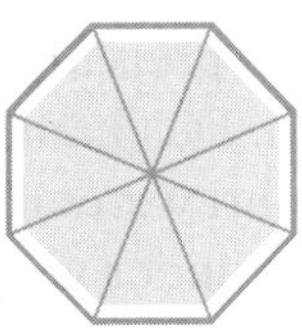

Franchise-Denkwerkzeug:
Fragenkatalog für Franchise-Partner

Stephan Pagnoncini, CEO vom Franchise-System Natura Güggeli, antwortete auf die Frage, was bei den Partnern besonders wichtig ist: »Franchising eignet sich hervorragend, um Erfolgsfaktoren zu standardisieren und zu multiplizieren. Da man aber Freundlichkeit und Servicebereitschaft nur bedingt lehren kann, achten wir bei der Selektion unserer Partner ganz besonders darauf, dass jemand Verbindlichkeit und ein offenes Gebaren mitbringt. Die Fragebögen, die von unseren Bewerbern ausgefüllt werden, beinhalten so auch Fragen nach der Motivation zur beruflichen Selbständigkeit. Daraus sollte dann neben der Aussicht auf finanzielles Vorankommen auch eine gewisse Begeisterungsfähigkeit sprechen.«

Die Selektionsphase

Der Erstkontakt

Eine Checkliste mit vorbereiteten systemrelevanten Fragen und solchen, die sich aus dem ausgefüllten Fragebogen des Bewerbers und seinen ergänzenden Unterlagen wie Lebenslauf und Zeugnissen ergeben haben, bilden die Grundlage für den Gesprächsleitfaden des persönlichen Erstkontakts. Definieren Sie, welche Informationen Sie vom Kandidaten nach diesem Gespräch haben müssen, um sich ein Bild von dessen Integrationsfähigkeit zu machen. Eine Checkliste dafür ist notwendig, damit diese Vorselektion an Mitarbeitende oder auch an auf Franchise-Partner-Profile spezialisierte Headhunter delegiert werden kann.

Nach dieser Erstinformationsrunde geben Sie eine befristete Bedenkzeit für beide Seiten, um sich für einen zweiten Schritt oder für den Abbruch der Verhandlung zu entscheiden. Ein beidseitiges Bekenntnis ist wichtig zur Überprüfung der Ernsthaftigkeit des Bewerbers.

Für Sie als Franchise-Geber ist die Bedenkzeit ein Schutz vor übereilten Handlungen, zu denen man gerade in der Newcomer-Phase neigt. Denn um erste Partner zu gewinnen, geben viele Franchise-Geber meist sehr viel von sich beziehungsweise den konzeptionellen Inhalten preis und sind oftmals bei den Fragen an die Kandidaten sehr verhalten. Das kann dazu führen, dass nicht nur zu viele ineffiziente Gespräche geführt werden, sondern auch mögliche Mitbewerber oder proaktive Existenzgründer viel über Ihr Konzept erfahren.

Weiterführende Verhandlung

Wurde auf beiden Seiten weiterhin Interesse signalisiert, dann empfiehlt es sich, im zweiten Schritt Aufgaben an den Bewerber abzugeben. Diese sollten sich mit der Visualisierung der Geschäftstätigkeit befassen. Bevor Sie allerdings dem möglichen Partner Eckdaten zum Konzept bezüglich des Standorts, der Infrastruktur und einer durchschnittlichen Kosten- und Erlösstruktur mitteilen, lassen Sie sich eine Vertraulichkeitsvereinbarung unterzeichnen.

Nach Erhalt der Daten und Informationen adaptiert der Kandidat diese auf die eigenen Möglichkeiten und resümiert, wie er sich das Projekt real vorstellt und welche (Umsatz-)Ziele er sich steckt. Sie erfahren auf diese Weise sehr viel über die Vorgehensweise des möglichen Partners, den Realitätssinn und über die Identifikation mit Ihrem Angebot. Sie können auch zwischenzeitliche Rollenspiele einbauen, in denen Sie typische Verkaufssituationen oder Aktionsfelder im Geschäft simulieren, in denen sich Ihr Partnerkandidat bewähren muss.

Schnuppertage

Damit es nicht bei den »Trockenübungen« in einer gestellten Atmosphäre bleibt, sollten Sie Schnuppertage im realen Umfeld ermöglichen, sofern es Ihr Geschäftskonzept zulässt. Wie verhält sich Ihr Bewerber am Ort des Geschehens? Welchen Umgang pflegt er mit Kunden, Partnern und Mitarbeitenden? Wie lösungsorientiert meistert er Herausforderungen? Zu welchen Ergebnissen kommt er und kommen Sie nach einem solchen Einsatz?

Bevor Sie solche realen Erfahrungen zulassen, die mit einem erhöhten zeitlichen Einsatz und der Preisgabe von weiteren Interna verbunden sind, sollte vom Bewerber eine echte Willensbekundung vorliegen. Diese demonstriert er im Unterzeichnen einer Absichtserklärung oder eines Vorvertrags. An Letzteren können Sie auch eine finanzielle Verpflichtung koppeln, die bei Zustandekommen des Vertrags angerechnet wird. Kommt es nicht dazu, dann ist zumindest ein Teil Ihres Aufwands gedeckt.

Entwickeln Sie so viele Standards zur Selektion wie möglich und notwendig. Denn für Ihr Franchise-System können Kompromisse in der »Partnerwahl« nicht nur die Fehlbesetzung eines Standorts mit allen finanziellen und aufreibenden Konsequenzen bedeuten, sondern auch einen gewaltigen Imageschaden.

Damit Ihr Kandidat sich wiederum von Ihrer Solidität ein Bild machen kann, geben Sie ihm ein Zeitraster für die Integrationsphase an die Hand, das Standortsuche, Umbau, Ausbildung, Eröffnung und Start-up-Aktivitäten beinhaltet, sowie Indexe Ihrer Handbücher.

Im Abstimmungsgespräch zu den konkreten Zahlenwerten und zur Projektplanung werden Sie gemeinsam den Vertrag durchgehen, damit die gegenseitigen Verpflichtungen wirklich verstanden und angenommen

werden. Den Vertrag sollten Sie in keinem Fall kommentarlos abgeben, sondern immer gemeinsam besprechen und erst danach zur Prüfung aushändigen. Franchise-Verträge sind komplexe und mehrseitige Machwerke, die unvorbereitet überfordern würden. Sie können im gemeinsamen Durchgehen der Vertragsinhalte auch beim Bewerber die Fragen und möglichen Problemfelder besser eruieren.
Die Anzahl der Folgegespräche und die Herausgabe von weiteren Informationen sind dann nicht nur aus Kosten-, Sicherheits- und Effizienzgründen zu bestimmen, sondern auch, um die Entscheidungsfähigkeit des Gegenübers zu prüfen.

Der Abschluss

Bevor es zum tatsächlichen Abschluss des Franchise-Vertrags kommt, ist zu überprüfen, ob die vorvertraglichen Pflichten des Informationstransfers und die zeitlichen Limits dafür eingehalten wurden. Auch hier sollten Sie den Rat von Juristen einholen oder vom Franchise-Verband Ihres Landes, da es auch hier landesspezifische Unterschiede gibt.

Gemeinsam mit Ihrem neuen Franchise-Nehmer werden Sie gemäß der im Voraus besprochenen Zeitplanung die Rollenverteilung durchgehen. Wer macht was bis zu welchem Zeitpunkt? Welche Fristen sind einzuhalten? Was muss parallel geplant werden?

Die Integration – Teilbereich des Partnermarketings

Damit sich Ihre Franchise-Partner zugehörig fühlen, braucht es simpel gesagt die ehrliche Fortführung dessen, was ihnen in den Verhandlungen und laut Vertrag versprochen wurde. Die Integration werden Sie durch die Grundausbildung und weitere Unterstützungsleistungen fördern. Die Identifikation mit Ihrem Geschäftskonzept und das Vertrauen in das Erfolgsmodell können Sie nicht verordnen, das können Sie und Ihr Team nur durch Zuverlässigkeit erreichen.

Machen Sie sich auch die Start-Euphorie der Partner zunutze und reflektieren Sie deren noch unbelastete Vorstellungen und Eindrücke – vielleicht ergibt sich daraus eine Optimierung für Ihr System. Denn wir alle neigen zur Fachblindheit, die für eine nachhaltig aufgebaute Organisation wie ein Franchise-System Rückschritt bedeutet. Lesen Sie folgend das Statement von PC-Spezialist, ein Franchise-System, das beispielhaft für eine lernende Organisation ist.

Frank Roebers

PC-Spezialist wurde 1991 gegründet. Es ist ein Franchise-System für PC-Händler mit Ladenlokal im Privatkundenbereich, welches 86 Partner in Deutschland hat. Die PC-Spezialist-Partner zeichnen sich durch eine außergewöhnlich hohe Fachkompetenz in technischen Fragen aus. PCs haben kurze Produktlebenszyklen und eine große Komplexität, welche Unterstützung bei den Kunden erfordert. Im PC-Sortiment sind etwa 300.000 Produkte ständig lieferbar und es kommen jeden Tag mehr als 200 neue Produkte auf den Markt.

Das Nutzungsverhalten bei unseren Kunden ist so fragmentiert, dass fast keine zwei Konfigurationen identisch sind. Hinzu kommt, dass die Anwendungsbreite von PC-Technik immer weiter zunimmt. PC-Spezialist kann eine sehr qualifizierte Kaufberatung durchführen und andererseits ein hohes Dienstleistungsniveau halten.

Ohne Beratung zu kaufen birgt die Gefahr, dass man ein nicht zum Bedarf passendes Produkt kauft und vor allem im Betrieb sehr schnell überfordert ist. Das fängt schon bei vermeintlichen Kleinigkeiten wie die Übertragung von Daten vom alten auf den neuen Rechner an und hört beim Schutz vor Viren noch lange nicht auf. Wer jemals versucht hat, zum Beispiel die iTunes-Mediathek von einem PC zum anderen zu übertragen, weiß, wovon wir sprechen. Da ist es für unsere Kunden ein echter Vorteil einen persönlichen Ansprechpartner direkt vor Ort zu haben, der zusätzlich auf unser bundesweites Expertennetzwerk zugreifen kann.

In Ihrer Branche gibt es demnach eine andere Zeitrechnung. Immer neue Produkte, die ein enormes Know-how und eine große Flexibilität bei den Partnern voraussetzen. Was macht Ihre Franchise-Partner aus?

Unsere Partner sind in erster Linie Produktexperten mit großer Leidenschaft für die Technologien rund um den PC. Zusätzlich bringen sie die Bereitschaft und die Fähigkeiten mit, das Franchise-System laufend weiterzuentwickeln.

Welche Motive haben diese, bei Ihnen einzusteigen?

In unserem Franchise-System bieten wir durch Bündelung der Einkaufsströme die Möglichkeit, auch mit discountierten Handelsformen preislich mithalten zu können. Weiterhin ist das Marketing ein wichtiges Leistungselement. Außerdem werden unsere Partner auch stark durch die Wiki-Kultur[18] unseres Franchise-Systems angezogen. Die Möglichkeit, auch wichtige Fragen ohne Rücksprache ändern zu können, und die große Transparenz sind ein Alleinstellungsmerkmal des Franchise-Systems von PC-Spezialist. Schließlich besteht die Möglichkeit, an dem einzigartigen Expertennetzwerk von PC-Spezialist teilzunehmen. Sich mit Kollegen austauschen zu können, die ein völlig identisches Geschäft betreiben, ist ein unschätzbarer Vorteil. Der Austausch findet einerseits bei persönlichen Treffen wie Geschäftsführer-Tagungen und natürlich über das Wiki statt.

Wo finden Sie geeignete Partner?

Wir adressieren in erster Linie bestehende Händler, die bereits mehrere Jahre erfolgreich in ihrem lokalen Markt tätig sind. Da durch den Beitritt zu unserem System Umsatzsteigerungen zwischen 30 bis 80 Prozent erfolgen, fällt es uns nicht schwer, neue Partner zu finden.

www.pcspezialist.de

Rituale und Bräuche

»Rituale haben eine ordnende und strukturierende Kraft, sie produzieren den sozialen Kitt, der Gesellschaften und Gemeinschaften zusammenhält.«[19]

Auch im Franchise-Business machen festgelegte Abläufe die Besonderheit eines jeden Systems aus und ermöglichen die effektive Übernahme von Know-how; sie bilden den Rahmen, um Gemeinsamkeit zu leben und Innovation zuzulassen.

Deswegen ist es wichtig, dass Sie bestimmte Fixpunkte im gemeinsamen Austausch vorgeben, an die sich Ihre Partner halten können. Ein bestimmter Rhythmus für die Partnertreffen, zum Beispiel der erste Freitag im Monat oder eines Quartals, hilft Ihnen und Ihren Partnern, sich auf das Treffen einzustellen. Und Sie beugen einer langwierigen Terminkoordination vor. Außerdem können Sie im Rahmen regelmäßiger Meetings, Sprechstunden, Trainings und/oder Telefonkonferenzen Themenfelder definieren, zu denen beidseits Aktuelles und Ideen gesammelt und entwickelt werden. Fixe Plattformen für den Austausch kanalisieren den so wichtigen Gedankenaustausch, lassen den jeweiligen Status quo erkennen und regeln auch die Kommunikation. Gerade in »jungen« Systemen besteht die Gefahr des »Wildwuchses« in der Kommunikation, weil es sich vermeintlich nicht lohnt, Meetings anzuberaumen, und sich vieles quasi ad hoc lösen lässt. Dadurch genießen die Partner der ersten Stunde einen Sonderstatus, der sich später nicht mehr halten lässt. Für diese Partner entsteht dann dadurch häufig der Eindruck, dass sie es »früher besser« hatten. Außerdem werden Sie Mühe haben, diese an geregelte Treffen zu gewöhnen.

Es lohnt sich, darüber nachzudenken, wie Sie kleine Rituale einbauen, die überraschen.

Welche internen Bräuche und Rituale gibt es bei Ihnen, um die Philosophie im Unternehmen und Partner-System zu leben?

SAMINA
ich schlafe lebensenergie

Günther W. Amann-Jennson

Unsere Themen heißen gesunder Schlaf, Entspannung, Rücken und Lebensenergie. Das wollen wir nach innen und außen transportieren. Alles, was wir als Marke Samina dem Kunden an Werten vermitteln, wollen wir selbst konsequent leben.
Mit unserer Schlaf-Gesund-Philosophie nutzen wir die Intelligenz der Natur. Auch unsere Unternehmenskultur und Managementmethoden haben naturkonforme Grundlagen. Die Natur ist Franchising und Network-Marketing zugleich und versteht es blendend, sich zu multiplizieren. Wir konzentrieren uns bei Samina auf unsere Stärken und Talente und auf unsere Berufung, den Menschen zu einem besseren Schlaf zu verhelfen. Dadurch wird es einfacher, Spitzenleistungen zu erbringen und damit viele Menschen glücklich zu machen. Eine einzelne Biene würde nie etwas machen, was dem ganzen Schwarm schadet. Bei unseren Entscheidungen und in der Tagesarbeit nehmen wir darauf Bezug: Entscheide oder handle ich im Moment so, dass es dem ganzen Schwarm (Samina) nützt? Wenn nein, bitte sofort stoppen.

www.samina.at

Führung – Teilbereich des Partnermarketings

Soziale Gemeinschaft

Franchise-Systeme haben familiären Charakter, das heißt für Sie, dass die Beziehungen zu Ihren Partnern oftmals über das rein Geschäftliche hinausgehen. Das hat seinen Grund im sich verändernden sozialen Umfeld Ihrer Franchise-Partner. Als Neuunternehmer erfahren diese nicht nur eine starke physische und psychische Belastung, sondern häufig verändert sich durch das zeitliche Engagement für den Betrieb auch deren soziales Beziehungsnetz.

Damit sind Ihre Partner oftmals nicht nur einem Erfolgsdruck ausgesetzt, sondern auch familiären und sozialen Ansprüchen. Das erfordert von Ihnen als Franchise-Geber neben dem Angebot an systemrelevanten Unterstützungsmaßnahmen auch ein hohes Maß an Empathie den Partnern gegenüber.

Obwohl es sich bei Ihren Franchise-Nehmern um selbstständige Unternehmer handelt, so sind Motivationsschübe in Form von Wettbewerben und Incentives probate Mittel, um die Kooperation zu intensivieren. Wettbewerbe können sich an Verkaufsumsätzen orientieren oder an anderen Systemvorgaben. Wir haben allerdings festgestellt, dass insbesondere finanzielle Anreize nicht unbedingt zur qualitativen Bindung der Partner beitragen. »High Involvement« der Partner können Sie über gemeinsame Aktionen erreichen. Wenn Sie zum Beispiel gemeinsam mit Ihren Partnern ein Projekt unterstützen.

Anita Roddick, die in den 70er-Jahren des letzten Jahrhunderts The Body Shop gegründet hat, war nicht nur beispielhafte Innovatorin in der Kosmetikbranche mit ökologischen Produkten und einer adäquaten Umsetzung der Neuerungen über den gesamten Marketing-Mix. Sie verstand es auch, Mitarbeitende und Partnerinnen für gemeinsame Projekte zu begeistern. Im Zentrum standen gesellschaftspolitische Themen wie zum Beispiel die Rolle der Frau in den verschiedenen Kulturen, und in dem Zusammenhang wurden Arbeitsgruppen zur Verbesserung von Werten und/ oder Lebensumständen initiiert. Es waren aber auch ökologische Projekte, die gemeinschaftlich unterstützt wurden und ebenso wie das vorgenannte Engagement eindeutig zu den Markenwerten passten und zu einer hohen Identifikation der Beteiligten führten.

Wir haben im Kapitel »Markenprofilierung« das Unternehmen Reno genannt, das mit dem Recycling-Unternehmen I:Collect AG kooperiert und sich der professionellen Verwertung von Schuhen widmet, indem in den Geschäften I:CO Sammelcontainer aufgestellt werden. Darüber hinaus entstand eine internetbasierte Initiative namens CharityStar, die als Sponsorengemeinschaft von der I:Collect AG und deren Handelspartnern Reno, Adler Modemärkte, Vögele Shoes, Mister Minit Schuhreparatur und Stichweh Reinigungen ins Leben gerufen wurde. CharityStar belohnt wohltätige Projekte, soziale Aktionen und gemeinnützige Ideen regelmäßig mit 1.000 Euro. Die genannte Sponsoren-Gemeinschaft stellt die Gewinnsummen zur freien Verfügung. Ziel der Unternehmen ist es, zum gemeinnützigen Handeln zu motivieren und durch das Abgeben von ausgedienten Kleidungsstücken und

Schuhen gleichzeitig die Umwelt zu schonen (www.charitystar.com).

Solche Aktionen können den Gemeinschaftsgeist im Franchise-System fördern und gleichzeitig zu einer positiven Außenwirkung beitragen.

Führungsinstrumente

Ihre stetige Betreuung der Partner hat auch eine kontrollierende und steuernde Funktion. Vertraglich sichern Sie sich in der Regel die Offenlegung der Zahlen zu sowie die strikte Befolgung der Richtlinien des Systems. Die Sanktionen bei Nichteinhaltung beziehungsweise Verweigerung solcher Verpflichtungen der Partner sind im Vertrag ebenfalls festgehalten.

Die regelmäßige Überprüfung und Auswertung von systemrelevanten Kennzahlen wie Umsatz(-steigerung und -vergleich), Neukundengewinnung und Verkaufsstatistiken sind gängige Führungsinstrumente, die den Partnern in Form von Betriebsvergleichen oder Einzelanalysen präsentiert werden. Leider werden diese hervorragenden Grundlagen für die Standortbestimmung eines jeden Partners und letztendlich auch für die Durchsetzungskraft des gesamten Systems von Franchise-Gebern häufig schlecht »verkauft« und nicht als Steuerungsmöglichkeit, sondern vor allem als Kontrolle angepriesen. Das ist sehr schade, denn welcher Unternehmer hat schon die Möglichkeit, sich im Rahmen eines wirtschaftlichen Vergleichs auszuloten? Im Regelfall ist das nur über teure Konkurrenzanalysen möglich und durch zusätzliche Beratungsleistung, die auf eine Optimierung abzielt. Franchise-Nehmer sollten diese Vergleichsmöglichkeit automatisch erhalten. Als Franchise-Geber bieten Sie diese Leistungen kontinuierlich und mit der nötigen Kommentierung an. Betriebsvergleiche und Statistiken zeigen Richtungen an, denen man mit dem Partner auf den Grund geht. Das erfordert, dass Sie Ihre Franchise-Nehmer dazu verpflichten, sich an dem Datenaustausch zu beteiligen, sofern dies nicht bereits über das Waren-/Kassensystem automatisiert erfolgt. Lassen Sie »den Dingen ihren Lauf« und zeigen Sie gerade in diesem Bereich nicht die notwendige Konsequenz, dann laufen Sie Gefahr, dass Ihre Partner sich unbeobachtet wähnen und ihre Grenzen sehr eigenmächtig ausloten. Die Rückkehr zu den Spielregeln ist immer schwierig.

Das Führen von Franchise-Partnern ist eine stetige Überzeugungsarbeit. Sie werden erleben, dass es für die Durchsetzung Ihrer Spielregeln nützlich ist, das »Warum« klarzumachen und nicht leere Anordnungen weiterzugeben. Deswegen ist es so wichtig, zu wissen, worauf sich die Erfolgsfaktoren Ihres Konzepts gründen, wo Vorsprungsmerkmale vorhanden und zu halten sind, wie der Markt beschaffen ist und vieles mehr. Ihr

Wissensvorsprung als Attraktion zu Beginn einer Franchise-Partnerschaft und Ihr Übersichts- und Koordinationsvorsprung in der laufenden Partnerschaft versetzen Sie in die Lage, die Regeln aufzustellen und die Notwendigkeit der Einhaltung zu begründen und zu anzumahnen.

Mitwachsen der Zentrale

Denken in Konsequenzen heißt auch, dass Sie die Expansion nach innen planen. Um den Partnern die zugesagten Unterstützungsleistungen bieten zu können, müssen Sie selbst in Kleinstunternehmen eine effiziente Infrastruktur vorsehen. Denn Ihre Aufgaben werden mit der Zunahme an Partnern komplexer und erfordern sehr viel Koordinationsarbeit. Deswegen ist es wichtig, in der Wirtschaftlichkeitsberechnung für den Aufbau des Systems auch die Entwicklungssprünge und die Folgeinvestitionen zu kalkulieren: ab wann Sie zum Beispiel einen Partner-Manager einsetzen müssen, der für das Partnermarketing zuständig ist. Wir empfehlen, diesen bereits in der Startphase Ihres Systems einzuplanen, damit dieser die Entwicklung mitträgt und den sinnvollen Zweitblick bei der Partnerakquisition einbringt.

Sie sollten zudem Ihre Infrastruktur auf das Wachstum ausrichten und dabei eine adäquate IT-Kultur aufbauen, welche die Prozesse von der Akquisition über die Integration bis hin zur Vernetzung der Partner mit der Zentrale effizient gestaltet.

Die gravierendsten Probleme von Systemzentralen

Disharmonisches Wachstum

Es kommt vor, dass die Systemzentrale nicht gleichermaßen mit der Expansion des Systems mitwächst. Aus Kostengründen wird am falschen Ende gespart! Das kann dazu führen, dass die Aufgaben der Zentrale nicht im vollen Umfang wahrgenommen werden und wichtige Impulse von den Partnern zu wenig für die Weiterentwicklung genutzt werden. Oftmals leidet auch die Kontinuität der Betreuung darunter und wichtige Instrumente wie zum Beispiel der erwähnte Betriebsvergleich werden nicht angewendet. Im Extremfall kann es zu gerichtlichen Auseinandersetzungen kommen, wenn der Franchise-Geber den Verpflichtungen nicht im vollen Umfang nachgekommen ist.

Mangelnde Transparenz

Neben einem Missverhältnis zwischen der Infrastruktur Ihrer Systemzentrale und der Anzahl der Partnerbetriebe kann ein zusätzliches Problemfeld hin-

zukommen, nämlich dass die Verantwortlichkeiten der Zentrale nicht genau beschrieben sind. Das entsteht dadurch, dass keine klaren Abgrenzungen von Zuständigkeiten und Kompetenzen vorgenommen wurden und unterschiedliche Zusagen und Aussagen gegenüber den Partnern getätigt werden.
Mit einer Beschreibung der internen Kompetenzbereiche, der Anforderungen und Aufgaben und durch die Nennung der jeweils Verantwortlichen wird dem vorgebeugt. Zuständigkeiten und Kontaktpersonen werden im Handbuch unter den Verantwortungsbereichen der Systemzentrale notiert.

Falsche Ansprache

Gerade bei umstrukturierenden Unternehmen, die ein bestehendes Filialnetz in ein Franchise-System überführen oder es darüber ergänzen wollen, besteht die Gefahr der nicht adäquaten Kommunikation. Die Ansprache eines Franchise-Partners, der eine beträchtliche Summe investiert hat, erfolgt über den erwähnten Weg der Überzeugung. Unerfahrenheit oder mangelnde Abgrenzung zum Filialsystem kann dazu führen, dass der Partner wie ein Arbeitnehmer angesprochen wird, was entsprechenden Widerstand zur Folge hat. Die vertragliche Bindung geht in der Regel über mehrere Jahre, das heißt, dass Sie mit Ihren Verantwortlichen in der Zentrale einen partnerschaftlichen Weg finden müssen.

Zu viele Einzellösungen

Das Mitwachsen der Zentrale geschieht vielfach nicht kontinuierlich und aus ganzheitlicher Sicht, sondern Ressorts werden stückweise und ganz unterschiedlich je nach Bedarf ausgebaut. Das verhindert von vornherein eine gemeinsame, einheitliche Sprache und ein entsprechendes Verständnis. Für die IT kann das heißen, dass es womöglich unterschiedlichste Applikationen in den einzelnen Fachbereichen gibt. Damit eine wirkungsvolle Kommunikations- und IT-Kultur entsteht, die auch die Unternehmens- und Markenkultur spiegelt, müssen die erwünschten Lösungen und der Nutzen von vornherein definiert werden.

Partnerbeiräte

Für eine nachhaltige Entwicklung Ihres Franchise-Systems brauchen Sie den Input Ihrer Franchise-Partner; nicht nur, um die Marktveränderungen aus erster Hand zu erfahren, sondern auch, um das Klima in der Gruppe zu spüren. Ihr Partner- oder Franchise-Manager stellt ein Bindeglied zwischen Systemzentrale und den Partnern dar und ist Mittler, Koordinator und Wissensträger. Mit dem Wachsen Ihrer Organisation macht es Sinn, zusätzlich Partnerbeiräte zu formieren. Diese können nach Themen gegliedert sein, wie Werbung und Produkt-Dienstleistungsangebot, oder allgemein als Partnerbeirat fungieren, der zu ganz unterschiedlichen Themen Stellung nimmt.

Beiräte sind gängige Franchise-Nehmer-Foren, deren gewählte Vertreter die Vorschläge der Partner zum jeweiligen Thema bündeln und mit den Verantwortlichen Ihrer Systemzentrale besprechen. Der Vorteil dieser Gremien liegt in der Mitverantwortung und Teilhabe der Partner an der gemeinschaftlichen Weiterentwicklung. Der Beirat gibt Ihrer Wertschätzung den Partnern gegenüber eine definierte Plattform, die auch im Franchise-Vertrag aufgeführt wird. Außerdem sorgt ein Beirat durch die konzentrierte Informationsweitergabe für Entlastung Ihrer Systemzentrale.

Trennung

Die Trennungskriterien und Folgeregelungen sind über Ihren Franchise-Vertrag festgelegt. Das Prozedere zur Durchführung der Trennung bei ordentlicher wie außerordentlicher Kündigung sollten Sie zwingend wie vorgegeben durchführen – und das konsequent.

Franchise-Nehmer, die sich gegen Systemstandards stellen – und das nicht aufgrund eines Fehlverhaltens des Franchise-Gebers –, müssen ein kompromissloses Vorgehen erleben. Andernfalls können die Konsequenzen schmerzlich sein. Zum einen wird das Klima im System vergiftet, da Franchise-Partner in mentaler »Off-Beziehung« häufig Mitstreiter im System suchen, die sie in ihrer Unzufriedenheit unterstützen. Zum anderen haben Ihre Franchise-Partner ein Recht auf Qualität und die gewährleisten Sie, wenn Sie sich von nicht loyalen Franchise-Nehmern trennen. Dazu kommt, dass solche Situationen enorme »Energiefresser« sind und vom eigentlichen Kerngeschäft ablenken.

Selbstverständlich gilt es immer abzuklären, welche Umstände zu diesem Verhalten geführt haben, um nicht voreilige Schlüsse zu ziehen.

Die Vertragsdauer von Franchise-Vereinbarungen schwankt je nach Branche und sie hängt in jedem Fall von der Investitionssumme und der entsprechenden Amortisationszeit ab. Das heißt, dass Ihr Franchise-Nehmer die Gelegenheit bekommen muss, nach Erreichen des Breakeven in seinem Geschäftsbetrieb mindestens den gleichen Zeitraum für die »fruchtbaren Jahren« zu erhalten. Vielfach ist im Handel eine Vertragsdauer von fünf bis zehn Jahren üblich, hingegen im Dienstleistungsbereich wie Hotellerie oder Gastronomie bis zu zwanzig Jahren. Bei Nichtkündigung verlängern sich die Verträge um einen zuvor definierten Zeitraum.

Es gibt eine Reihe von Kündigungsgründen.
Für Sie können Kündigungsgründe eintreten, wenn Ihr Partner zum Beispiel

- gegen wesentliche Bestimmungen verstößt,
- zahlungsunfähig wird oder
- die gemeinsam vereinbarten Zielsetzungen nicht erreicht.

Für Ihren Franchise-Partner können Kündigungsgründe eintreten, wenn Sie als Franchise-Geber

- in Konkurs gehen,
- ihren Verpflichtungen nicht nachkommen oder
- einschneidende Veränderungen im System vornehmen.

Bei bewussten Verstößen gegen Ihr System kann es zur außerordentlichen Kündigung Ihrerseits kommen, die je nach Schwere der Vergehen mit einer Konventionalstrafe und Schadenersatzleistungen verbunden ist.

Das Denken in Konsequenzen im Partnermarketing gehört zu den Grundpfeilern für ein erfolgreiches Wachsen Ihres Franchise-Systems. Was passiert, wenn …? So sollten viele Fragen beginnen, die zur Beschreibung Ihrer Erfolgsfaktoren Akquisition, Integration, Führung und Trennung und zur Bestimmung von Maßnahmen, Alternativplänen und Sanktionen einen entscheidenden Beitrag leisten. Was passiert, wenn Sie die prognostizierte Anzahl Partner im ersten Jahr nicht erreichen? Was passiert, wenn sich ein Partnerkandidat nicht in dem Maß entwickelt, wie Sie es gemeinsam in der Budgetplanung festgelegt haben? Was passiert, wenn die Partner den Beirat als Plattform für »Meuterei« nutzen? Was passiert, wenn ein Partner die Motivation verliert, sich in seinem Wirken eingeschränkt fühlt? Was passiert, wenn ein Partner seine Kreativität nutzt, um das Erscheinungsbild zu verändern?

Sie werden beim Start Ihres Franchise-Systems noch nicht alles berücksichtigen können, was an Eventualitäten auf Sie zukommt, aber es gilt, klare Vorstellungen Ihres Handlungsspektrums zu haben.

Franchise-Denkwerkzeug:
Marketing-Mix; Generationen-Prägung; Akquisitionszirkel; Fragenkatalog für Franchise-Partner

2.7 Franchising ist eine Kulturleistung

Franchise-Systeme haben durch ihre Netzstruktur aus Franchise-Geber-Zentrale und dezentralen Franchise-Partner-Betrieben eine gute Voraussetzung, um Marktveränderungen mit »mehreren Augen und Ohren« wahrzunehmen und daraus innovative Lösungen zu kreieren. Die standardisierte Interaktion ermöglicht nicht nur, Strömungen am heimischen Markt aufzunehmen, sondern auch länderübergreifend. Franchising ist eine Wachstumsstrategie zur geografischen Markterweiterung und ist damit in der Lage, international zu agieren und so einen umfangreichen Erfahrungsschatz zu reflektieren. Franchise-Systeme generieren durch die aktive Beteiligung international aufgestellter Partnerunternehmen eine Wissensdatenbank, die einerseits für die Weiterentwicklung von Produkten und Dienstleistungen Vorteile bringt. Andererseits werden Einblicke in Kulturen erlangt, die wertvoll für den Umgang mit den verschiedensten Anspruchsgruppen sind. Im Zeichen der Globalisierung und der Digitalisierung der Welt werden solche Informationen immer wichtiger werden, um sich auf unterschiedliche Märkte einstellen und die Eintrittsbarrieren minimieren zu können. Die kulturelle Leistung besteht aber nicht nur im Generieren von Eindrücken und Gepflogenheiten aus dem Ausland, sondern ebenso im grenzüberschreitenden Transfer Ihres Leistungsangebots.

Die Motivationen für eine grenzüberschreitende Ausdehnung können sehr unterschiedlich sein. Sie kann zwangsweise geschehen, weil der Heimmarkt aufgrund der Größe ein sehr eingeschränktes Marktpotenzial hat, wie es in der Schweiz und in Österreich zum Beispiel der Fall ist. Aber auch perspektivisch, weil andere Märkte einen großen Bedarf an Ihren Leistungen haben. Oder strategisch, weil ein Sitz im Ausland zusätzliche steuerliche und/oder produktspezifische Vorteile bringt.

Ebenso gibt es Wahlmöglichkeiten in der Expansionsform. Die hängt wesentlich von der Komplexität Ihres Geschäftskonzepts ab, der Marge, den kulturellen und wirtschaftlichen Unterschieden in den avisierten Ländern und Ihrer strategischen Planung. Wir möchten in diesem Kapitel auf die unterschiedlichen Möglichkeiten der Internationalisierung eingehen und die Chancen und Risiken darstellen, die damit verbunden sind.

Die Sirenengesänge

Wie in der griechischen Mythologie, wo der betörende Gesang der Sirene die Schiffer ins Verderben lockt, so können auch in der noch jungen Etablierungsphase Ihres Konzepts erste Anfragen aus dem Ausland ver-

lockend sein und zu voreiligen, manchmal fatalen Entschlüssen führen. Oft möchte man die Chance der raschen Expansion nicht vergeben, um damit seinen Stand zu festigen. Aber handelt es sich wirklich immer um eine Chance?
Der übereilte Schritt ins Ausland kostet oftmals mehr, als er einbringt. Es geht aber nicht nur um die Kosten, häufig werden Zugeständnisse bezüglich des Konzeptinhalts und des Markenverständnisses gemacht oder man lässt sich im Preis drücken, weil das Franchise-Konzept in der Multiplikation noch nicht genügend getestet wurde. Die negativen Folgen liegen auf der Hand. Nicht nur, dass das System verfremdet wird, was den systematischen Aufbau des Markenwerts gefährdet, auch der entstehende Imageschaden bei einem eventuellen Rückzug und die Unruhe, die man im bestehenden Partnersystem erzeugt, sind kontraproduktiv.

Der Schritt will also gut geplant und kalkuliert sein. Dabei sind Markt-, Franchise- und Brancheninformationen wichtig, die über dort ansässige Franchise-Verbände, Marktforschungsinstitute, Branchenverbände und -messen sowie Unternehmensberatungen eingeholt werden können. Mithilfe dieser Informationen sollten Fragen zu folgenden Themen abgeleitet werden:

- Kulturelle Unterschiede und Gemeinsamkeiten
- Akzeptanz und Vermarktung Ihres Leistungs- und Franchise-Angebots
- Mitbewerberanzahl und -klassierung
- Marktpotenzial und Marktvolumen
- Preisindex
- Politische und rechtliche Situation
- Einschränkungen (zum Beispiel in Bezug auf Handel, Einfuhr, Kommunikation)
- Erforderliche Zulassungen

Letztendlich sollten Sie aus den Angaben ableiten können, welche Chancen Sie in dem avisierten Markt haben. So hängt die Eintrittsgebühr für einen Partner, der die Landes- oder Regionalrechte erwirbt, von Ihrer Wahl der Expansionsform ab. Ebenso sollten Sie den Rückfluss kalkulieren, den Sie erwarten können, wenn Sie mit einer eigenen Organisation starten. Wie groß ist der Adaptionsaufwand? Wie viele Standorte sind aufgrund regionaler Marktpotenziale aus heutiger Sicht denkbar? Welche Beziehungen sind nützlich, um in diesem ausländischen Markt Fuß zu fassen? Welchen Stellenwert hat Ihr Leistungsangebot – sind Sie dort Innovator oder Reformator? Wie preissensitiv ist der Markt beziehungsweise Ihre Branche dort? Gibt es Unterstützungsprogramme für

Existenzgründer? Wie ist überhaupt der Zugang zum Finanzmarkt? Außerdem müssen Sie an den Marken- und möglicherweise Domainschutz denken.

Bevor wir verschiedene Internationalisierungsformen skizzieren, möchten wir auf kulturelle Prägungen eingehen, denn allzu oft wird die grenzüberschreitende Expansion nur quantitativ beurteilt. Welche mentalen und umsatzverhindernden Barrieren vorhanden sein können, die aufgrund von unterschiedlichen Wertesystemen bestehen, wollen wir kurz im folgenden Kapitel vorstellen.

Franchise-Geber sind Kulturbotschafter

GYMBOREE PLAY & MUSIC®

Es ist eine Herausforderung, ein Konzept mit einem gänzlich anderen kulturellen Hintergrund zu übernehmen. Was war bei Ihnen der Antrieb?

Daniel Oberbeck

»Von den weltweit über 600 Gymboree-Filialen liegt mehr als die Hälfte nicht im Ursprungsland Amerika. Entsprechend hat sich das Konzept auch in Ländern mit den verschiedensten kulturellen Hintergründen behaupten können. In der Schweiz liegt die Herausforderung sicherlich darin, dass man gegenüber neuen Dienstleistungen noch immer eher kritisch eingestellt ist. Förderung von Kleinkindern wird oft mit ›privilegiert und elitär‹ assoziiert. In anderen Ländern, in welchen Bildung kein selbstverständliches Gut ist, sind solche grundsätzlichen Diskussionen leider nur einer gewissen Einkommensschicht vorbehalten. Von unseren 300 Kunden sind etwa ein Drittel Schweizer, die restlichen stammen aus rund 40 verschiedenen Ländern.«

www.gymboreedach.com/de

Das Beispiel von Gymboree zeigt sehr deutlich, wie unterschiedlich das Standing in einem neuen Markt sein kann und wie wichtig es ist, um die potenziellen Frühaufnehmer des Konzepts zu wissen. Im Gymboree-Beispiel sind es vor allem Eltern, die das Leistungsangebot aus ihren Heimmärkten kennen und jetzt aus beruflichen Gründen in der Schweiz sind.

Ein international expandierendes Franchising-Konzept ist also immer auch eine Kulturleistung, wenn es die kulturellen Werte einer Branche sowie des Landes oder einer Region in sich birgt. Wie stark Sie mit Ihrem Konzept als Kulturbotschafter im ausländischen Markt wahrgenommen werden, hängt davon ab, ob Sie zum Beispiel eine landestypische Spezialität anbieten, wie es beispielsweise das Franchise-System Godiva Chocolatier mit ihrer hochwertigen Schokolade aus Belgien tut, oder das Franchise-System Swiss Break, das unter anderem Pfannenrösti und »Schoggibrunnen« anbietet. Oder ob Sie mit kulturgeprägten Werten wie Schweizer Qualität und Präzision oder deutsche Redlichkeit Ihr Markenimage aufladen.

In jedem Fall sollten Sie abklären, mit welchen Vorurteilen Ihre Kulturleistung im Ausland besetzt ist. Im Fall Gymboree haben wir gesehen, dass es hinsichtlich der Förderung von Kleinkindern noch Vorbehalte gibt. Das kann aufwändige Pionierarbeit und Überlegungen zur Erhöhung der Akzeptanz notwendig machen. Zu Ihren vorbereitenden Fragen sollte gehören: Mit welchen Werturteilen zu Ihrem Angebot wurden Sie bereits konfrontiert? Welche positiven Meinungsbildner können Sie einsetzen, um einen entsprechenden Einfluss auf die Akzeptanz zu nehmen? Wie könnte ein gutes Storytelling um Ihr Angebot aussehen – wo lässt es sich im fremden Markt anbinden? Bringt es bei der Internationalisierung einen Mehrwert, wenn ich die Herkunft meines Systems herausstelle?

Die Mitgliedschaft in einem Franchise-Verband bietet sich an, da sie darauf hinweist, dass Ihr Konzept überprüft wurde und so potenziellen Franchise-Partnern Solidität vermittelt.

Machen Sie sich immer ein persönliches Bild vom Land. Ihr Gespür für die mögliche Integration Ihres Geschäftskonzepts komplettiert die Informationen aus zweiter Hand.

Verschiedene Expansionsformen

Direkt-Franchising

Es scheint naheliegend zu sein, auch im Ausland Regionalpartner zu suchen, die ebenso wie diejenigen im Heimmarkt von der Franchise-Systemzentrale aus betreut werden. Diese sehr gebräuchliche Form nennt man Direkt-Franchising.

Chancen: Man kann quasi nach dem gleichen Prinzip wie auf dem heimischen Markt vorgehen, selbstverständlich mit einer sorgfältigen Vorbereitung, das heißt mit Kenntnis um Land und Leute, Bräuche und Einstellungen. Bei geografischer, kultureller und sprachlicher Nähe des Marktes zum Ausgangsmarkt kann Direkt-Franchising Sinn machen. Außerdem sind die Basisinvestitionen im Vergleich zu einer eigenen Niederlassung geringer.

Risiken: Der Aufwand, einen zusätzlichen »Partner- und Endabnehmermarkt« zu betreuen ist nicht nur aufgrund geografischer, sondern auch mentaler Distanzen größer, als man meint. Selbst in (vermeintlich) gleichen Sprachgebieten gibt es kulturelle Unterschiede. Wie es allein das Beispiel Deutschland – Schweiz zeigt. Zum Beispiel sind die Essensgewohnheiten in beiden Ländern sehr unterschiedlich. In der Schweiz sind reguläre Mittagszeiten von 12.00 bis 13.30 Uhr und das »Z'Nüni« (Frühstückspause um 9 Uhr, vor allem in der Handwerksbranche) sowie das »Z'Vieri« (Nachmittagspause um 16 Uhr) vielerorts und in vielen Betrieben und Institutionen Usus. Die Verpflegung mit Pausen-Snacks ist hier weniger gefragt, sodass es – zum Beispiel im Vergleich mit Deutschland – auch sehr viel weniger Imbiss- und Fast-Food-Ketten gibt.

Der anfänglich genannte finanzielle Aufwand zur Betreuung und kommunikativen Anpassung an den neuen Markt muss in der Gebührenkalkulation berücksichtigt werden.

Sofern eine größere Anzahl von Franchise-Nehmern akquiriert werden kann, ist zu überlegen und zu berechnen, ob Sie parallel zur Integration von Regionalpartnern eine Tochtergesellschaft aufbauen oder einen Marktentwickler/Area-Developer einsetzen.

Tochtergesellschaften

Die Gründung einer Tochtergesellschaft mit der entsprechenden Anbindung an Ihre Systemzentrale kann sich empfehlen, wenn Sie in weit entfernte, anderssprachige Märkte expandieren wollen. Vielleicht wollen Sie diesen Markt aber auch als zentralen Punkt mit einem Headquarter besetzen, um von dort aus in weitere Länder vorzudringen. Vielleicht können Sie das dort vorhandene Know-how oder die Produktionsmöglichkeiten auch für das gesamte System nutzbar machen. Zur Marktdurchdringung kann dann, nach einer entsprechenden Pilotphase, der Aufbau einer Franchise-Struktur mit Regionalpartnern entwickelt werden. Bei dieser Vorgehensweise wird im Namen der Tochtergesellschaft franchisiert, das heißt, dass auch die Franchise-Verträge zwischen dieser und den Franchise-Nehmern abgeschlossen werden. Damit liegen auch sämtliche Pflichten des

Franchise-Gebers im Hinblick auf Know-how und Unterstützungsleistungen bei der Tochtergesellschaft.

Master-Franchising

Je nach Größe und Marktpotenzial des avisierten Landes suchen Sie sich einen oder mehrere (zum Beispiel auf Bundesländer verteilte) Masterpartner, die die Funktion eines Franchise-Gebers übernehmen und im erworbenen Gebiet zunächst (mindestens) einen Pilotbetrieb etablieren und spätere Franchise-Nehmer integrieren. Ein Masterpartner hat damit eine Doppelfunktion: Er übernimmt Ihre Rolle als Franchise-Geber in seinem Markt und ist Franchise-Nehmer von Ihnen. Das bedingt, dass Sie diesem Partner Ihr Know-how zum Aufbau eines Franchise-Netzwerks in Form eines Master-Handbuchs zur Verfügung stellen. Allein das macht deutlich, dass Sie genügend Erfahrung vorweisen müssen, um dem Master die Etablierung Ihres Leistungsangebots in seinem Markt zu erleichtern. Denn auch dieser darf erwarten, dass er durch Ihr Konzept wesentlich schneller zum Erfolg kommt, als er es allein könnte. Aufgrund der höheren Investitionssumme für den Masterpartner und der Erwartungshaltung Ihrerseits, dass er die Marktabdeckung effizient vornimmt, handelt es sich häufig um bereits erfahrene Unternehmer, die mit Ihrem Konzept die Ressourcen besser ausnutzen wollen oder zum Beispiel eine Ergänzung zu ihrem Angebot suchen.

Chancen: Als Franchise-Geber profitieren Sie von den Landeskenntnissen des Masterpartners und von dessen Vernetzung im Markt. Sie erhalten für die Vergabe der Landesrechte eine entsprechend höhere Gebühr, da sich diese am Potenzial zu realisierender Regional-Franchisen orientiert.

Risiken: Sie müssen sich allerdings auch bewusst sein, dass Sie damit ein Stück Kontrolle über Ihr System abgegeben. Der Master ist dazu angetan, in größeren Dimensionen zu denken und zu handeln – das kann auch über das Maß der erforderlichen Anpassung an die Marktgegebenheiten hinausgehen. Eine Möglichkeit, dem vorzubeugen, liegt in einer Joint-Venture-Vereinbarung, bei der Sie sich an der Gesellschaft des Masters beteiligen.

Ein anderer wichtiger Aspekt ist, dass die Marge hinsichtlich der Gebühren und der Einkaufssituation eine zusätzliche »Instanz« zulässt, die wirtschaftlich erfolgreich geführt werden kann. Denn der Masterpartner amortisiert seine Anfangsinvestition über die Eintrittsgebühren und die laufenden Kosten über die Royalties seiner Franchise-Nehmer sowie über

Umsätze der Pilotbetriebe. Aus diesem Pool an Royalties erhalten Sie als Franchise-Geber einen geringfügigen Prozentsatz für die Weiterentwicklung und Kommunikation. Von daher ist zu kalkulieren, ob sich der zweistufige »Vertrieb« für beide Seiten lohnt.

Ebenso ist bei bereits bestehenden Unternehmen darauf zu achten, dass sich der Unternehmer auch hinreichend auf Ihr Konzept konzentriert.

Area-Development-Agreements

Das Area-Development-Agreement ist eine Expansionsform, die in den USA häufig vorkommt. Hier wird seitens des Franchise-Gebers ein Partner im Ausland gesucht, der die Funktion des Marktentwicklers übernimmt und regionale Partner akquiriert und betreut. Die Regionalpartner sind in der Regel vertraglich an die Franchise-Geber-Zentrale gebunden. Allerdings gibt es auch verschiedene »Spielarten«: Der Area-Developer ist nicht nur Marktentwickler, sondern bietet auch das Leistungsangebot an und bezahlt entsprechende Gebühren für diese Möglichkeiten. Oder er wird als reiner »Starter« und später als Betreuer eingesetzt und ist entsprechend provisioniert.

Chancen: Ähnlich der Mastervereinbarung profitieren Sie als Franchise-Geber von den Marktkenntnissen des Area-Developers und davon, sich auf einen oder wenige Partner konzentrieren zu müssen und nicht auf die entsprechend größere Anzahl an Regionalpartnern. Zudem laufen die Vertragsbeziehungen zu Letzteren direkt über die Zentrale, sodass Sie gegebenenfalls handlungsfähiger sind als beim Master-Franchising.

Risiken: Auch hier müssen Sie je nach Version des Agreements die Margen für beide Seiten auf Wirtschaftlichkeit hin überprüfen. Ebenso müssen, wie bei der Mastervereinbarung, Regeln getroffen werden, welche die Dynamik der Marktentwicklung beinhalten. Ansonsten besteht die Gefahr des »Marktverhinderers«.

Die genannten Möglichkeiten können Sie auch als Mischform – mit einer teilweisen Filialisierung des Systems oder dem Gründen einer Tochtergesellschaft – planen. Entscheidend ist, die Expansion individualisiert auf die internen und externen Voraussetzungen abzustimmen, um daraus die notwendige Standardisierung ableiten zu können. So vorbereitet, sind betörende Sirenengesänge erwünscht, denn Sie können ihnen mit einer strukturierten Vorgehensweise begegnen.

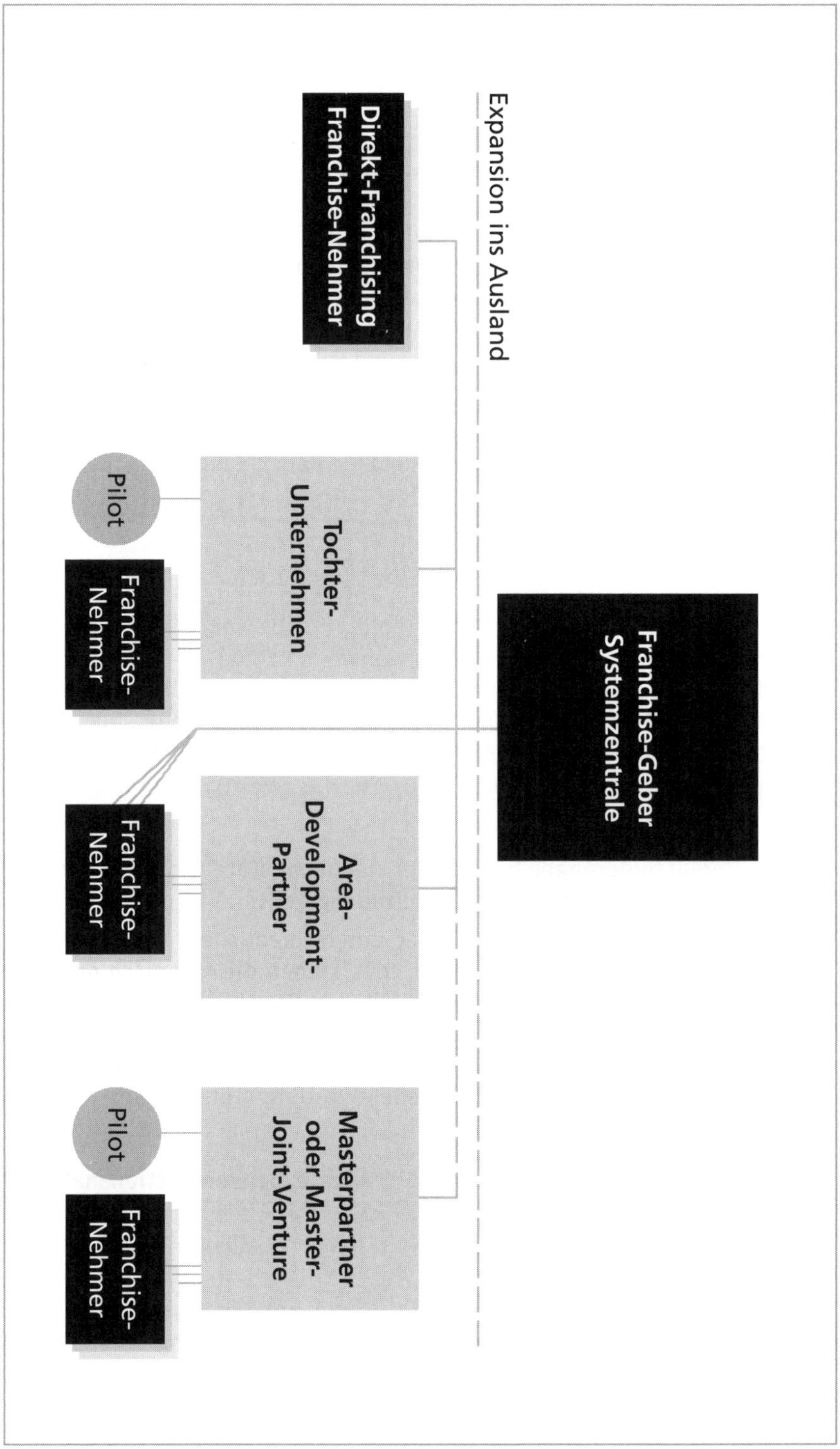

Abbildung 21: Franchise-Denkwerkzeug – Internationalisierung

Expense Reduction Analysts

Arnd Halbach

Expense Reduction Analysts wurde 1992 in England gegründet und ist auf die Analyse und Senkung nichtstrategischer Kosten spezialisiert. In diesem Bereich ist Expense Reduction Analysts einer der weltweiten Marktführer. Insgesamt sind über 700 Kostenexperten in mehr als 30 Ländern aktiv. Unsere Kunden profitieren von branchenübergreifenden Benchmarks aus 18-jähriger Praxiserfahrung und erzielen mit unserer Hilfe durchschnittliche Einsparungen in Höhe von 19,7 Prozent.

Sie sprechen Partner mit unterschiedlichsten Berufs- und Persönlichkeitsprofilen an, die sich in Ihrem Netzwerk ergänzen. In welchen Belangen gibt es einen »gemeinsamen Nenner«?

Unsere Partner sind im Durchschnitt 46 Jahre alt und verfügen über umfassende Erfahrung in Führungspositionen. Aufgrund ihrer beruflichen Expertise führen sie Beratungsprojekte selbstständig durch, wobei in 90 Prozent der Projekte auf weitere Partner aus dem weltweiten Experten-Netzwerk zurückgegriffen wird. Für die Zusammensetzung des Netzwerkes bedeutet dies, einerseits vertriebs- und kommunikationsstarke Projektmanager, andererseits analytisch versierte Experten für die rund 25 Kostenbereiche gewinnen zu müssen.

Welche Herausforderungen birgt dieser komplementäre Ansatz der Partnerzusammensetzung, wenn es um die Betreuung geht?

Die Partner benötigen aufgrund ihrer unterschiedlichen Ausrichtung teils intensive vertriebliche Unterstützung, teils stehen die technisch orientierte Betreuung in der Datenanalyse und die Ausschreibung im Vordergrund. Tools und Trainingsangebote werden hierzu von uns modular entwickelt und sind flexibel abrufbar. Insbesondere in Europa, wo wir derzeit in 18 Ländern und 14 Sprachen arbeiten, sind für die effektive Unterstützung des Netzwerks regionale »Area-Developer« entscheidend.

www.expensereductionanalysts.eu

Franchise-Denkwerkzeug: Internationalisierung

Studienergebnisse zu priorisierten Expansionsformen

Im Jahr 2008 wurde als Gemeinschaftsprojekt der Hochschule Liechtenstein (Prof. Dr. Urs Baldegger), der Fachhochschule Nordwestschweiz (Prof. Veronika Bellone) sowie der Steinbeis Hochschule Berlin (Prof. Dr. Jutta Emes) eine Befragung zum Thema »Wachstum durch Franchising« durchgeführt. Befragt wurden alle Franchise-Geber, die Mitglied im Deutschen, im Schweizer und im Österreichischen Franchise Verband sind, sowie Franchise-Geber, die an der START-Messe 2008 in Nürnberg teilgenommen haben. Insgesamt nahmen 144 Personen teil.

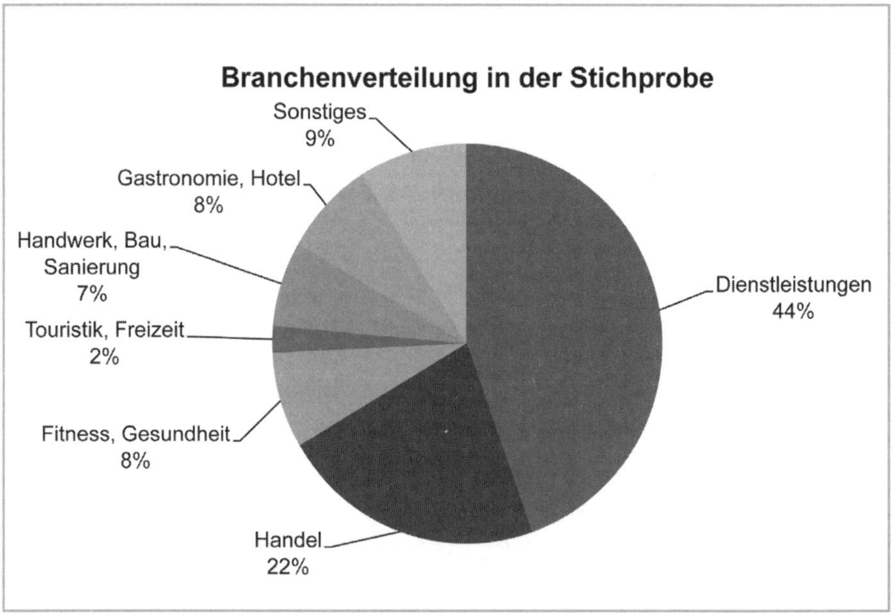

Abbildung 22: Zusammensetzung der Stichprobe (in Prozent)

Befragt nach den Expansionsformen für den Schritt ins Ausland dominiert das Direkt-Franchising, gefolgt von Master-Partnerschaften und Area-Development. Die Möglichkeit, Master-Joint-Ventures zu gründen, wurde in den zurückliegenden 3 Jahren von den befragten Unternehmen nicht genutzt.

Zielländer der internationalen Expansion waren meist Nachbarländer und -regionen sowie Großbritannien und die Türkei.

48 Prozent der Befragten gaben an, in den nächsten drei Jahren keine weiteren Expansionsschritte in weitere Länder/Bundesländer/Kantone zu planen. Die restlichen 52 Prozent wollen in weitere Bundesländer/Kantone beziehungsweise angrenzende Länder expandieren und in mittel- und

osteuropäische Länder sowie nach Spanien, Italien und in die USA. Einen Markteintritt über Franchising in ein Entwicklungsland kann sich kaum ein Unternehmen vorstellen.

Wissenswachstum

Die internationale Markterweiterung birgt neben dem rein quantitativen Wachstum und der Wertsteigerung auch einen immensen Wissensgewinn, der Innovationschancen eröffnet. Um sich das Know-how zu sichern, sollten Sie Ihr Partnermarketing um Kommunikationsplattformen für die ausländischen Partner erweitern. Über den regelmäßigen Austausch werden Sie mehr darüber erfahren, was das Besondere an Ihren Produkten oder Dienstleistungen in den jeweiligen Märkten ist. Wie viel Anpassung notwendig ist, um die Authentizität nicht zu verlieren und sich dennoch der Kultur zu nähern. So werden gerade in Gastronomie-Franchisen häufig Rezepturen minimal angepasst, um die geschmacklichen Vorlieben besser zu treffen. Oder es werden Landesspezialitäten als Zusatzsortiment adaptiert, das kann dann einmal der Burger mit viel Schweizer Käse sein oder die Rösti zur Thüringer Bratwurst. Ob Produktideen, neue Zulieferanten, Anpassungen aufgrund veränderter Marktbedingungen – alles kann Ihren Franchise-Think-Tank bereichern.

2.8 Franchising bedeutet stetige Effizienzverbesserung

Franchise-Systeme sind lebendige Organismen. Solange sie sich bewegen, weiterentwickeln und wachsen, sind sie erfolgreich. Ein Stehenbleiben ist für sie tödlich. Stehenbleiben heißt für Franchise-Systeme nämlich nicht, dass das Erreichte so bleibt, wie es ist, sondern dass es sich verschlechtert, sofort, und zwar im Vergleich zum wirtschaftlichen Umfeld. Wenn sich alle anderen um Wachstum und Futterstellen bemühen, bleibt der auf der Strecke, der sich nicht weiter kümmert, der sich nicht an die sich verändernden Umweltbedingungen anpasst. Der dafür keine neuen Herangehensweisen entwickelt und seine Techniken der Nahrungsgewinnung oder -verarbeitung nicht verbessert. Das wissen wir bereits seit Charles Darwin. Aber von ihm wissen wir auch um die Chancen, die sich aus einer gezielten und stetigen Weiterentwicklung und Perfektionierung ergeben. Für Franchise-Unternehmen trifft diese Regel genauso zu wie für das Tierreich. Was kann also getan werden, um als Franchise-System am Leben zu bleiben und zu prosperieren? Die permanente Innovation als langfristige Erfolgsstrategie haben wir Ihnen bereits vorgestellt. Sie kommt aufmerksamkeitsstark daher und man erwartet von ihr große oder spektakuläre Veränderungen. Und sie gedeiht nur in einer entsprechend vorhandenen Innovationskultur. Eine zweite Strategie, wesentlich ruhiger und unspektakulärer, ist die der ständigen Effizienzverbesserung. Auch sie braucht eine fördernde Effizienzkultur. Es gibt Nationen, die diese Strategie zur Perfektion gebracht haben.

Nehmen wir zum Beispiel die Schweiz. Schweizer Produkte gelten weltweit als qualitativ sehr hochwertig, anspruchsvoll und ausgereift. Dabei sind sie oft multifunktional und sehr haltbar. Das liegt an dem Schweizer Anspruch, die bestmögliche Qualität zu offerieren, was nur durch einen ständigen Verbesserungsprozess realisierbar ist. Eine weitere Nation ist genau dafür bekannt, nämlich die Japaner. Auch sie widmen sich seit Jahrhunderten mit Hingabe der langfristigen und intensiven Optimierung. Auch sie haben einen sehr hohen Qualitätsanspruch, mit dem sie versuchen die bestmöglichen Produkte auf dem Markt anzubieten. Das ist Teil ihrer Kultur, genau wie in der Schweiz. Effizienzverbesserung stellt sich somit, genau wie der Innovationsprozess, als ein unternehmenskultureller Ansatz dar, der alle Bereiche eines Unternehmens berührt und beeinflusst.

Die Japaner haben für ihren Effizienzverbesserungsprozess einen Begriff geprägt, der als Erfolgsgeschichte um die Welt ging, das Kaizen. Kaizen ist abgeleitet von dem japanischen Wort kai = Veränderung, und zen = gut oder zum Besseren.

Doch was genau ist unter Effizienzverbesserung eigentlich zu verstehen? Die Qualität als Ziel dieses Prozesses haben wir bereits beleuchtet. Einen weiteren Bereich stellt die Kostenoptimierung dar. Wie können die laufenden Kosten des gesamten Systems reduziert, wie können dadurch Umsatz und Gewinn gesteigert werden? Andere Bereiche sind die Zeit und die Interaktion zwischen Personen. Die Fragen dahinter lauten: Wie können die aktuellen Ablaufzeiten für bestimmte Arbeiten so optimiert werden, dass sie eine größere Wirkung erzeugen oder Kosten einsparen? Wie können Interaktionen zwischen den Mitarbeitern, Partnern und Kunden im Sinne des Geschäftsziels und zugunsten der Marke verbessert werden?

In Anlehnung an das japanische Prinzip des Kaizen sollten gerade Franchise-Systeme, die sich durch ihre Partnerstruktur von anderen Unternehmen fundamental unterscheiden, immer wieder optimiert werden. Die ständige Interaktion mit Partnern, Kunden und Mitarbeitenden zum Beispiel fordert eine Informations- und Kommunikationskultur, die Barrieren und Reibungsverluste immer wieder beseitigt oder sie möglichst gar nicht erst aufkommen lässt.

Dafür ist ein frühzeitiges Erkennen, ein Monitoring, notwendig und eine Person, die diese Funktion im System übernehmen kann. Hierbei kommt es einerseits auf das Erkennen von Problemen und Lösungen an, andererseits auf eine gewisse Sensibilität für Chancen und Möglichkeiten. Effizienzverbesserung muss nicht nur mit dem Problemlösungsblick des Kaizen gesehen werden, dadurch schränkt sich das mentale Blickfeld unserer Meinung nach zu sehr ein, sondern die Chancen in den Problemen sind herauszufiltern und wahrzunehmen.

Kaizen bedient sich dazu verschiedener Werkzeuge. Mit jeder Problemlösung wächst die Optimierung.[20] Um diese zu sichern, müssen Verbesserungen wiederum standardisiert werden, um sie allen Franchise-Partnern und Mitarbeitenden zugänglich machen zu können.

Wir bieten Ihnen für Ihren Verbesserungsprozess unsere erprobten Franchise-Denkwerkzeuge an. Prozesse und Abläufe können Sie damit gezielt hinterfragen. Zusätzlich werden wir Ihnen in diesem Kapitel – auf der Grundlage unserer langjährigen Erfahrungen – die typischen Problemfelder in der Etablierungsphase junger Franchise-Systeme und die entsprechenden Verbesserungsvorschläge vorstellen.

Hauptprobleme in der Etablierungsphase

Wir haben Ihnen mit dem Franchise-Oktogramm die acht Wahrheiten im Franchising vorgestellt und unter deren Prämissen den konzeptionellen Aufbau entwickelt. In diesem Kapitel wollen wir anhand der Darstellung von typischen Problemfeldern junger Franchise-Systeme den Bezugsrahmen zu den Erfordernissen aus diesen acht Wahrheiten herstellen.

Zur ersten Wahrheit: Eigene Begrenzungen

Entwicklungsverhinderung: Viel zu oft bleiben Franchise-Unternehmen in der Ideen- und Konzeptionsphase stecken. Zwar sind ausgefeilte Konzepte entwickelt, doch die Umsetzung fehlt oder wird nur zaghaft oder teilweise realisiert. Häufig ist damit die Tatsache verbunden, dass der »junge« Franchise-Geber in der »Kleinunternehmer-Mentalität« verharrt und Verhinderer statt Entwickler ist. Oftmals aus der Angst heraus, dass ihm das Geschäftskonzept entgleitet, das er sorgsam aufgebaut hat, oder Partner zu nah an den eigenen Kompetenzbereich herankommen.

Unser Vorschlag

Markenstärke entsteht durch Aktivität! Markenhandeln umfasst dabei jegliche Aktion und Interaktion, das Verhalten und die Kommunikation. Wahre Markenstärke entwickelt sich aber nur dann, wenn das Markendenken, das Markenfühlen und das Markenhandeln auf allen Ebenen und in allen Bereichen konsistent, im Einklang miteinander und zielgerichtet in eine Richtung strebt.

Zur zweiten Wahrheit: Wachstums- und Profilierungsstrategie

Profilierung versus Wachstum: Der Druck, schnell Franchise-Partner zu finden, veranlasst viele Franchise-Geber, bei der Auswahl ihrer Franchise-Nehmer Kompromisse einzugehen und damit von zuvor aufgestellten Qualitätsansprüchen abzuweichen. Schnelles Wachstum zulasten der Qualität.

Unser Vorschlag

Die Profilbeschreibung der Franchise-Nehmer und die bisherigen Maßnahmen zur Partnergewinnung müssen stetig neu überprüft werden. Die Einteilung des Prozesses in Akquisitionsphasen hilft Ihnen dabei, zu erkennen, in welchem Bereich sich Schwächen zeigen oder welche Aktivitäten keine Resonanz haben. Manchmal kann auch die Veränderung der Ansprache, die reine Wortwahl, viel bewirken, um die Aufmerksamkeit der potenziellen Partner zu bekommen. So konnten wir feststellen, dass nicht »Wir suchen Franchise-Partner in der Gastronomie« die Schlüsselbotschaft war, sondern der Einbezug eines Markenwertes wesentlich besser, weil aktiver wirkte: »Wollen Sie mit uns Genuss neu gestalten?« Zielen Sie auf die Vorteile der Gemeinschaft ab. Stellen Sie den Nutzwert für den möglichen Partner in den Vordergrund. Außerdem bietet sich die Durchführung eines Kreativ-Cafés an, um einen erweiterten Blick für die Einstellungen und Motive potenzieller Partner zu bekommen (siehe Kapitel 2.6).

Als flankierende Maßnahme kann das Einbeziehen eines Headhunters bei der Akquisition der Problematik der Inkonsequenz vorbeugen und die aufwändige Vorselektion eindämmen.

Zur dritten Wahrheit: Vorsprungsmerkmale

Unachtsamkeit: Erst mit der Zeit wird ersichtlich, dass es Sinn macht, die vielen Kleinigkeiten im Geschäftsalltag, vor allem im Kundenumgang, mit anschaulichen Beispielen zu schulen. Vielen Franchise-Gebern scheint es gerade in der Anfangsphase nicht notwendig, da sie davon ausgehen, dass Existenzgründer wissen, worauf es im Unternehmertum ankommt. Die Enttäuschung ist dann groß, wenn Franchise-Nehmer ihre eigenen Maßstäbe entwickeln.

Unser Vorschlag

Erfahrungsberichte und Feedbacks gerade der ersten Partner sind für Sie wichtig, um Neujustierungen in der Ausbildung und Ergänzungen vorzunehmen. Insbesondere das Thema Kundenorientierung und darauf aufbauend der aktive Verkauf sind wichtige Inhalte, die ganzheitlich betrachtet werden müssen. Nicht selten bestehen Grundausbildungen aus einem Patchwork an Modulen mit verschiedensten Verantwortlichen, die den gemeinsamen Aufhänger geschweige denn die Markenanbindung außer Acht lassen. Definieren Sie Lernziele und prüfen Sie pro Ausbildungseinheit, ob diese einen Beitrag zur Zielerreichung darstellen. Zur Überprüfung der Lernziele sind Tests und ein abschließendes Zertifikat zur Bestätigung für den Franchise-Partner sinnvoll.

Zur vierten Wahrheit: Markenpositionierung

Die Markentransformationsfalle: Junge und unerfahrene Franchise-Geber investieren viel Zeit, Geld und Engagement in die Erarbeitung einer klaren und durchsetzungsstarken Markenpositionierung. Diese wird auch präzise im Markenmanual definiert. Leider findet sie sich weder in den Stores noch im Produktangebot noch in der Werbung oder den Einstellungen der Franchise-Nehmer wieder.

Unser Vorschlag

Was ist passiert? Entweder hat sich die falsche Annahme durchgesetzt, dass die Arbeit mit der Markendefinition beendet wäre. Oder die Übertragung der theoretischen Markenpositionierung auf die äußere Markengestaltung ist fehlgeschlagen.

Gehen Sie im Markenaufbau konsequent strategisch vor. Entwickeln Sie Ihre Marke von innen nach außen. Erwecken Sie Ihre Marke mit ihrer Positionierung zum Leben. Sprechen Sie dafür alle fünf Sinne Ihrer Partner und Kunden an.

Bezüglich der Markenpositionierung besteht aber noch ein zweites Problemfeld:

Hüftschussaktionen: Unprofilierte Maßnahmen in der Markenkommunikation gehören zu typischen Anfangsfehlern in jungen Franchise-Systemen. Meist als Reaktion auf eine negative Veränderung der Abverkaufszahlen, vermehrte Aktivitäten von Mitbewerbern oder sonstige Veränderungen auf den beiden Märkten – dem Produktmarkt und dem Partnermarkt. Oftmals wird nicht nach den Ursachen gefahndet, sondern es werden schnell alte Denk- und Verhaltensmuster aktiviert, die in dem neuen Franchise-System so nicht mehr funktionieren und den Aufbau der Marke schwächen.

Unser Vorschlag

Nehmen Sie sich die Zeit, um auf die Ursachen einzugehen, die zu Veränderungen in den Unternehmensergebnissen geführt haben. Nutzen Sie zum Beispiel unser Denkwerkzeug »Einflussfaktoren« dafür. Denn die Gründe können vielgestaltig sein. Ein neuer Mitbewerber kann am Markt sein, es kann neue Substitutionsprodukte geben, Einschränkungen im Handel, politische Spannungen, die auf die Konsumstimmung schlagen, und vieles mehr. Zu bedenken ist auch, dass Ihre Vorgehensweise immer einen Referenzwert für die Partner darstellt. Hüftschussaktionen Ihrerseits multiplizieren sich mit der Anzahl Ihrer Partner und fördern zudem deren reaktives Denken in Einmalaktionen. Damit erschweren Sie sich die Integrationsarbeit, die Partner auf ein Markenbewusstsein einzuschwören.

Zur fünften Wahrheit: Produkt »Berufliche Selbstständigkeit«

Alibi-Übung Handbücher: Das Erstellen von Handbüchern wird von vielen Franchise-Gebern als Last und leidige Notwendigkeit angesehen. Entsprechend lieblos und vor allem losgelöst vom Markenimage werden sie in die ersten Partnerschaften eingebracht. Das hat dann auch zur Folge, dass in der Grundschulung wenig Bezug zu den Handbüchern hergestellt wird und das aktive Arbeiten mit diesen für die Partner nicht initiiert wird. Die Probleme, die daraus entstehen, sind vielfältig. So können der Informationstransfer und die Delegation von Aufgaben über die diversen Handbücher nicht stattfinden. Für die Praxis bedeutet das zum einen, dass die Systemzentrale durch immer wiederkehrende Fragen belastet wird, zum anderen werden die Partner nicht zu eigenverantwortlicher Problemlösung durch die Handbücher animiert.

Ein anderes Problem besteht in der Notwendigkeit, die Handbücher stetig zu aktualisieren. Wenn der Wert der Bücher schon zu Beginn nicht erkannt wird, so werden sie dann auch in der fortlaufenden Partnerschaft nicht gepflegt.

Unser Vorschlag

Die Handbücher sind zentraler Bestandteil der Partnerschaft mit Ihren Franchise-Nehmern. Sie machen die Rahmenbedingungen deutlich. Sie regen an, festigen Überzeugungen, regeln Prozesse und Abläufe und haben damit eine fundamentale rechtliche Bedeutung. Sie verpacken Ihr Know-how in eine physische und/oder digitale Form, um es Ihren Partnern zugänglich zu machen. Damit entsteht auch ein materieller Wert. Für diesen Wert gilt es, Gebühren festzulegen, um die berufliche Selbstständigkeit am Markt anbieten zu können. Je schlechter die Ausgangslage, also unvollständige und nicht ganzheitliche Überlegungen, desto schlechter wird auch die Bewertung des Know-hows ausfallen. Das Bündeln von Informationen und Abläufen in definierten Themenfeldern – wie wir es im Kapitel »Die Handbücher« vorgestellt haben – hilft Ihnen und Ihrem Team, sich zu strukturieren und den Wert einzuordnen. Wir empfehlen unseren Kunden dabei immer ein Coaching. Der moderierende Fremdblick hilft, zu erkennen, welche Elemente für angehende Franchise-Partner effektiv wertvoll sind und in welcher Form diese zielgruppen- und markenadäquat dargestellt werden sollten.

Zur sechsten Wahrheit: Denken in Konsequenzen

Ungleichheit: Franchise-Geber neigen dazu, den ersten Partnern Sonderrechte einzuräumen, weil die Erfahrung im Umgang mit selbstständigen Partnern noch nicht vorhanden ist. Gerade in solchen Systemen, in denen Franchise-Geber anfänglich viele Aufgaben selbst wahrnehmen, werden Partner der ersten Stunde besonders ins Vertrauen gezogen und die Grenze zwischen den beidseitigen Rollen lösen sich auf. Das hat schwerwiegende Konsequenzen, da sich einmal gemachte Zugeständnisse und Privilegien nur schwer ändern lassen.

Unser Vorschlag

Suchen Sie sich einen Sparring-Partner, der Sie gerade in der Aufbauphase unterstützt und die Erfahrungen spiegelt, damit Sie nicht in die Falle geraten, die Partner dafür einzuspannen. Wertvoll ist auch der Austausch mit anderen Franchise-Gebern, die Sie zum Beispiel über die Mitgliedschaft bei einem Franchise-Verband auf verschiedenen Veranstaltungen treffen können oder im entsprechenden Netzwerk der Xing-Community.

Das harmonische Mitwachsen der Infrastruktur der Systemzentrale entlastet Sie zudem von der Rollenvielfalt, die meistens am Anfang übernommen wird. Die gleichzeitige Zuständigkeit für Akquisition, Betreuungsmaßnahmen bis hin zu produktspezifischen Belangen ist systemgefährdend, da dann Wesentliches nur von Ihrer Person abhängt. Außerdem verwässern zu viele Anforderungen die Führungsverantwortung. Siehe dazu auch Kapitel 2.6, »Führung – Teilbereich des Partnermarketings«.

In diesem Zusammenhang wollen wir Ihnen ein zweites Problemfeld aufzeigen, das zwar erst im Laufe der Zeit auftritt, die Weichen, um dies abzuwenden, müssen jedoch schon zu Beginn gestellt werden.

Der Franchise-Partner-Knick: Die Etablierungsphase von Franchise-Systemen ist in der Regel von der Anfangseuphorie sowohl von Franchise-Nehmern wie vom Franchise-Geber getragen. Je nach Dimension eines Geschäftskonzepts kann es spätestens im dritten Jahr der Partnerschaft den ersten sogenannten Franchise-Partner-Knick geben. Das heißt, ein Franchise-Nehmer verändert seine Sicht auf die Dinge und sieht den Wert der Unterstützungsleistung schwinden, da er eine eigene Marktposition aufgebaut hat und weiß, wie das Konzept funktioniert. Spätestens dann beweist sich, ob Anreize für den Franchise-Partner im Sinne des Denkens in Konsequenzen entwickelt wurden und auf eine langfristige Partnerbindung hingearbeitet wurde. Um dieser Problematik proaktiv zu begegnen, ist die Prophylaxe in der Vorbereitungs- und Etablierungsphase so wichtig.

Unser Vorschlag

Wir haben im Kapitel 2.6 die Erfolgsfaktoren des Partnermarketings beschrieben. Veränderungen und Optimierungen im Leistungs- und Franchise-Angebot werden systembedingt schnell zum Standard, das heißt, die Herleitung und der zum Teil große Aufwand werden ebenso schnell zu einer Gegebenheit und geraten in Vergessenheit. Damit Sie die Entwicklung Ihres Franchise-Systems festhalten können, empfehlen wir Ihnen das Führen eines Logbuchs.

Mit dem Start Ihrer Franchise-Organisation definieren Sie die Leistungsfelder in Ihrem Logbuch, die Sie entweder mit dem Franchise-Manager oder einem externen Berater in regelmäßigen Abständen überprüfen. Dazu sollten unter anderem die quantitativen Zielsetzungen aus der Wirtschaftlichkeitsrechnung (siehe Kapitel 2.5, »Die Wirtschaftlichkeitsberechnung«) gehören, aber auch qualitative Felder wie »Steigerung des Bekanntheitsgrads« sollten kontinuierlich überprüft werden: Mit welchen Maßnahmen wurde das Ziel forciert und möglicherweise durch Messungen überprüft? Wie wurde das Leistungsangebot optimiert und mit welchen Inputs wurde das ermöglicht? Sie können mit diesem Logbuch die Meilensteine in Ihrem System in den verschiedenen Bereichen eruieren und eine Erfolgsstory zusammenstellen, die für die Akquisition wichtig ist, aber auch zur Bestätigung bestehender Partner. Ein weiterer Nebeneffekt ist, dass Sie Ergebnisse und Überlegungen zu Produkt- oder Servicelancierungen abrufen können, die nicht die Aufnahme ins Sortiment geschafft haben. Denn inspiriert durch neue Partner oder Mitarbeitende in der Systemzentrale werden sich Vorschläge wiederholen, die dann sehr zeitnah eliminiert oder in einem neuen Kontext geprüft werden können.

Zur siebten Wahrheit: Kulturleistung

Zweiter Schritt vor dem ersten: Wie wir bereits im Kapitel »Sirenengesänge« gezeigt haben, geben manche Franchise-Geber den verlockenden Anfragen aus dem Ausland nach und überspringen die Etablierungsphase im Heimmarkt. Häufig zu spät bemerken sie, dass sie sich in langwierige, kostenaufwändige Verhandlungsgespräche einlassen, die nicht zum gewünschten Ergebnis führen – weil in der Regel aufgrund fehlender Erfahrungswerte der Orientierungsrahmen für die Berechnung und Perspektive des Franchise-Export-Pakets nicht vorhanden ist. Gleichzeitig werden aber bereits wertvolle Informationen an Partnerkandidaten herausgegeben, die sich nicht selten bei diesen in anderen Zusammenhängen wiederfinden.

Unser Vorschlag

Der Grundgedanke beim Franchising muss einfach immer der sein, dass Sie nicht nur ein Leistungsangebot an Produkten und/oder Dienstleistungen verkaufen, sondern immer auch das Franchise-Paket. Bei der oben genannten Problematik wird in der Regel nur produktorientiert gedacht und gehandelt, aber nicht in der Dimension des Franchise-Konstrukts. Denn ein Partner im Ausland erwirbt das Know-how, wie er erfolgreich eine Franchise-Organisation aufbaut. Dieses Wissen ist aber noch gar nicht vorhanden, wenn die Etablierung erster Regionalpartner auf dem Heimmarkt noch nicht stattgefunden hat.

Deswegen gilt es zu entscheiden, ob Franchising wirklich das Ziel ist oder auch eine reduzierte Lösung, die Lizenzierung, denkbar ist. Franchising führt über den Weg der Erfahrung und daran ist eine entsprechende Auf- und Bewertung des Franchise-Pakets gebunden. Bei der Lizenzierung ist die Frage, inwieweit sich diese Form als schnellere Eintrittsstrategie anbieten könnte und unter welchen Voraussetzungen. Siehe dazu auch in Kapitel 2.2 »Lizenzierung oder Franchising«.

Zur achten Wahrheit: Effizienzverbesserung

Ausruhen auf Anfangserfolgen: Immer wieder sind Franchise-Geber anzutreffen, die zwar mit einem Franchise-Konzept erfolgreich in den Markt gehen, dabei aber darauf hoffen, dass dieses Konzept auch automatisch die nächsten zehn Jahre trägt. Wenn sich Absatzprobleme einstellen, werden häufig die Partner dafür verantwortlich gemacht, denn das Konzept hatte ja bereits seinen Erfolg bewiesen.

Unser Vorschlag

Sehen Sie Ihr Franchise-System als lebenden Organismus an, der aufmerksam gepflegt und gehegt werden muss, damit er sich optimal entwickeln und wachsen kann. Beschäftigen Sie sich zu vorab festgelegten Zeitpunkten mit der Konsistenz und dem zeitgemäßen Auftritt Ihrer Marke, am besten in Markenworkshops mit Ihren Partnern. Überprüfen Sie regelmäßig, wie stark Ihre Markenpositionierung weiterhin große und relevante Marktbedürfnisse abdeckt und erfüllt. Checken Sie, ob sich neue Chancen am Markt bieten, die Sie erfolgreich abschöpfen können. Analysieren Sie Optimierungsmöglichkeiten in Bezug auf die Arbeitsabläufe, den Umgang mit Manpower, Kosten, Zeit und Qualitäten. Überprüfen Sie Kosteneinsparungspotenziale im Einkauf sowie Effektivitäts- und Effizienzsteigerungen in der Kommunikation. Ein nachhaltiger Wirtschaftserfolg stellt sich erst dann ein, wenn ein waches und aufmerksames Bewusstsein für die sich ständige verändernde Umwelt zu einer behutsamen, aber konsequenten Systempflege führt.

Qualitätskontrollen

Wenn es um Qualität geht, denkt man meist zuerst an das Produkt, an das Leistungsangebot. Im Franchising heißt Qualität vor allem, die Franchise-Partner zu befähigen, Qualität zu leben und zu erzeugen. Deswegen ist ein gut vorbereitetes Partnermarketing wichtig, um Qualität schon in der Auswahl der Franchise-Nehmer zu ermöglichen und später über eine entsprechende Unterstützung und Führung immer die Nähe zu den Partnern zu halten und damit auch Qualität zu gewährleisten.

Qualitätskontrollen sind im Franchising auf verschiedenen Ebenen durchführbar. Auf der Franchise-Nehmer-Ebene führen Sie Betriebsvergleiche durch, um über quantitative Verkaufs- und Umsatzstatistiken Indikatoren für mögliche Probleme der Partner zu erhalten. Andererseits können Sie die Partner animieren, die Qualität des Angebotes stetig zu überprüfen, indem Sie sie einladen, Ideen zur Verbesserung zu entwickeln. Diese Ideen sollten dann an einen konkreten Nutzen angebunden sein.

Ideenplattform mit Bewertungsschema

Entwickeln Sie eine Ideenplattform (digital oder als physisches Merkblatt) und listen Sie Schlagworte auf, die dem »Erfinder« helfen, seine Idee auf Effizienz hin zu überprüfen.
Die Idee bringt eine Verbesserung in den Bereichen:
(Mehrfachnennungen sind möglich)

- ❑ Zeitersparnis
- ❑ Attraktivitätssteigerung des Angebots
- ❑ Kosteneffizienz/Einsparpotenzial
- ❑ Nachhaltigkeit/ökologisch, ökonomisch, sozial
- ❑ Effektiver Wettbewerbs-, Nutzenvorteil
- ❑ Kundenzufriedenheit

Qualitätskontrollen zu Ihren Leistungen als Franchise-Geber erhalten Sie über regelmäßig durchgeführte Befragungen Ihrer Partner. Die Regelmäßigkeit spielt dabei eine große Rolle, um auch hier die Wirksamkeit Ihrer Optimierungsleistungen zu überprüfen.

Bei den Befragungen wird unter anderem die Zufriedenheit der Partner mit folgenden Leistungen eruiert: das Unterstützungsangebot der Systemzentrale und dessen Durchführung, die geleisteten Versprechen und deren Einlösung, die Wertschätzung als Franchise-Nehmer im System und die Einschätzung der Perspektiven.

Eine Qualitätskontrolle Ihres gesamten Franchise-Angebots inklusive der Zufriedenheitsanalyse von Partnern wird – wie im Kapitel 2.5 erwähnt – von Franchise-Verbänden zum Beispiel in Deutschland und Österreich vorgenommen. Die Kontrollen haben Zertifizierungscharakter und bilden die Entscheidungsgrundlage dafür, ob ein Franchise-System im Verband aufgenommen wird oder nicht.

Eine wirksame Qualitätskontrolle ist auch Ihre Selbstreflexion, bei der Sie sich Fragen stellen wie: »Würde ich das Franchise-Angebot selbst übernehmen? Was spricht dafür und was dagegen?« »Habe ich meine ursprünglichen Ideen und meine Vision wirklich umgesetzt oder habe ich diese zugunsten eines schnelleren Markteintritts auf ein Minimum reduziert?«

Abschließend ein Zitat von Antina Prinz, CEO von Premissimo, zum Thema Nachhaltigkeit in Franchise-Systemen:

»Das Premissimo System zielt auch inhaltlich nicht auf den oberflächlichen, kurzatmigen Erfolg ab, sondern auf den langfristigen und stabilen Aufbau von regionalen Qualitätszirkeln. Aus Sicht unserer Premissimo-Systemzentrale bedeutet ›Nachhaltigkeit‹ dem engeren Wortsinn folgend zunächst, so dicht wie erforderlich

- die Fortschritte neuer Franchise-Nehmer beim Markteintritt und
- die Qualität der operativen Tätigkeit unserer Franchise-Nehmer,

insbesondere bei der Auswahl und Betreuung von Partnerunternehmen, ›nachzuhalten‹ und einen eventuellen Handlungs- und Unterstützungsbedarf rechtzeitig zu identifizieren. Damit kann verhindert werden, dass fehlende Erfolge zu einer Demotivation der Vertragspartner führen – aufseiten des Franchise-Nehmers oder des Franchise-Gebers. Trotz Standardisierung ist ein Franchise-System unseres Erachtens gut beraten, lokale Spezifika, insbesondere das persönliche Stärkenprofil des Franchise-Nehmers, zu berücksichtigen, ohne allerdings den Systemkern zu verändern. Mit Nachhaltigkeit verbindet sich somit eine Führungsmentalität und -qualität, die am ehesten mit dem neudeutschen Wort ›Hands-on-Mentalität‹ verbunden werden kann. Nur so kann Nachhaltigkeit unseres Erachtens im weiteren Wortsinn ein Franchise-System auszeichnen, nämlich dauerhaft am Markt erfolgreich zu sein – und nicht nur kurzfristig oder zeitweise.«

Avec

»365 Tage frisch gelauntes Franchising. Avec richtet sich mit einem erfrischenden Convenience-Shop-Konzept an die modernen Einkaufsbedürfnisse der heutigen Gesellschaft. Mit langen Öffnungszeiten begeistern die Avec-Franchise-Nehmer die Schweizer Bevölkerung während 365 Tagen an besten Hochfrequenz-Standorten. Das Franchise-Konzept basiert auf lokal verankertem Unternehmertum. Nebst frischen Lebensmitteln, Near/Non Food, Kioskartikeln und Dienstleistungen rundet ein kurzweiliges Bistro das Angebot ab. Als täglicher Nahversorgungstreffpunkt sorgt avec schweizweit für frisch gelaunte Kunden.«

Franziska Luescher, Franchise Management, avec convenience ag

Franziska Luescher

Zweifarbigkeit und ein spielerisches Key Visual markieren avec

Esprit

Gaby Broenimann

»Esprit ist eine internationale junge Lifestyle-Marke, welche dem Kunden Modetrends als bezahlbaren Luxus offeriert. Der Konzern führt 12 etablierte Produktlinien, welche Damen-, Herren- und Kindermode sowie Schuhe und Accessoires beinhalten. Die Produkte werden in rund 800 eigenen und 14.000 Wholesale Point-of-Sales vertrieben. Qualität steht für Esprit an erster Stelle. Unser Engagement gilt der Herstellung und dem Vertrieb von Produkten höchster Qualität. Von Beginn an, als die Produkte noch aus einem Lieferwagen verkauft wurden, über Stores, welche in den achtziger Jahren von Ettore Sottsass designt wurden, bis hin zu den heutigen großzügigen und einladenden Stores, war Esprit immer Pionier im Bereich Ladenbau. Durch abwechslungsreiches Visual Merchandising, einer spannenden Architektur und einer entsprechenden musikalischen Untermalung erfährt der Kunde immer wieder ein einmaliges Einkaufserlebnis und wird durch die erzeugten Emotionen an die Marke Esprit gebunden.«

Gaby Broenimann, Country Expansion Manager Switzerland

Esprit-Werbeanzeige

Flagship-Store in New York City Esprit-Store in Hong Kong Interior Design

Little John Bikes

Vorstände René Schramm (links) und Steffen John (Vorsitz)

»Little John Bikes Markenwerte: Ehrlichkeit und Begeisterung. Die Ehrlichkeit als umfängliches Gut weitergeben und mit anderen teilen, mit unseren Partnern, Lieferanten und Kunden, das ist ein zentraler Markenwert bei Little John Bikes. Und natürlich unsere Begeisterung, die von all unseren Mitarbeitern und Partnern gelebt wird. Diese Begeisterung steckt auch unsere Kunden an, zum Beispiel durch unsere lückenlosen Services, ein Fahrradleben lang. Drum lautet auch unser Claim: ›Begeisterung erfahren‹. Und das nicht als Marketingfloskel, sondern echtes Versprechen. Zur Zielerreichung des gemeinsamen und flächendeckenden Erfolgs der weit verteilten Shops beziehungsweise der Marke Little John Bikes gab es nur eine Konsequenz: Franchise, da hier die gewollten Synergien und das Nutzen von klar getrennten Kernkompetenzen am besten realisierbar sind; zudem noch vertraglich transparent beschrieben. Dabei ist und bleibt die gemeinsam genutzte Marke das höchste Gut – wohl aber gleichzeitig der am schwierigsten zu etablierende Part einer jungen Firma. Dies zeigt sich auch in dem Transformationsprozess aus dem ›alten‹ System und Denken in die ›neue‹ Zeit.«

René Schramm, Vorstand Little John Bikes AG

Anzeige Servicevorteile

LJB-Store

Tram in Dresden

Anzeige Store-Eröffnung

McDonald's

Matthias Mehlen

McCafé Theke

»Innovationen gehören zu den wesentlichen Erfolgsfaktoren von Franchise-Systemen, gerade in Märkten und Branchen mit starkem Wettbewerb. Mit McCafé hat McDonald's erfolgreich gezeigt, wie sich innerhalb kurzer Zeit ein ganz neues Segment erschließen lässt. Durch die unternehmerische Weitsicht und Investitionsbereitschaft der Franchise-Nehmer von McDonald's gelang es, binnen weniger Jahre die Marktführerschaft im deutschen Coffee-Shop-Segment zu übernehmen. Mitte 2010 zählt McDonald's mehr als 680 McCafés in Deutschland, die als Shop-in-Shop in bestehende oder neue McDonald's Restaurants integriert wurden. McDonald's bringt damit urbanes Coffee-Shop-Flair flächendeckend nach ganz Deutschland. Die Ergebnisse sprechen für sich: Restaurants mit McCafé verzeichnen signifikant höhere Umsätze als vergleichbare Restaurants ohne McCafé. Durch das neue Angebot ist es gelungen, in den Restaurants eine ganz neue Atmosphäre zu schaffen: Während es an der klassischen Burgertheke vor allem um Schnelligkeit geht, werden im McCafé erlesene Kaffeespezialitäten vor den Augen der Gäste zubereitet. Die Bohnenmischung des aus zertifiziert nachhaltigem Anbau stammenden Kaffees wurde eigens für McCafé kreiert. McCafé hat zu einem deutlichen Imagewandel von McDonald's beigetragen. So kommen nun ganz neue Gästegruppen zu McDonald's, die bislang eher selten oder gar nicht Gast eines der mehr als 1.360 McDonald's Restaurants in Deutschland waren.«

Matthias Mehlen, Director Corporate Affairs, McDonald's Deutschland

Außen- und Innengestaltung, Besucher, Produkt

Natura Güggeli

»Eine konsequente Markenführung ist die Basis für eine solide und konstante Weiterentwicklung des Systems, des Brandings und der Marke für ein gesundes Wachstum. Die Marke ist die DNA des Unternehmens, der Fingerabdruck. So wie die Marke auftritt, wirkt, erscheint, so identifizieren sich damit langfristig die Kunden und die Partner. Für die Natura Güggeli AG ist die Markenführung, -betreuung und -pflege wichtigstes Gut. Alles zum Thema Marke ist bei uns Chefsache und wird zentral gesteuert. Jeder Markeneinsatz ist geplant und abgesprochen.
Unsere Partner überzeugen wir vom Leben mit der Marke durch eine kleine, straffe Führungsstruktur in der Systemzentrale, mit drei Ansprechpersonen und genauer Definition wer für was zuständig ist, durch kurze Entscheidungswege sowie durch das Vermitteln von Begeisterung und dem Natura-Güggeli-Spirit. Vom ersten Kontakt bis zum Moment der Vertragsunterzeichnung und weiter sind sämtliche Prozesse, Schritte und Berührungspunkte genau definiert. Ebenso ist die Ausbildung detailliert und strukturiert. Alle Partner durchlaufen dieselbe Ausbildung. Später halten wir den Kontakt durch regelmäßige interne Kommunikation, Betreuung mittels Franchise-Betreuer und jährliche Franchise-Meetings.«

Stephan M. Pagnoncini, CEO Natura Güggeli AG, Märwil TG

Stephan M. Pagnoncini

Natura-Güggeli-Verkaufsflotte

Natura-Güggeli-Wagen geöffnet

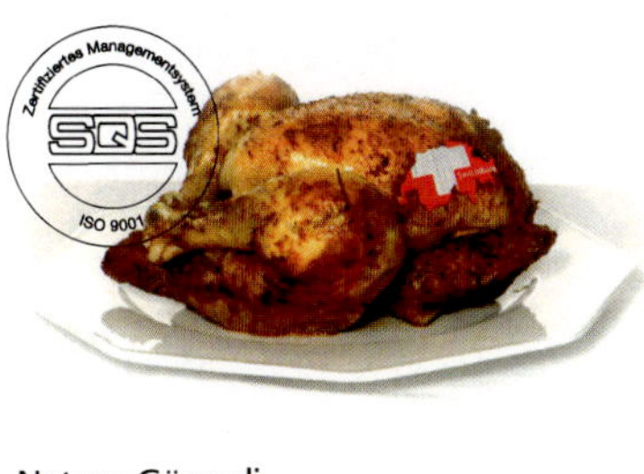

Natura Güggeli

Der Publikumspreis

Samina

SAMINA
ich schlafe lebensenergie

Günther W. Amann-Jennson

»Aktive Markenpflege ist uns sehr wichtig. Eine Marke wie Samina braucht Ambition und eine starke, nachhaltige Ansage, die Mitarbeiter und Kunden mitreißt. Samina markiert das ›neue Schlafen‹, einen neuen Lebensstil, der sich an Gesundheit und Nachhaltigkeit auf Basis des erholsamen Schlafes orientiert. Dabei gilt es ›Samina – ich schlafe Lebensenergie‹ auf allen Ebenen zu kommunizieren. Das Ziel von Samina ist der ›Bioenergetische Schlaf‹ des Kunden als höchste Form der körperlich-seelisch-geistigen Regeneration durch Schlaf. Damit rückt für Samina der gesunde, erholsame Schlaf als wichtigste Säule für Gesundheit, Leistungskraft, Kreativität und Lebensfreude in den Mittelpunkt der Kommunikation. Dies setzt Samina durch eigene Bücher des Samina-Gründers und Schlafexperten Günther W. Amann-Jennson, via Internet-Plattformen, über mediale Schlaf-Gesund-Kampagnen, Anzeigen, Sportsponsoring und internationale Testimonials um. Zudem ist die Ausstattung von Wellness- und Luxushotels mit den Samina Power Sleeping Rooms eine wichtige und direkte Kommunikationsstrategie der Marke Samina.«

Günther W. Amann-Jennson, Gründer und Geschäftsführer, Samina Gruppe.

Buch *Schlaf dich gesund*

Samina-Shop

Samina Anzeige

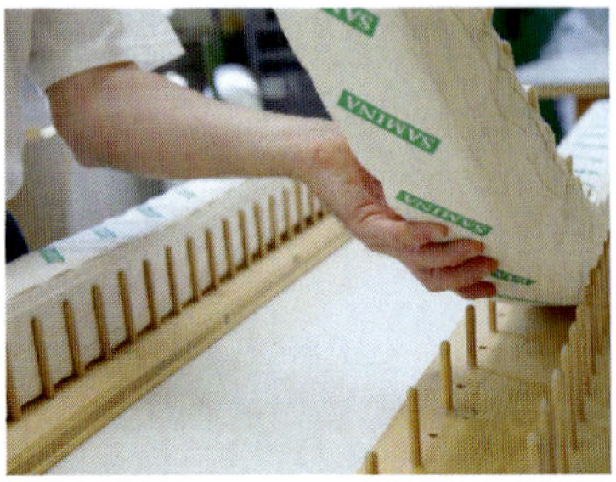

Produktionsdetail

Anzeige: Gesunder Schlaf

The Phone House

Andreas Jurkiewicz

»Mit einer Präsenz von über 2.500 Shops in Europa und mehr als 200 Shops in Deutschland verfügen wir über umfassende Erfahrungen zu den Wirkungsparametern eines Shops. Diese Erfahrung lassen wir von Anfang an in die Auswahl der Partner-Shops mit einfließen. Die drei Säulen Produktvielfalt, Provisionierung und Ausbildung, bilden darüberhinaus die Stützen des TPH-Franchise-Konzepts. Hierdurch versprechen wir unseren Partnern ein wirtschaftlich lukratives und partnerschaftliches Geschäftsmodell. Die Franchise-Nehmer profitieren von den exzellenten Einkaufskonditionen über Best Buy Europe/Carphone Warehouse. Somit können die Partner auf das große TPH-Sortiment an Endgeräten wie Handys, Smartphones, Net- und Notebooks sowie exklusiver Fashion- und Lifestyle-Handys zurückgreifen. TPH stellt seinen Partnern alle Produkte zu 100 Prozent als Kommissionsware zur Verfügung und gewährleistet dadurch eine hohe Liquidität. Darüber hinaus ermöglicht der autorisierte Vertragsservice für alle deutschen Netzbetreiber den Existenzgründern, Verträge jedes Mobilfunkanbieters zu verlängern, egal wo diese ursprünglich abgeschlossen wurden.«

Andreas Jurkiewicz, Leiter Franchise TPH

TPH Centro Shop

Wax in the City

Christine Margreiter

»Wir verkaufen keine Dienstleistung, wir verkaufen Schönheit. Wir wollen unseren Kunden das Leben so leicht wie möglich machen und ihnen etwas anbieten, das sie immer wieder haben wollen, weil es ihnen ein Maximum an Nutzen, Qualität und Freude bietet. Unsere Dienstleistung, unsere Produkte und unsere Studios sollen überzeugen, begeistern und ein Höchstmaß an Geborgenheit geben. Daher üben das Design und das gesamte Erscheinungsbild einen wesentlichen Einfluss auf die Zufriedenheit und auf das Wohlbefinden unserer Kunden aus. Dabei ist nicht nur das ›sichtbare‹ Design gemeint, sondern alle Eindrücke, die unsere Sinne ansprechen. Das beinhaltet neben der Gestaltung (Sehen), auch die Musik und die Geräusche (Hören), die Düfte (Riechen) sowie die Materialien (Tasten).«

Christine Margreiter, Mitgründerin und Mitgeschäftsführerin

Studio Düsseldorf

Philosophie

Studio Berlin

Prevent & Eliminate

Flyer: Body Care

Body Lotion

3 Franchise-Denkwerkzeuge

Willkommen im konzentrierten Teil der Franchise-Denkwerkzeuge. Mit unserem Franchise-Denkwerkzeug-Kasten wollen wir Ihnen leistungsfähige Werkzeuge an die Hand geben, mit denen Sie einfach, schnell und wirksam Lösungen ganz speziell für Ihr Franchise-System realisieren können. Diese Werkzeuge sind einerseits auf das Drängen einiger unserer Kunden hin entstanden, die sich Hilfe suchend an uns wandten, andererseits aus unserem Bedürfnis heraus, etwas zu tun, um eine Hilfe zur Selbsthilfe zu ermöglichen und damit auch die Qualität des Franchising im deutschsprachigen Raum zu verbessern. Mit diesen Franchise-Denkwerkzeugen im Gepäck sollten Sie manch holprige Strecke unbeschadet überstehen können und im Problemfall immer auf das richtige Werkzeug zurückgreifen können

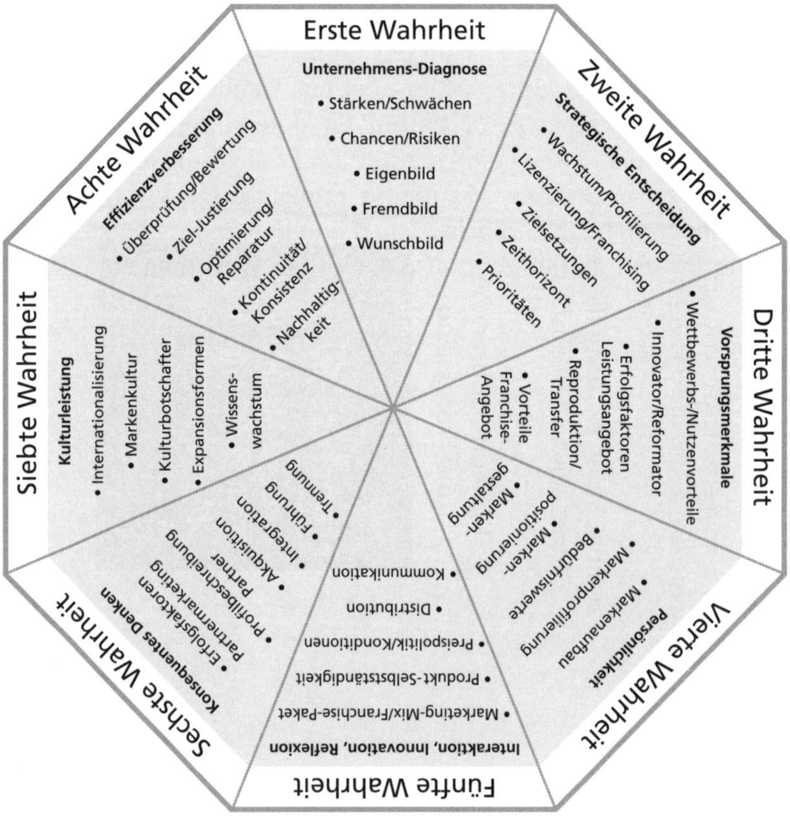

Abbildung 23: Franchise-Oktogramm

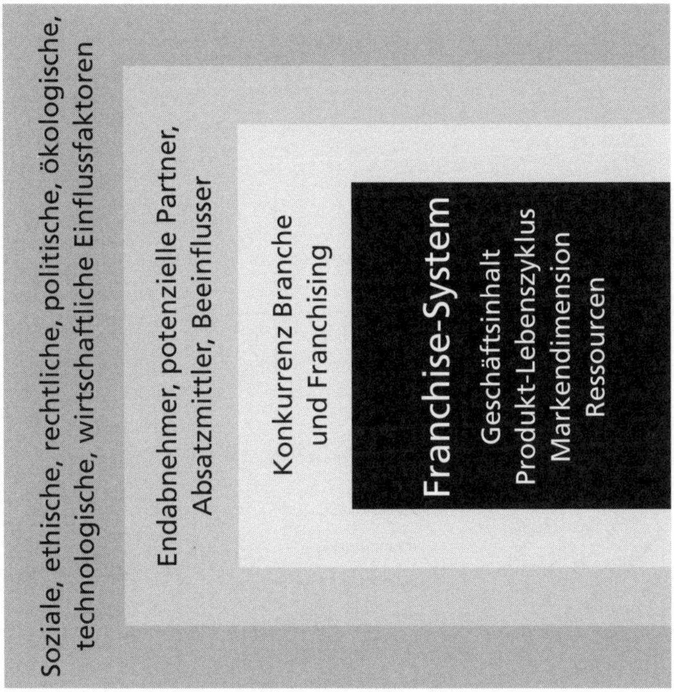

Abbildung 24: Einflussfaktoren

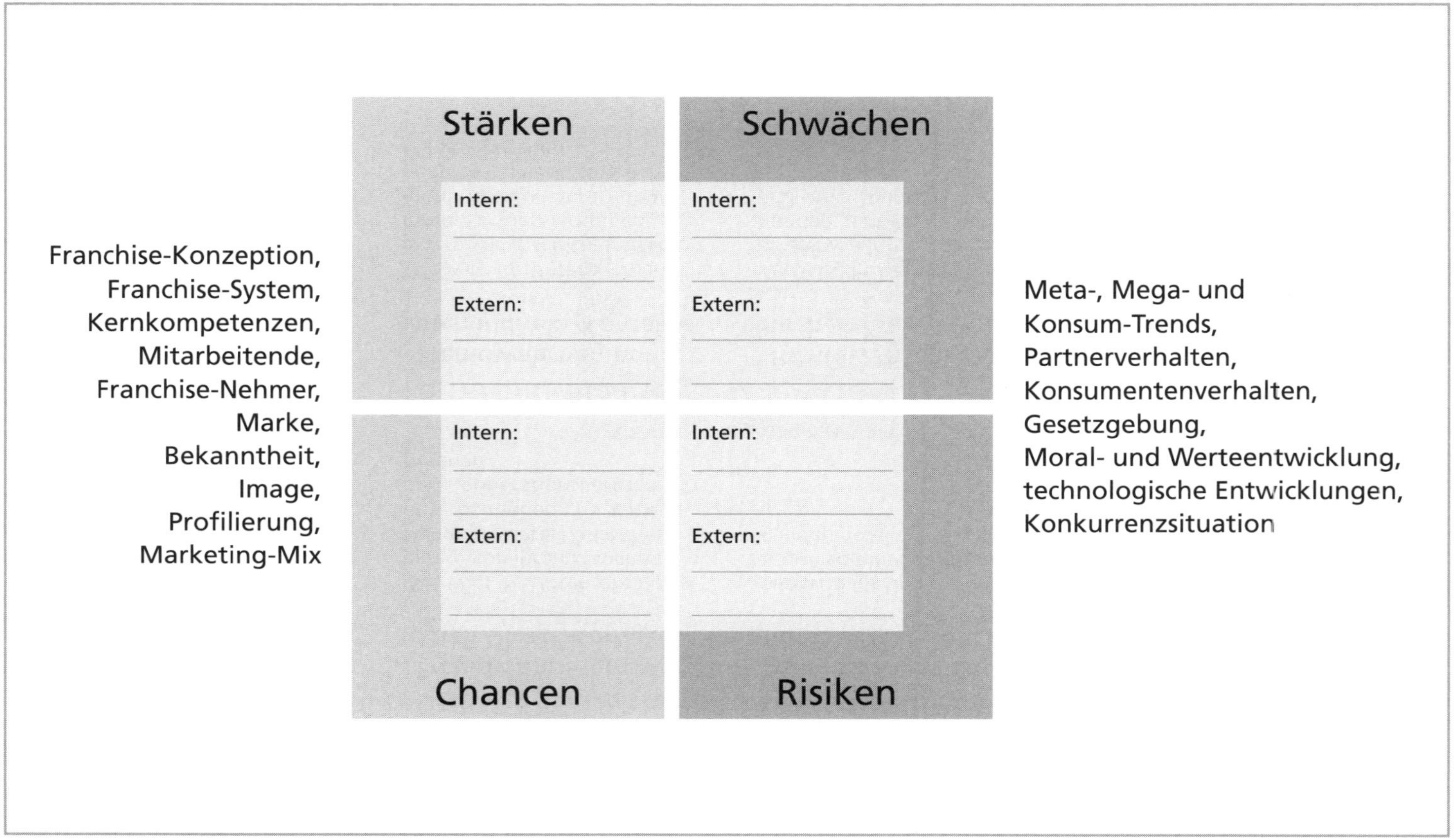

Abbildung 25: SWOT-Analyse

Abbildung 26: Wahrnehmungsanalyse

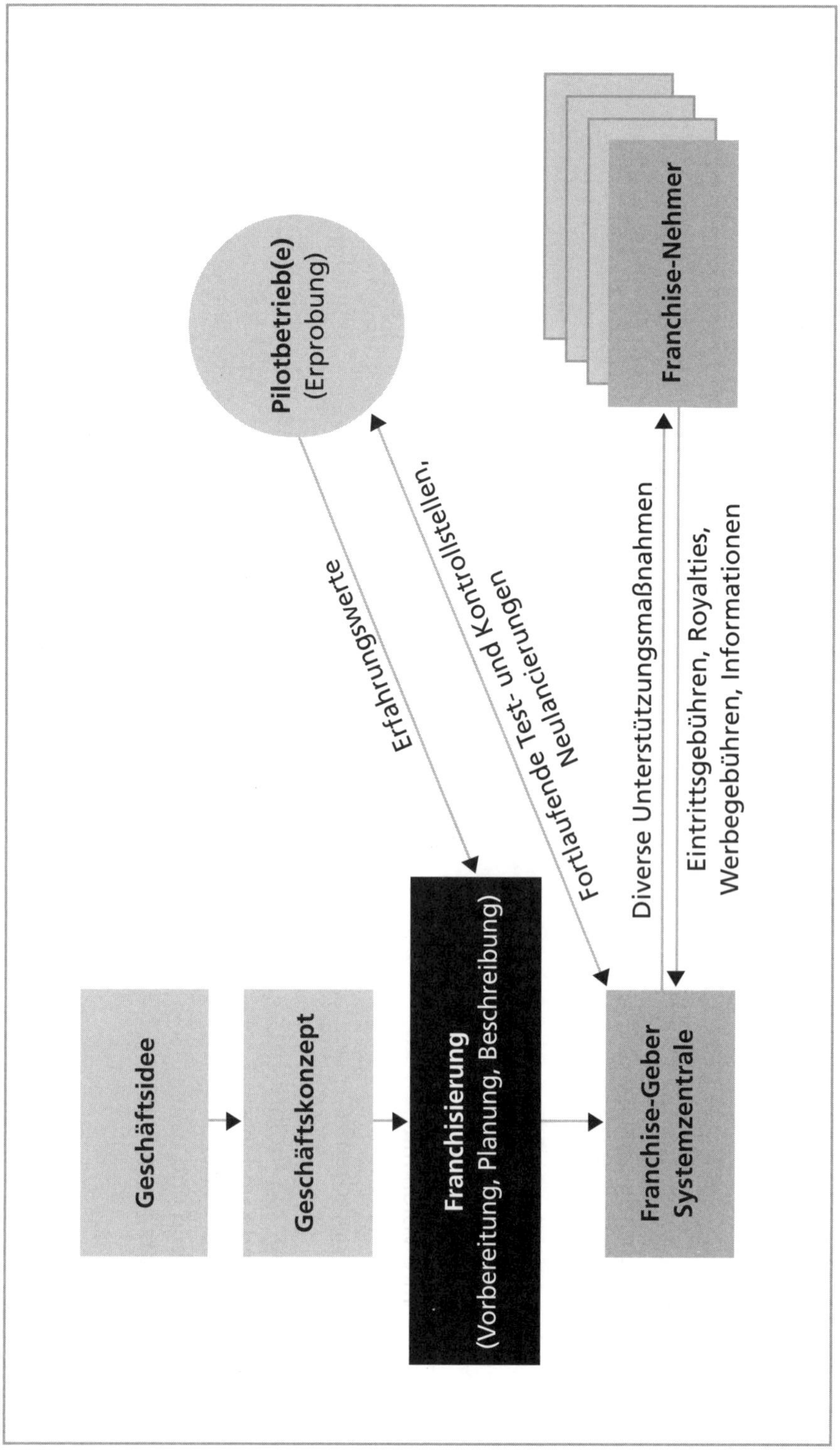

Abbildung 27: Funktionsdiagramm

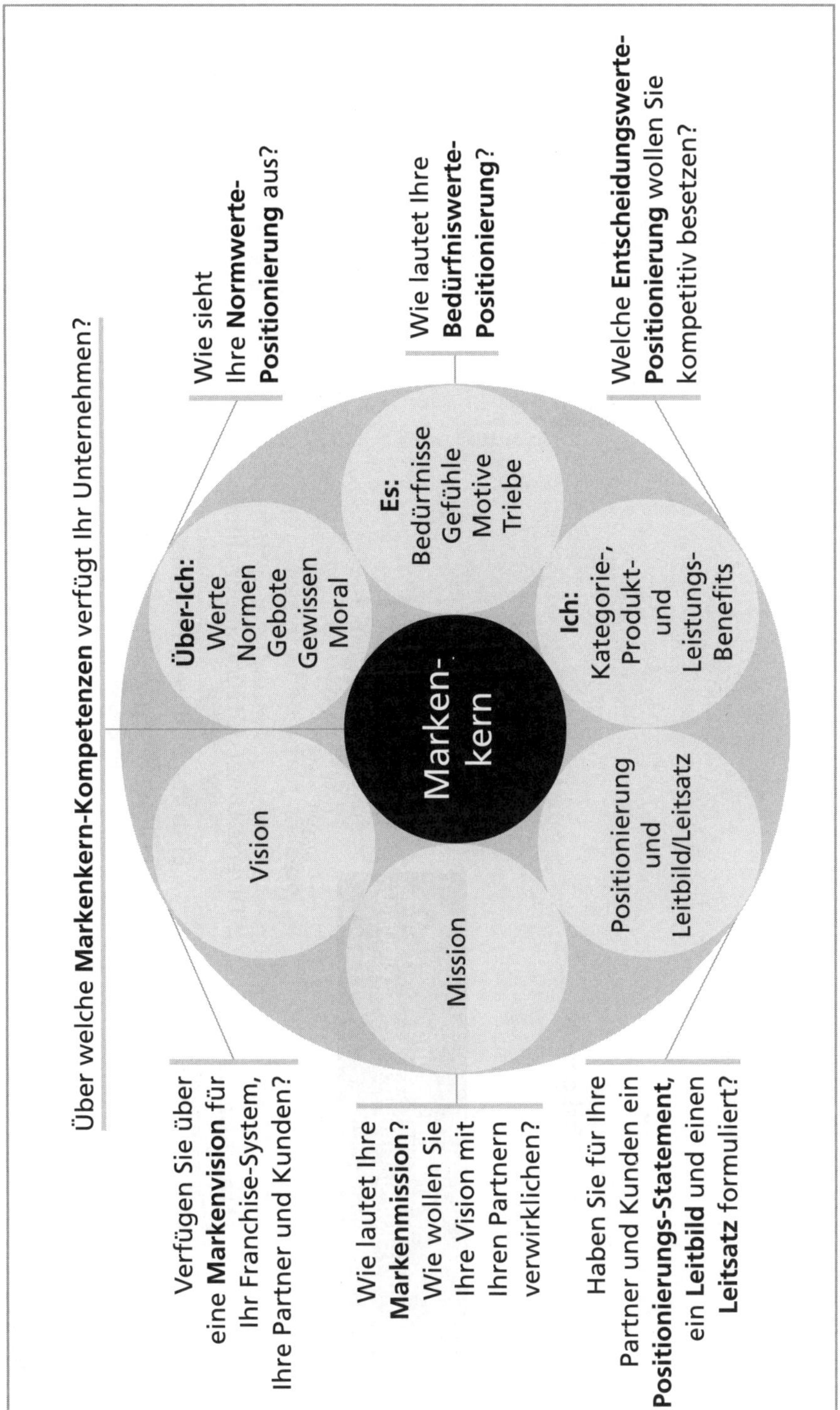

Abbildung 28: Markenpersönlichkeit

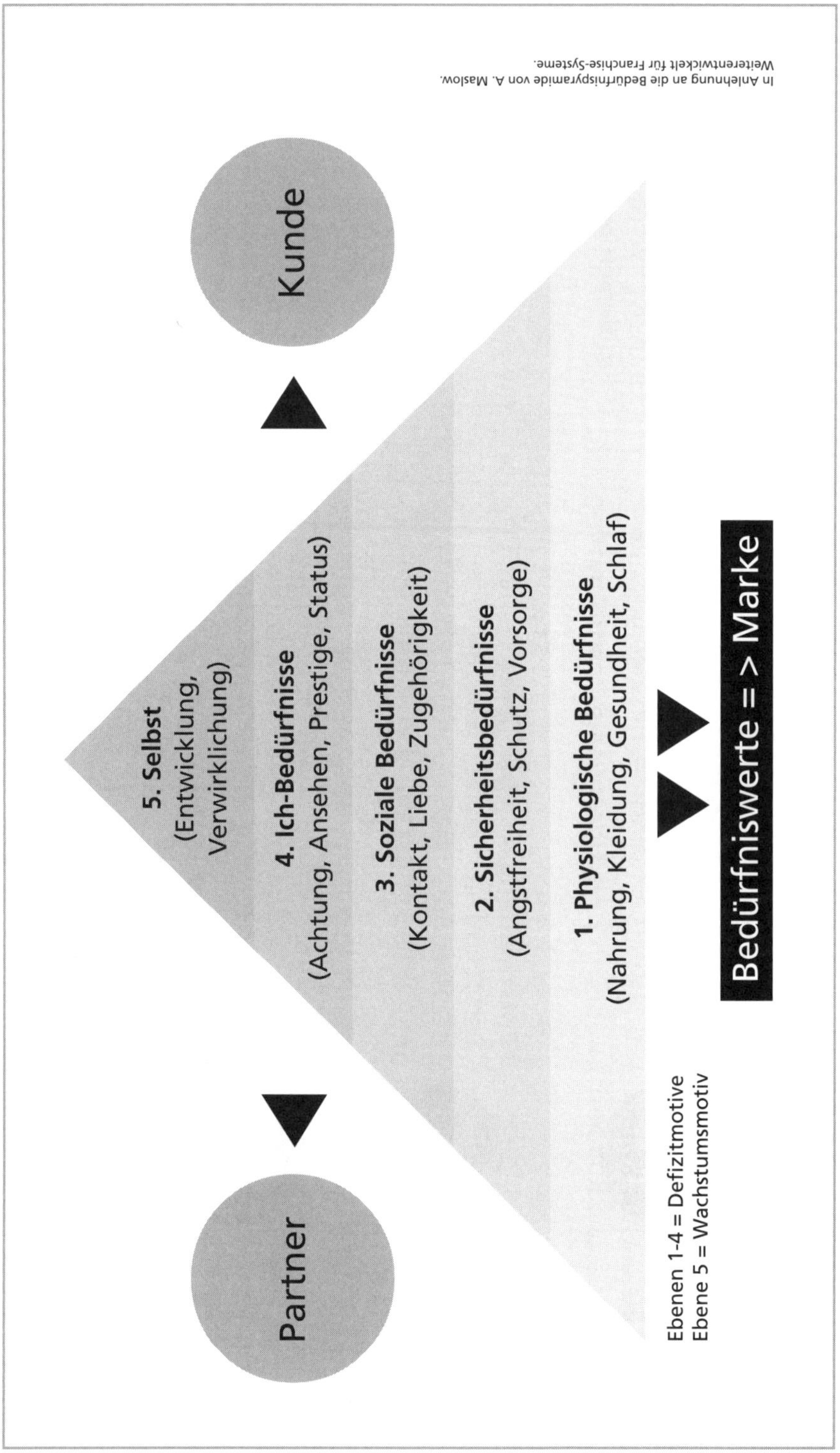

Abbildung 29: Bedürfniswerte-Analyse

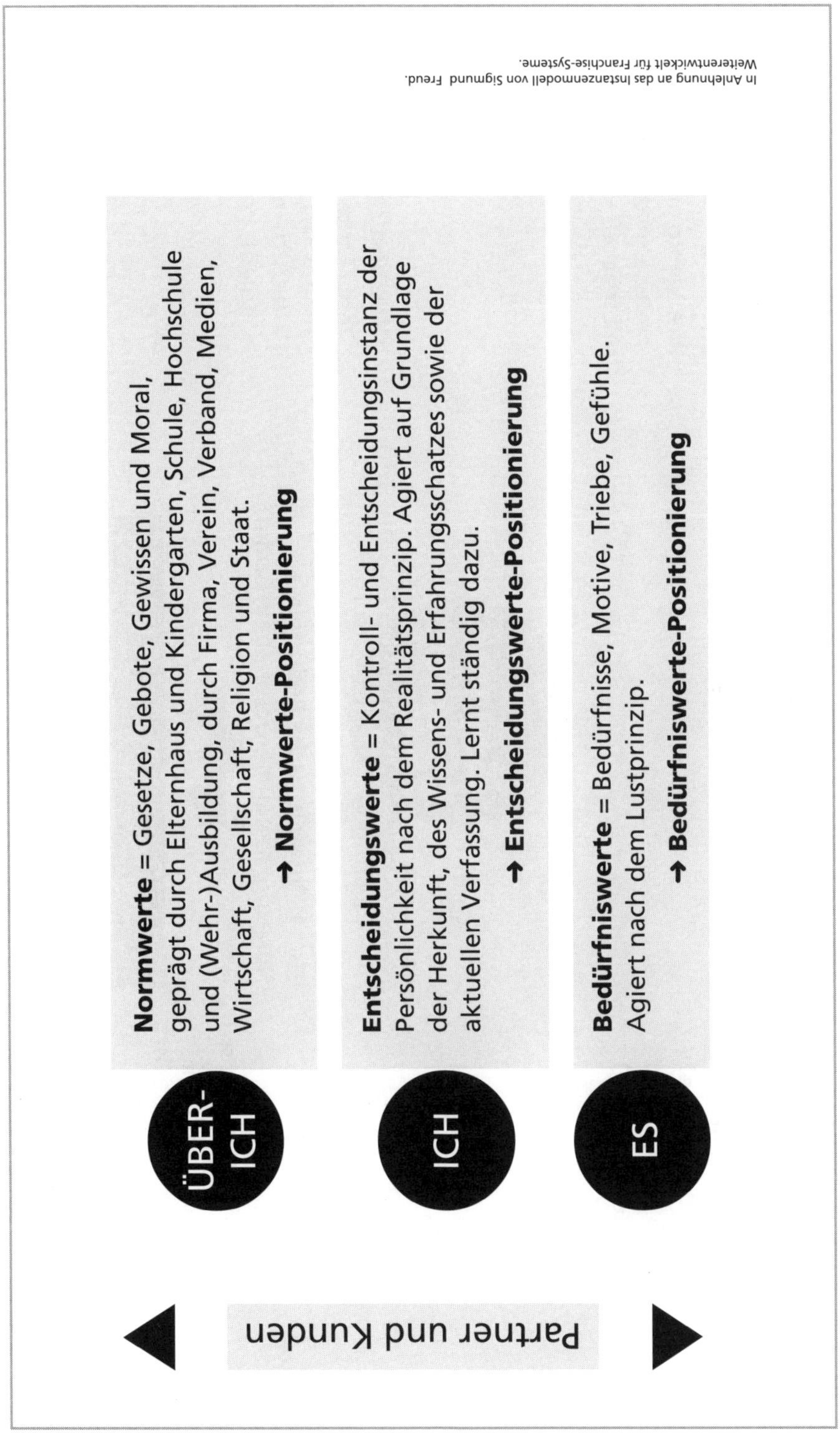

Abbildung 30: Marken-Positionierung

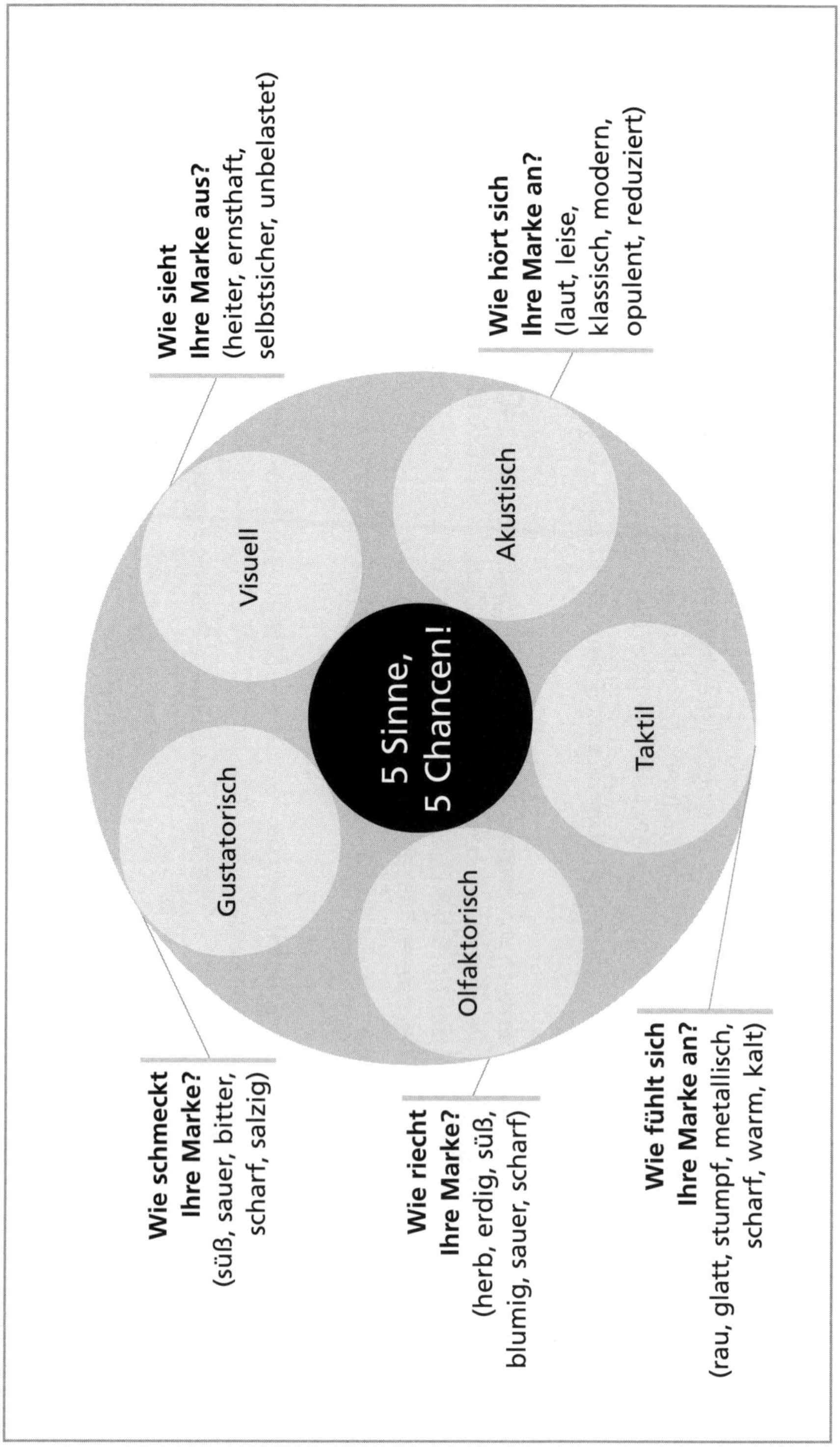

Abbildung 31: Markendesign

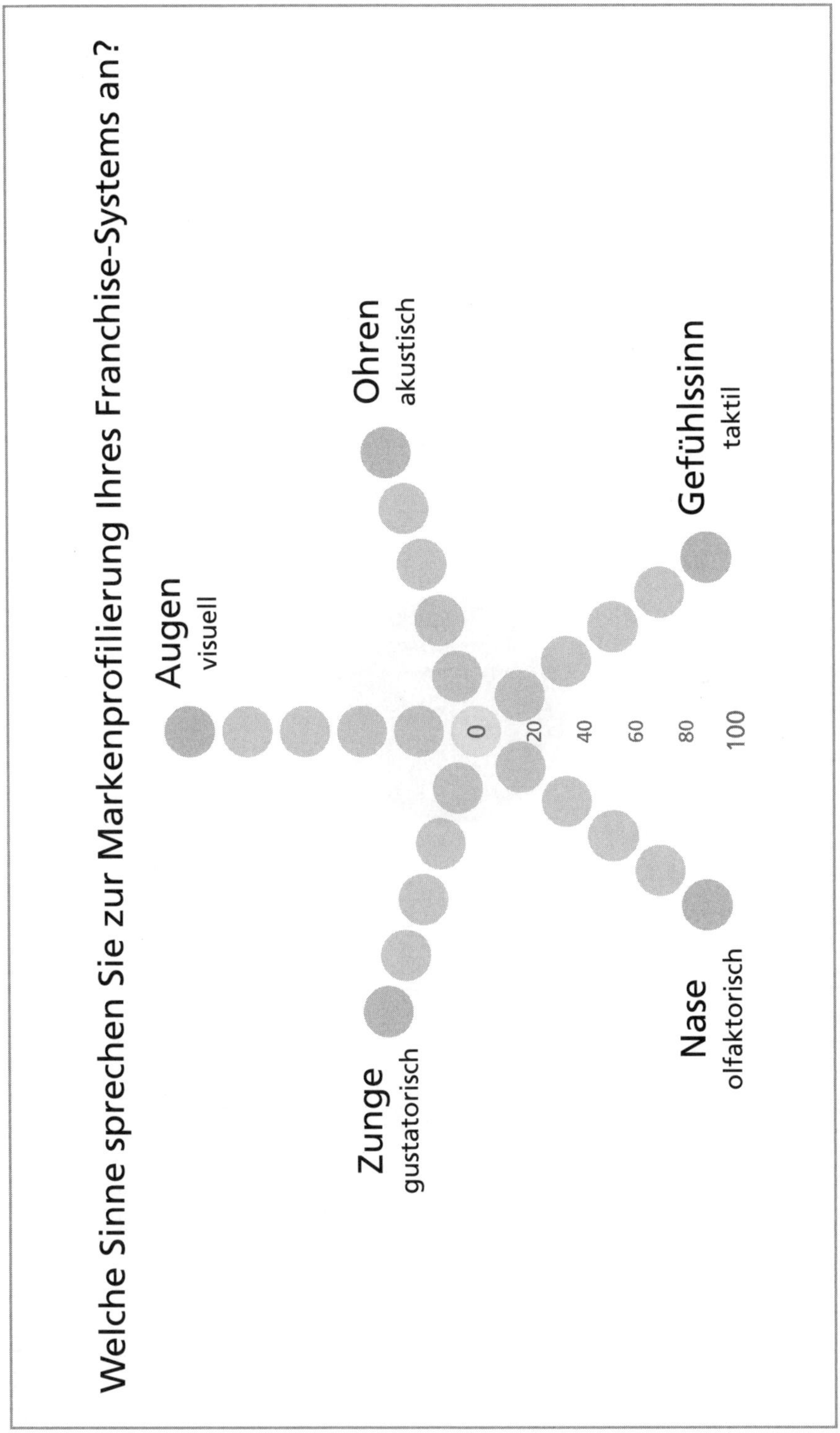

Abbildung 32: Markendesign-Chancen

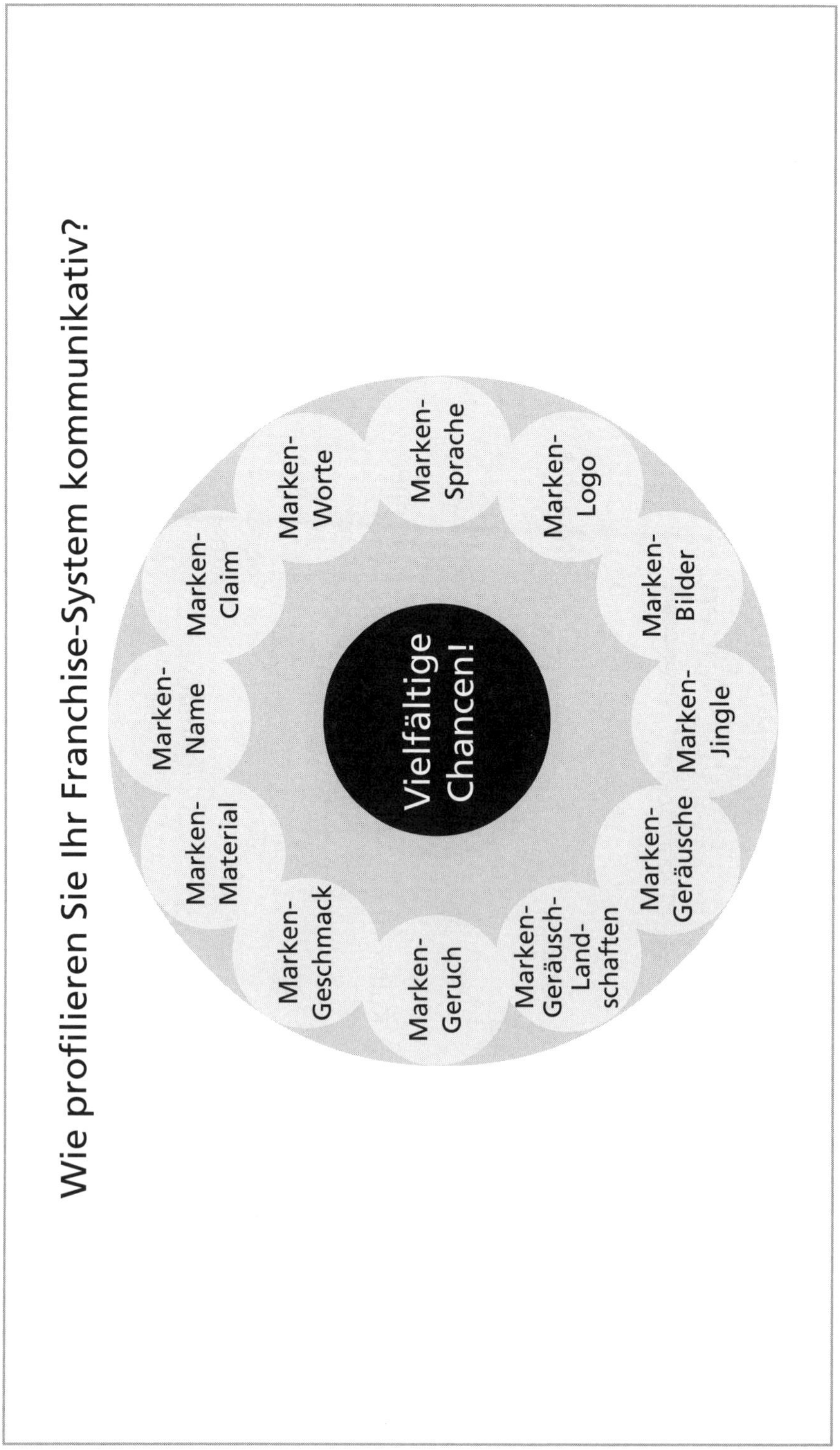

Abbildung 33: Markenkommunikation

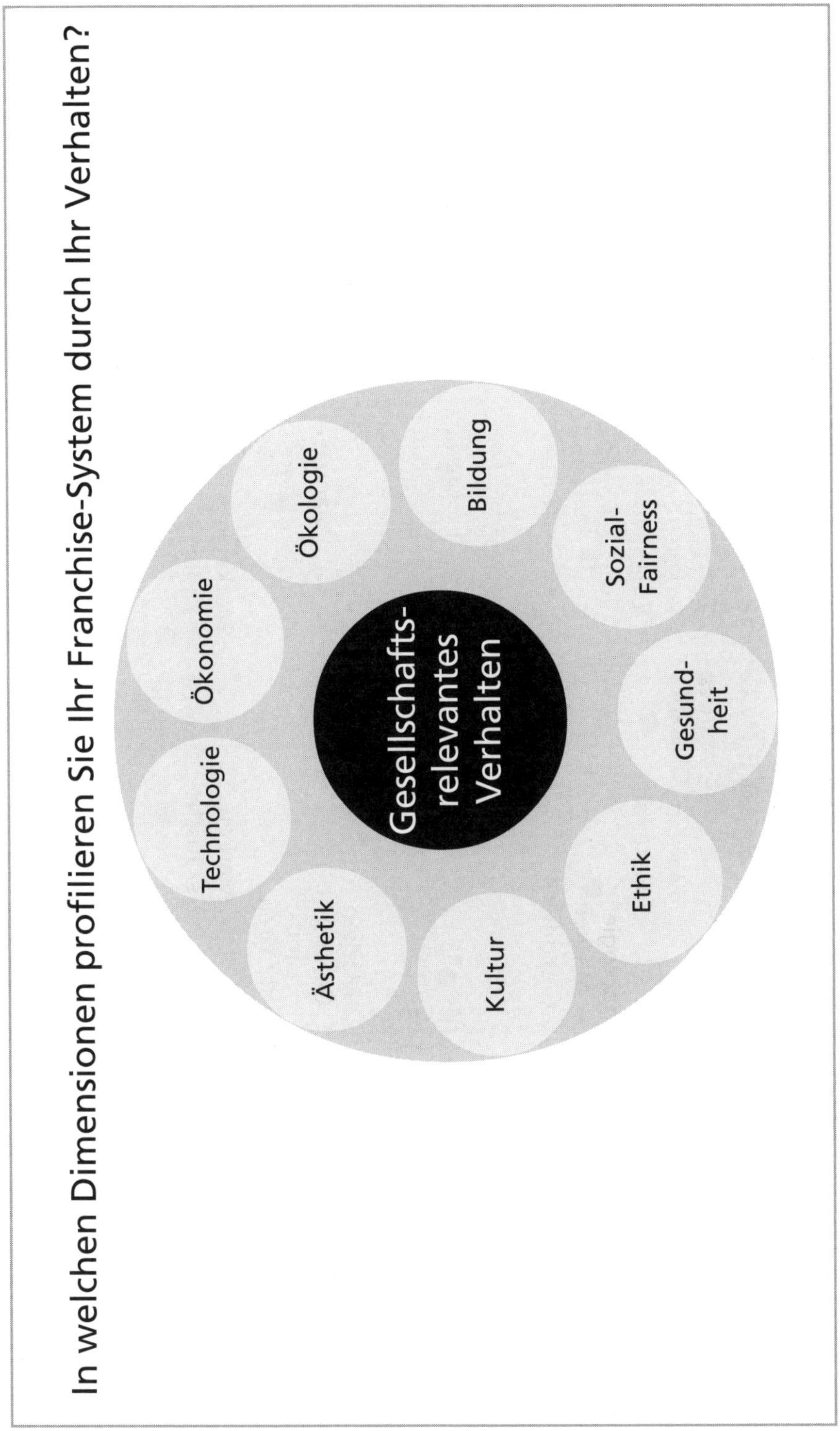

Abbildung 34: Markenverhalten

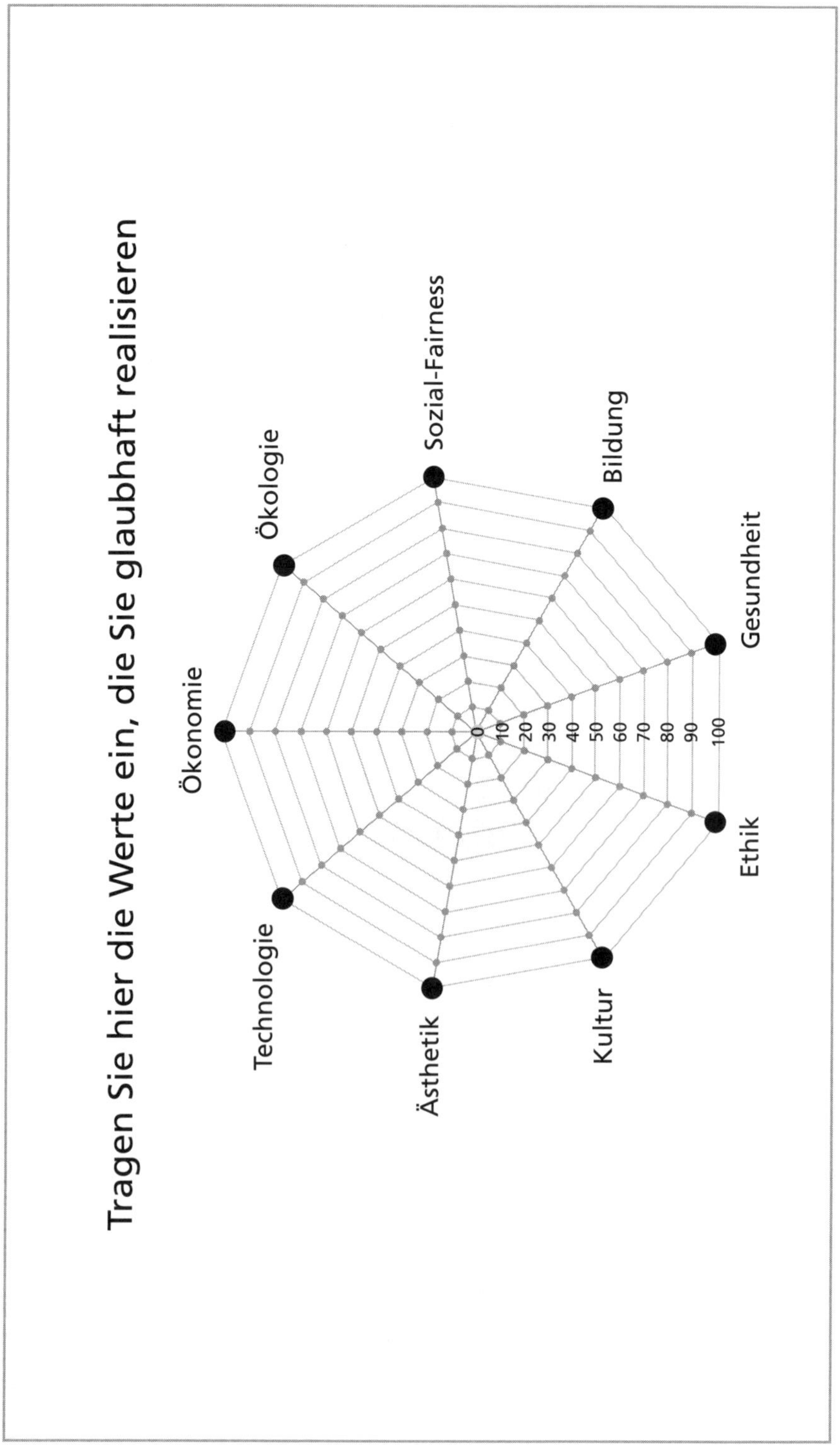

Abbildung 35: Markenverhalten (Spider-Web-Grafik)

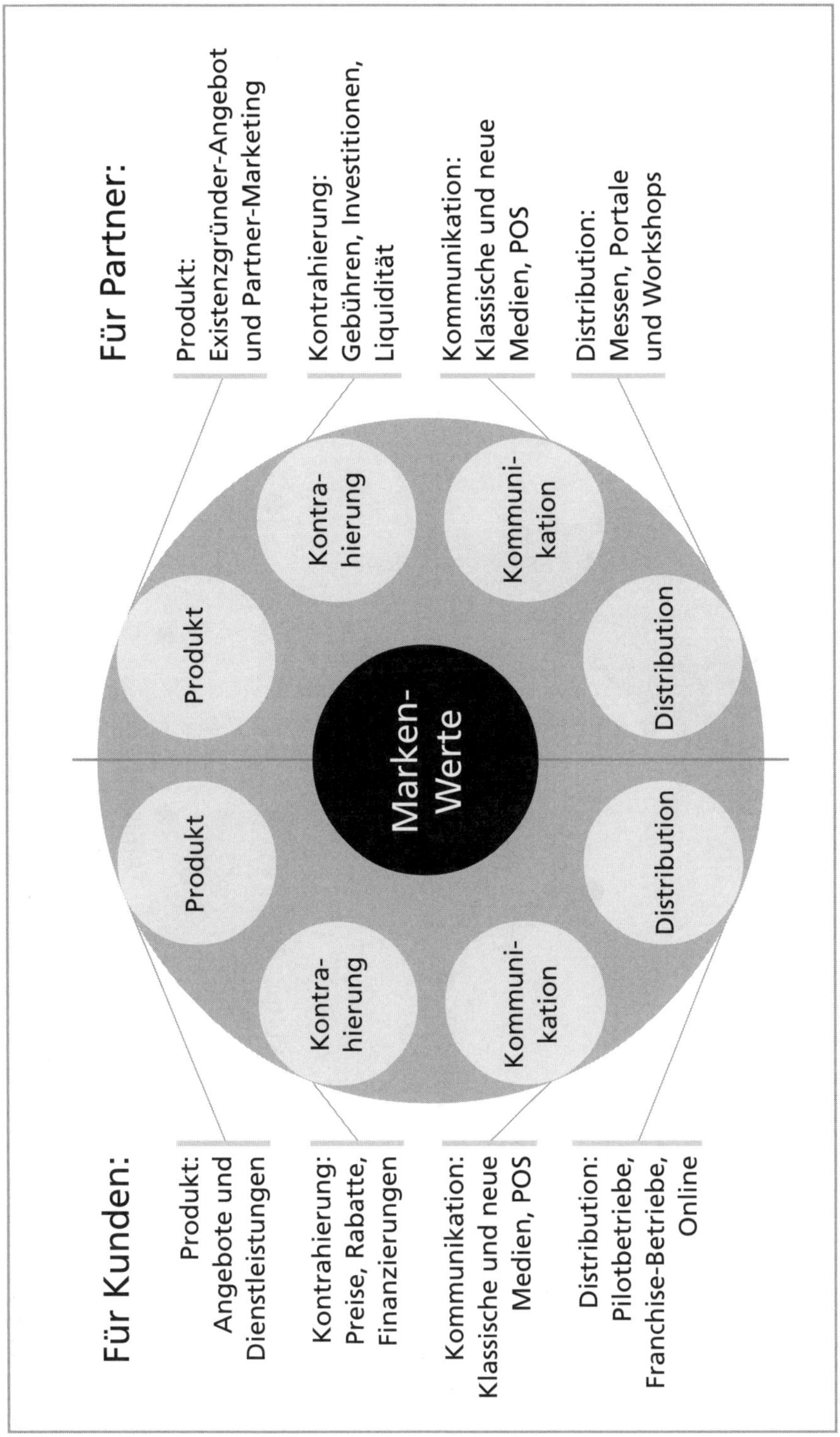

Abbildung 36: Marketing-Mix

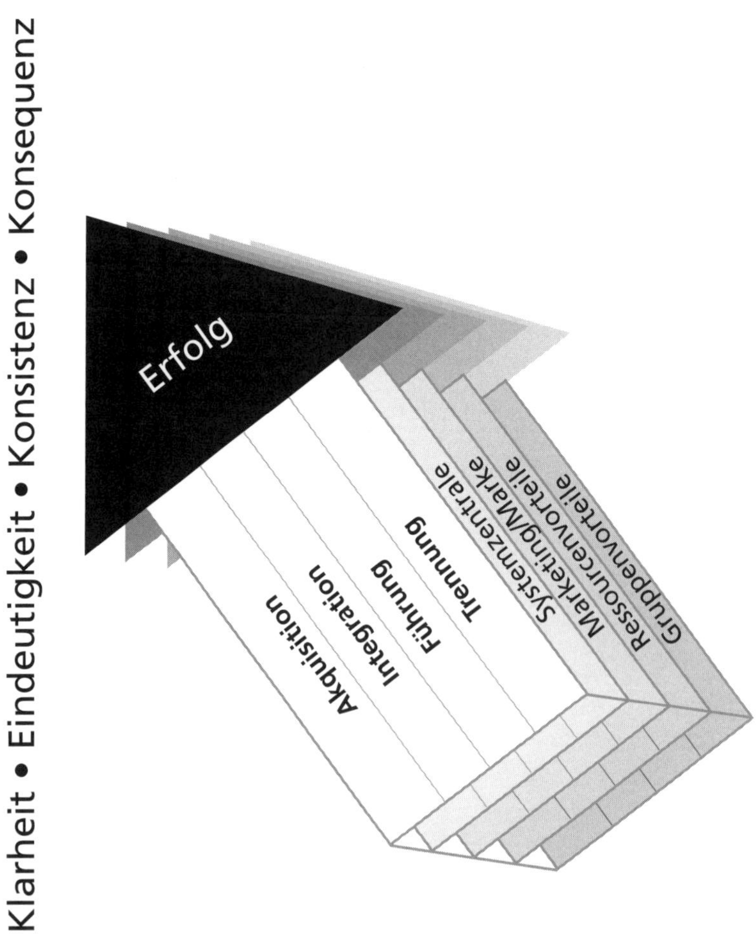

Abbildung 37: Erfolgsfaktoren im Partnermarketing

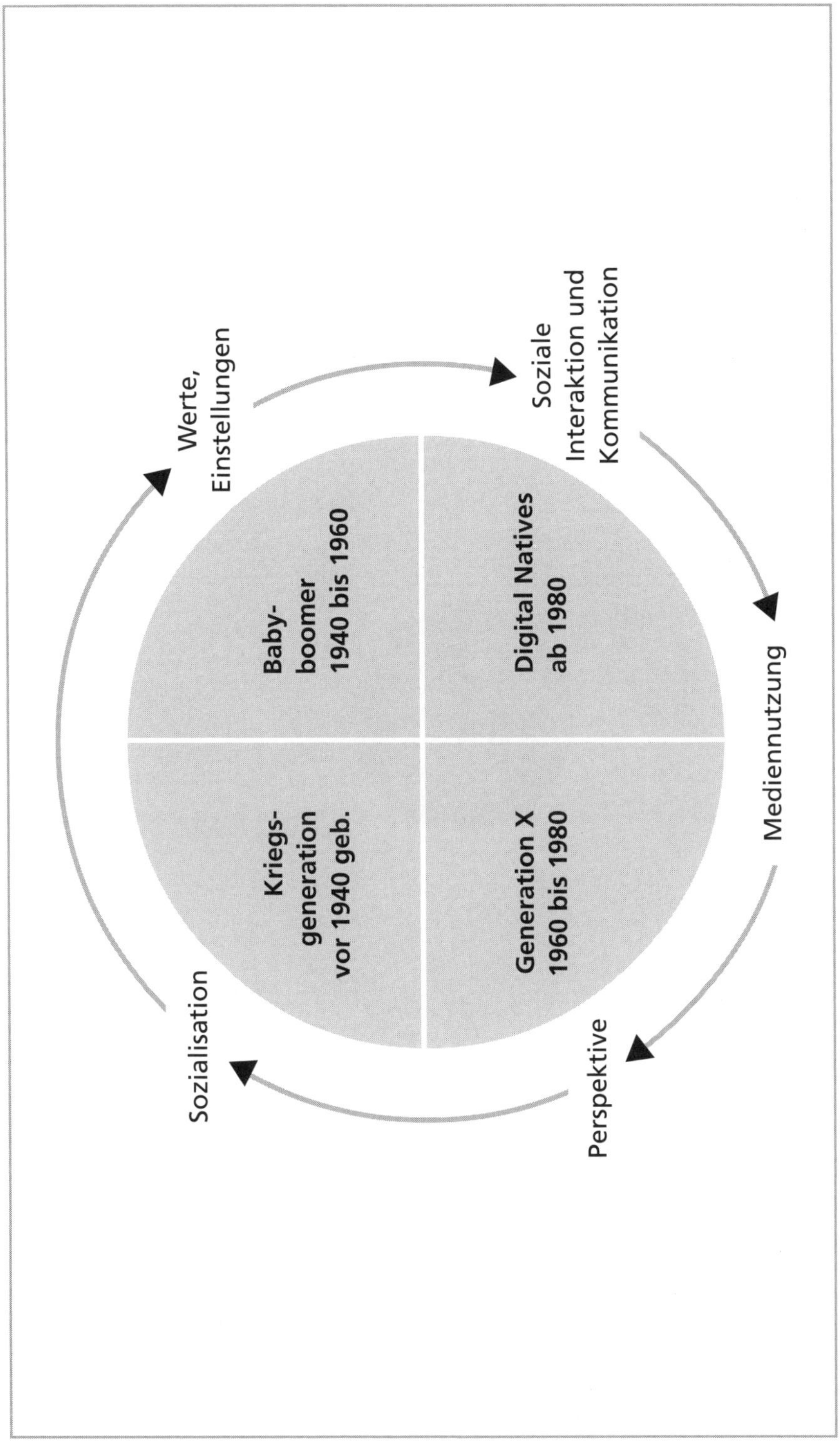

Abbildung 38: Generationen-Prägung

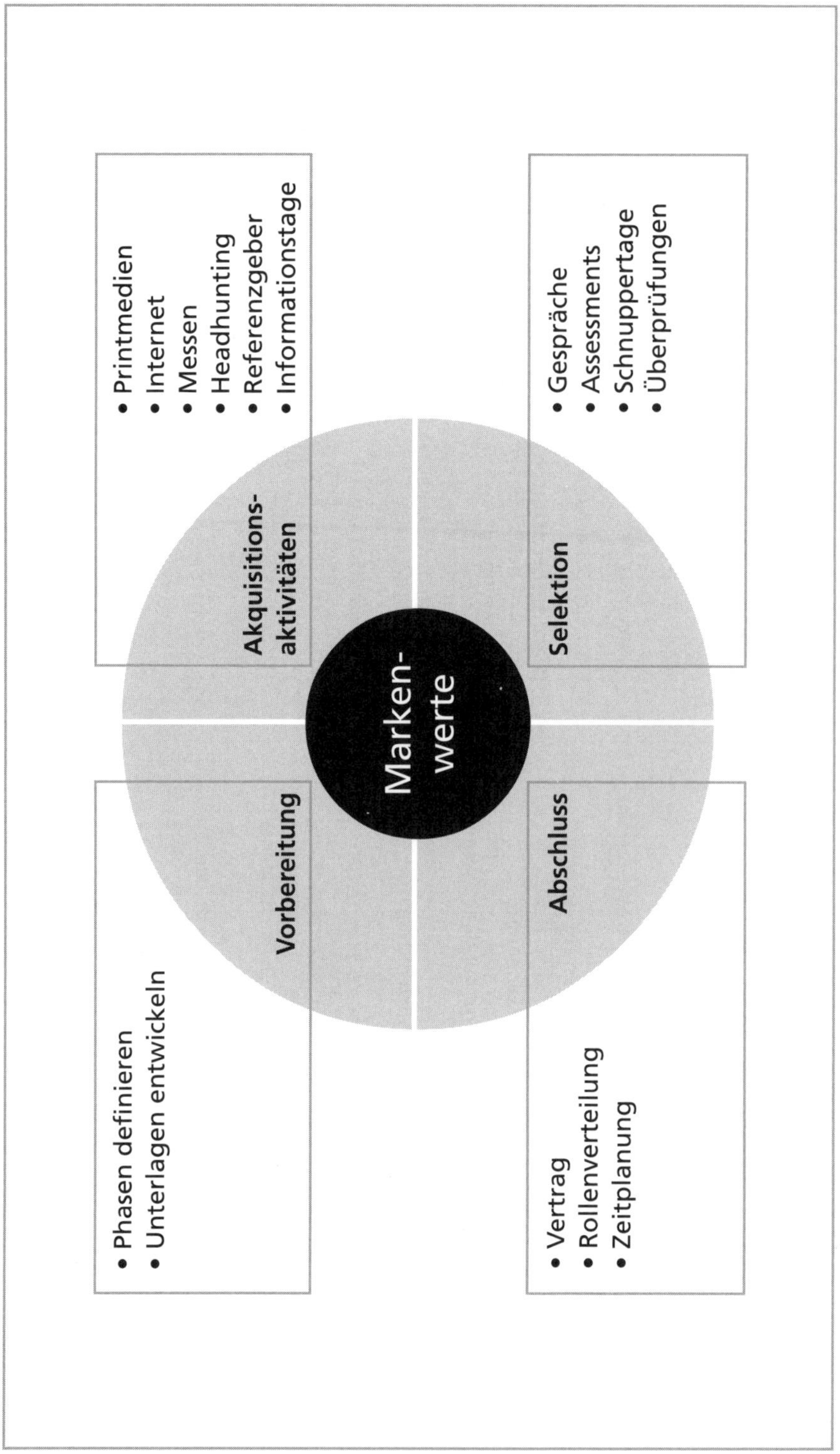

Abbildung 39: Akquisitionszirkel

- ❑ Haben Sie persönliche Ziele und/oder Visionen, die Sie mit einer beruflichen Veränderung anstreben?
- ❑ Sind Sie selbstkritisch und hinterfragen ab und zu Ihr Handeln und können Sie Fehler eingestehen?
- ❑ Ist es für Sie eine Selbstverständlichkeit, Verträge, Termine und Abmachungen einzuhalten?
- ❑ Haben Sie ein ausgesprochenes Organisationstalent?
- ❑ Legen Sie viel Wert auf soziale Anerkennung?
- ❑ Empfinden Sie Befriedigung im Beruf nur dann, wenn Sie eigene Ideen durchsetzen können?
- ❑ Können Sie Entscheidungen, die Ihnen nicht passen, trotzdem hinnehmen?
- ❑ Akzeptieren Sie die Fachkompetenz anderer?
- ❑ Können Sie damit umgehen, dass Ihre unternehmerischen Ideen und Ihre Kreativität mit vorgegebenen Richtlinien in Einklang gebracht werden?
- ❑ Verlieren Sie in schwierigen Situationen schnell den Kopf, werden Sie impulsiv und stehen nicht mehr über der Sache?
- ❑ Können Sie damit leben, dass Sie nach außen nicht unbedingt als Unternehmer/in erkennbar sind?
- ❑ Sind Sie ein Einzelkämpfer/eine Einzelkämpferin, der/die sich nur schwer in eine Gruppe einfügen kann?
- ❑ Haben Sie eine optimistische Lebenseinstellung?
- ❑ Können Sie sich und andere motivieren?
- ❑ Sind Sie bereit und in der Lage, über einen längeren Zeitraum Arbeitszeiten von zehn und mehr Stunden pro Tag zu akzeptieren?
- ❑ Sind Sie sich bewußt, dass sich mit der Existenzgründung und dem größeren zeitlichen Einsatz Änderungen im sozialen Umfeld ergeben?
- ❑ Unterstützt Sie Ihre Familie bzw. Ihr Partner/Ihre Partnerin beim Schritt in die Selbstständigkeit?
- ❑ Haben Sie genügend finanzielle Reserven, um neben der Investition für das Geschäft auch die ersten Monate zu finanzieren?
- ❑ Können Sie sich vorstellen, mit unserem Franchise-Konzept, Ihre persönlichen und finanziellen Zielsetzungen zu erreichen?

Abbildung 40: Fragenkatalog/Franchise-Partner

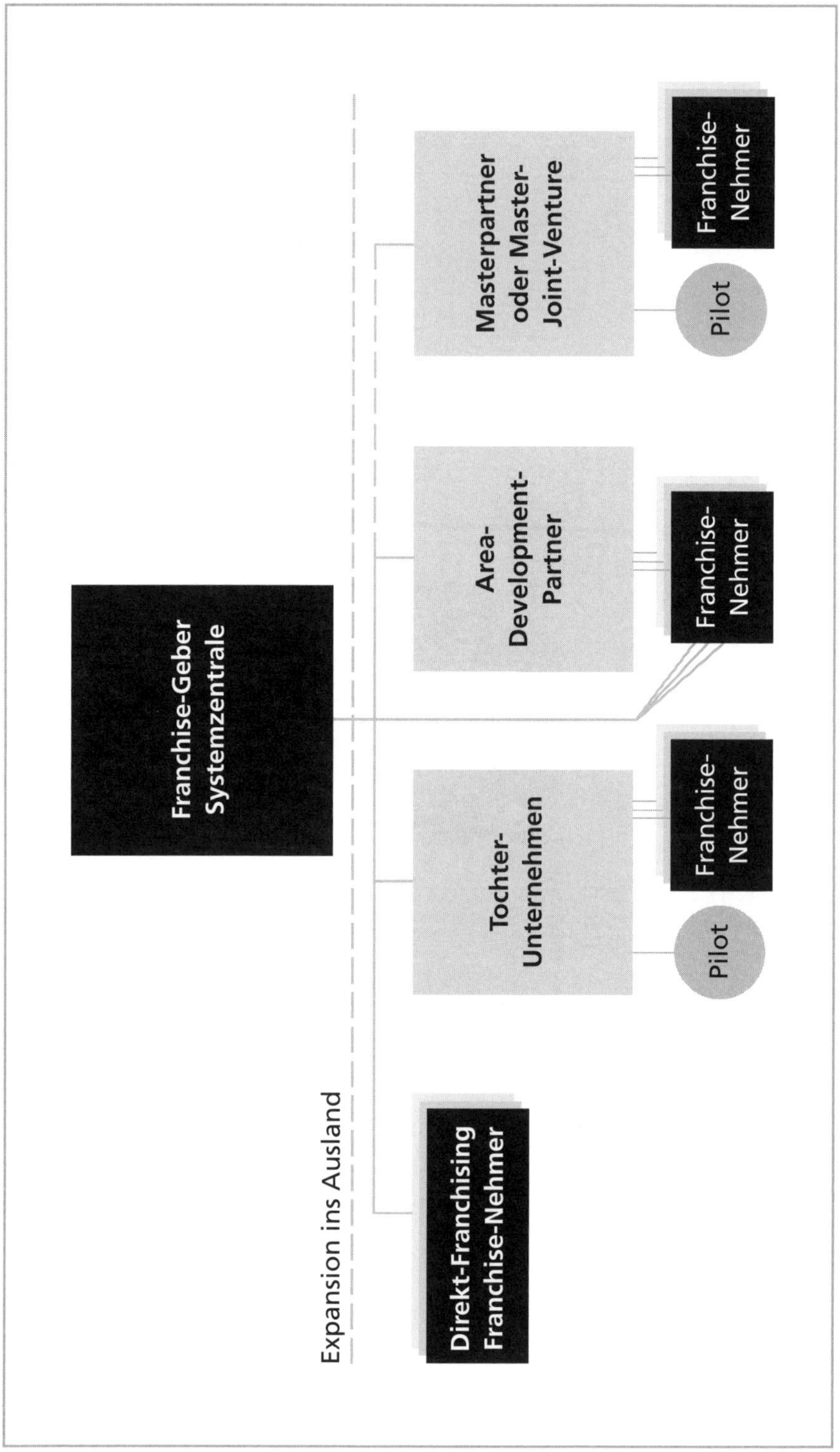

Abbildung 41: Internationalisierung

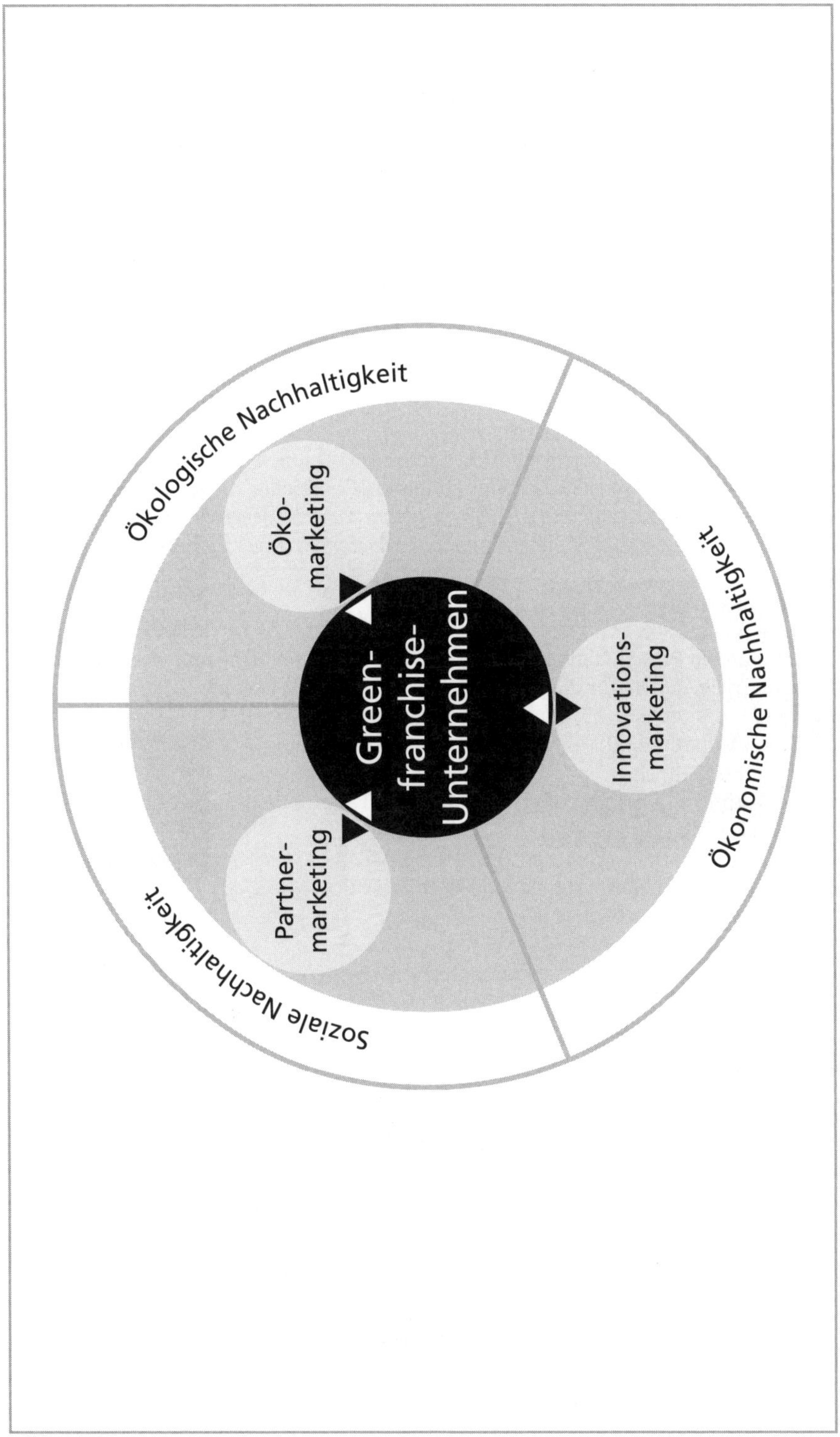

Abbildung 42: Greenfranchising-Prinzip

Anmerkungen

[1] http://www.eff-franchise.com
[2] http://smallbiztrends.com/2009/12/top-franchise-trends-2010.html
[3] Hermes, Vera (2010)
[4] Nefiodow, Leo A. (2001)
[5] Horx, Matthias (2010)
[6] Daub, Claus-Heinrich (2008)
[7] Frehner, Matthias (2000)
[8] Naoko Felder-Kuzu ist Expertin für Mikrofinanzinvestitionen, Social Invest Management und Microfranchising. Sie hat unter anderem die Bücher *Kleiner Einsatz, große Wirkung. Microfinanzierung und Microfranchising-Modelle gegen die Armut* (2008) sowie *Making Sense – Mikrofinanzierung und Mikrofinanzinvestitionen* (2004) veröffentlicht.
[9] Meuter, Julia (2010)
[10] Sigrist, Stephan (2006)
[11] Allen beteiligten Firmen danken wir für ihre tatkräftige textliche und visuelle Unterstützung. Die Rechte für die verwendeten Abbildungen liegen bei den jeweiligen Unternehmen.
[12] Crisand, Ekkehard (2000)
[13] Naisbitt, John (2007)
[14] Bellone, Veronika: „Partnermarketing". In: Franchising – Die Königklasse der Vertriebssysteme
[15] I:Collect AG, kurz I:CO (steht für „I collect"; Zu deutsch: ich sammle), professionelles Recyclingunternehmen für Schuhe und Textilien; http://www.i-co.ag/
[16] Wildhaber, Christoph (2010)
[17] Siehe dazu Bellone, Veronika (2008)
[18] PC-Spezialist hat mit der Open-Source-Software von Wikipedia ein eigenes Wissensmanagement online aufgebaut und kann damit Partner und Mitarbeitende interaktiv beteiligen. Zudem kann jeder Partner Ideen im Wiki präsentieren und diese den anderen Partnern anbieten.
[19] Von Scheve, Christian (2010)
[20] Imai, Masaaki (2002)

Literatur

Bellone, Veronika: Standardisierung von Produkten und Dienstleistungen. In: *Franchising – Die Königsklasse der Vertriebssysteme*. Köln: Luchterhand Verlag 2003

Bellone, Veronika: Marketing. In: *Integrale Betriebswirtschaftslehre*, Hugentobler, Walter; Schaufelbühl, Karl; Blattner, Matthias (Hg.). Zürich: Orell Füssli Verlag 2008

Brown, Juanita | Isaacs, David: *Das World-Café – Kreative Zukunftsgestaltung in Organisationen und Gesellschaft*. Heidelberg: Carl Auer Verlag 2007

Crisand, Ekkehard: Psychologie der Persönlichkeit. In: *Arbeitshefte Führungspsychologie*, Bienert, Werner | Crisand, Ekkehard (Hg.). Heidelberg: I. H. Sauer-Verlag 2000

Daub, Claus-Heinrich: Nachhaltige Unternehmen unter Innovationsdruck. In: *Marketing Review St. Gallen*. Universität St. Gallen.

Felder-Kuzu, Naoko: *Kleiner Einsatz, große Wirkung Mikrofinanzierung und Mikrofranchising – Modelle gegen die Armut*. Zürich: rüffer & rub Sachbuchverlag 2008

Frehner, Matthias: Wie Mr. Krens die Museumswelt auf den Kopf stellt. In: *Das Museum als Unternehmen im globalisierten Kulturbetrieb*. Zürich: NZZ Folio 10/00

Goleman, Daniel: *Ökologische Intelligenz*. München: Droemer Verlag 2009

Hermes, Vera: Generation Kundenfischer. In: *Absatzwirtschaft* 1/2-2010

Horx, Matthias: *Trend-Report 2010*. Kelkheim: Zukunftsinstitut GmbH 2010

Huber, Jeanette: Wie Trendpioniere neue Märkte schaffen. In: *Innovation Economy*. Kelkheim: Zukunftsinstitut GmbH 2005

Imai, Masaaki: *Kaizen – der Schlüssel zum Erfolg im Wettbewerb*. München: Econ Verlag 2002

Lombriser, Roman | Abplanalp, Peter A. | Wernigk, Klaus: *Strategien für KMU*. Zürich: Versus Verlag AG 2007

Lüscher, Max: *Der 4-Farben-Mensch*. Goldmann Verlag 1991

Matla, Thomas | Bellone, Veronika: Brand-Management im Franchising. In: *Jahrbuch Franchising 2009*, Deutscher Franchise Verband | Metzlaff, Carsten | Liesegang, Helmuth (Hg.). Münster: ZAP Verlag 2009

Meuter, Julia: Mehr erreichen, Großes bewirken. Finanzierung von Projekttransfer, Bundesverband Deutscher Stiftungen, 2010

Naisbitt, John: *Mind-Set – Wie wir die Welt entschlüsseln*. München: Carl Hanser Verlag 2007

Nefiodow, Leo A.: *Der Sechste Kondratieff*. St. Augustin: Rhein Sieg Verlag 2001

Schmidt, Walter: Entwicklung zur Führungspersönlichkeit. In: *Arbeitshefte Führungspsychologie*, Ekkehard Crisand (Hg.). Heidelberg: I. H. Sauer-Verlag 2002

Sigrist, Stephan: *Health Horizons – Guide zu den neuen Gesundheitsmärkten*. Rüschlikon: GDI Studie 2006 von Scheve, Christian: Ritual und kollektive Gefühle, in: Skript *„Wozu braucht es Rituale?“*, 14. Berliner Kolloquium der Gottlieb Daimler- und Karl Benz-Stiftung vom 20.05.2010

von Weizsäcker, Ernst Ulrich | Hargroves, Karlson | Smith, Michael: *Faktor Fünf – die Formel für nachhaltiges Wachstum*. München: Droemer Verlag 2010

Weisbeck, Markus: Die Marke im Zeitalter ihrer technischen Deproduzierbarkeit. In: *Die Transparenz-Revolution*, Stiftung im Grüene (Hg.). Rüschlikon/CH

Wildhaber, Christoph: *Rechtliche Organisation, Internationalisierung und Projektablauf* und *Franchising, das Richtige richtig machen*, Workshop Schweizer Franchise Verband 2010

Zitierte Websites

http://www.eff-franchise.com/IMG/article_PDF/article_a35.pdf, gefunden am 29.06.2010

http://www.berlin-institut.org/online-handbuchdemografie/entwicklung/social-franchising.html, gefunden am 30.06.2010

http://smallbiztrends.com/2009/12/top-franchise-trends-2010.html, gefunden am 27.05.2010

Websites

Franchise-Verbände

Deutscher Franchise-Verband: www.franchiseverband.com
Schweizer Franchise Verband: www.franchiseverband.ch
Österreichischer Franchise-Verband: www.franchise.at
L'Associazione Italiana del Franchising: www.assofranchising.it
Fédération Française de la Franchise: www.franchise-fff.com
British Franchise Association: www.british-franchise.org.uk
IFA International Franchise Association: www.franchise.org
EFF European Franchise Federation: www.eff-franchise.com
Marketing- und Markenverbände
Deutscher Marketing Verband: www.marketingverband.de
Schweizer Marketing Verband: www.swissmarketing.ch
MTP – Marketing zwischen Theorie und Praxis: www.mtp.org
Deutscher Markenverband e.V.: www.markenverband.de

Franchiseportale und Medien

www.franchiseportal.de
www.franchise-net.ch/de/at
www.franchisedirekt.com
www.franchisekey.com
www.franchiseerfolge.de
www.wikifranchise.de
www.deutsches-franchise-institut.de

Register

K

L

M

N

P

Q

R

S

T

U

Autoreninformation

Professorin *Veronika Bellone* ist geschäftsführende Gesellschafterin der Bellone Franchise Consulting GmbH mit Sitz im schweizerischen Zug. Seit über zwanzig Jahren ist die Diplom-Kommunikationswirtin im Franchise-Business praktisch beratend tätig, seit fünfzehn Jahren zusätzlich in der Lehre an verschiedenen Schweizer Hochschulen. Nach einem Start als Franchise-Managerin in einem deutschen Autopflege-Unternehmen wechselte sie als Beraterin für Franchise-Systeme zu einer Schweizer Werbeagentur, um bald darauf als Lizenznehmerin einer internationalen Franchise-Unternehmensberatung aktiv zu werden. Zurzeit arbeitet sie am Aufbau ihres eigenen Beratungsnetzwerks, das in Kürze um eine Niederlassung in Berlin ergänzt wird.

Der Berliner *Thomas Matla*, ebenfalls Diplom-Kommunikationswirt, begann vor über zwanzig Jahren in Frankfurt am Main seine Markenberatungslaufbahn. Amerikanische, britische und japanische Werbeagenturen, wie McCann-Erickson, Leo Burnett, Saatchi & Saatchi sowie Sai Westall Tomkins, boten ihm mit ihren internationalen, aber auch mittelständischen Brand-Accounts (unter anderem Aspirin, Coca-Cola, Esso, Braas, Konica und Molkerei Müller) umfangreiche Erfahrungsgebiete für den Markenaufbau und die Markenführung. Seit 1996 ist er selbstständig in der Markenberatung und dem Markentraining für kleine und mittelständische Unternehmen tätig; seit 2008 in Kooperation mit der Bellone Franchise Consulting GmbH auch in der Schweiz.

Zusammen vertreten beide Autoren eine ganzheitliche, Wert aufbauende Sicht des Franchising, die von Beginn an den Markenaufbau berücksichtigt. Dadurch wollen sie sowohl den klassischen wie speziell den innovativen Franchise-Systemen die Wahrnehmung von Chancen und das Ausschöpfen von Potenzialen ermöglichen. So setzen sich die Autoren seit 2008, wohl als Erste im deutschsprachigen Raum, aktiv länderübergreifend für das Green Franchising ein und entwickeln dafür in Kooperation mit dem deutschen und dem Schweizer Franchise Verband einen speziellen Green Franchise Award.

Mehr Information finden Sie unter *www.bellone-franchise.com* und *www.greenfranchise-award.com.*

SASSENBACH.DE

Wir verlieben Dich!
www.friendscout24.de
Flirten, daten, verlieben – bei Deutschlands Partnerbörse Nr. 1
FRIEND
SCOUT 24